高等职业院校机电类专业“十三五”系列规划教材

电气控制与 PLC 技术

DIANQI KONGZHI YU PLC JISHU

主　编　常仁松　朱光波
万家佑
副主编　余攀峰　周秀珍

合肥工業大學出版社

内 容 简 介

本书根据高职高专的培养目标，结合高职高专的教学改革和课程特点，本着工学结合、“教学做”一体化的原则编写而成。全书主要包括常用低压电器介绍，电气控制及分析，可编程控制器介绍，西门子 S7－200 PLC 和 S7－300 PLC 的介绍，电气控制系统设计，PLC 控制系统设计举例等内容。

本书内容新颖，语言通俗易懂，理论联系实际，为了便于教学和自学，各章均配有一定数量的习题。本书可作为高等职业院校、高等专科院校、成人高校及本科院校举办的二级职业技术学院等院校工业电气自动化专业的教材，也适用于电气技术、机电一体化、计算机应用等相关专业；对于广大的电气工程技术人员，亦是一本有价值的参考书和技术手册。

图书在版编目(CIP)数据

电气控制与 PLC 技术/常仁松，朱光波，万家佑主编．—合肥：合肥工业大学出版社，2019.8
ISBN 978－7－5650－4589－9

Ⅰ.①电…　Ⅱ.①常…②朱…③万…　Ⅲ.①电气控制—教材②PLC 技术—教材
Ⅳ.①TM571.2②TM571.6

中国版本图书馆 CIP 数据核字(2019)第 171283 号

电气控制与 PLC 技术

主　编　常仁松　朱光波　万家佑　　　　责任编辑　马栓磊

出　版	合肥工业大学出版社	版　次	2019 年 8 月第 1 版
地　址	合肥市屯溪路 193 号	印　次	2019 年 12 月第 1 次印刷
邮　编	230009	开　本	787 毫米×1092 毫米　1/16
电　话	理工编辑部：0551－62903204	印　张	16.5
	市场营销部：0551－62903198	字　数	382 千字
网　址	www.hfutpress.com.cn	印　刷	安徽联众印刷有限公司
E-mail	hfutpress@163.com	发　行	全国新华书店

ISBN 978－7－5650－4589－9　　　　定价：35.00 元

前　言

电气控制与 PLC 技术是高职高专电气类专业、电子信息类专业和机电类专业的一门专业核心课程。本教材根据高职高专的培养目标，结合高职高专的教学改革和课程改革，本着工学结合、项目引导、“教学做”一体化的原则编写而成。

本教材结合电气控制与 PLC 技术的课程改革，由学校、企业、行业专家组成教材编写委员会。本书在编写过程中，注重理论联系实际。在介绍 PLC 硬件原理和软件编程知识的基础上，注意语言通俗，分析问题透彻，以使对计算机不很熟悉的读者也能读懂。

全书共 7 章：第 1 章为常用的低压电器，主要介绍常用的低压电器的工作原理和结构，由湖北水利水电职业技术学院朱光波和长江职业学院常仁松编写；第 2 章为电气图及电气控制线路分析，主要介绍电气图的知识，典型的电气控制线路分析等，由长江工程职业技术学院周秀珍编写；第 3 章为可编程控制器的组成及工作原理，主要介绍 PLC 的基本概念、组成和工作原理，由常仁松编写；第 4 章为西门子 S7－200 系列小型机，主要介绍了西门子 S7－200 PLC及其指令系统的应用，由朱光波编写；第 5 章为西门子 S7－300 系列中型机，主要介绍了西门子 S7－300 PLC 及其指令系统的应用，由朱光波编写；第 6 章为电气控制系统设计，介绍了几种常用的设计方法，根据控制实例介绍如何应用 PLC 对系统进行设计，介绍了 PLC 设计的基本原则、步骤等知识，由武昌理工学院万家佑编写；第 7 章为可编程控制系统设计举例，根据时间控制、顺序控制等介绍 PLC 控制系统的设计方法，由湖北轻工职业技术学院余攀峰编写。

同时，本书也是湖北技能型人才培养研究中心立项项目“基于关键结构指标在 PLC 技能培养中的应用”(编号：2017JZ005)的研究成果之一。

由于本书编者水平有限，加上编写时间紧迫，书中难免存在一些疏漏和错误，恳请读者批评指正。

目　录

第一篇　电气控制技术

第三篇　电气控制系统设计

第一篇　电气控制技术

第1章　常用的低压电器

1.1　低压电器概述

1.1.1　电力拖动的概念

1. 电力拖动及其系统组成

电力拖动是指用电动机拖动生产机械的工作机构使之运转的一种方法。电力拖动系统作为机械设备的一部分，一般由四个子系统组成：电源、电动机、控制机构、传动机构。

电源——电动机和控制设备的能源。

电动机——生产机械的原动机。

控制机构——用来控制电动机运转的装置。

传动机构——在电动机和工作机构之间传递动力的装置。工作机构是指直接进行生产加工的机械设备。

采用电力拖动的生产机械，其电动机的运转都是由各种接触器、继电器、按钮、行程开关等电器构成的控制机构来进行控制的。

电器是指能根据外界的信号和要求，手动或自动地接通或断开电路，实现对电路或非电对象切换、控制、保护、检测和调节的元件或设备。根据工作电压高低，电器可分为低压电器和高压电器两类，见表1-1。

表1-1　电器根据工作电压高低分类

低压电器	额定电压在交流1200 V以下或直流1500 V以下的电器称为低压电器
高压电器	额定电压在交流1200 V及以上或直流1500 V及以上的电器称为高压电器

常见的几种低压电器，如图1-1所示。

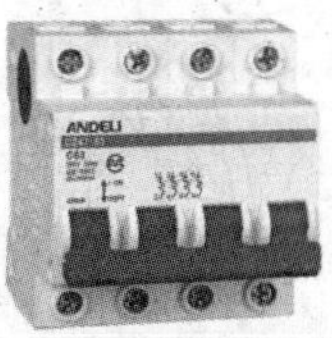

低压断路器

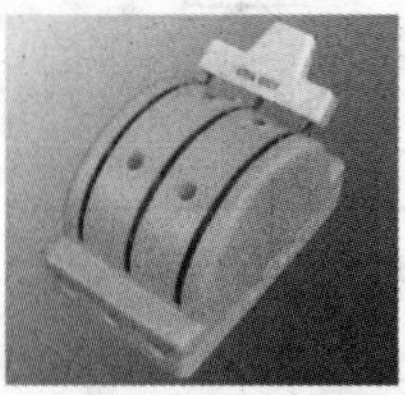

低压开关

低压熔断器

图1-1　常见低压电器

按钮　　接触器　　中间继电器

图 1-1　常见低压电器(续)

1.1.2　低压电器的分类

低压电器的分类见表 1-2。

表 1-2　低压电器分类

分类		说明及用途
按用途	低压配电电器	包括低压开关、低压熔断器等,主要用于低压配电系统及动力设备中
	低压控制电器	包括接触器、继电器、电磁铁等,主要用于电力拖动系统和自动控制系统中
按动作方式	自动切换电器	依靠电器本身参数的变化或外来信号的作用,自动完成接通或分断等动作的电器,如接触器、继电器等
	非自动切换电器	依靠外力(如手控)直接操作来进行切换的电器,如按钮、低压开关等
按执行机构	有触点电器	具有可分离的动触点和静触点,利用触点的接触和分离来实现电路的接通和断开控制,如接触器、继电器等
	无触点电器	没有可分离的触点,主要利用半导体元器件的开关效应来实现电路的通断控制,如接近开关、固态继电器等

1.1.3　低压电器结构形式

从基本结构上看,低压电器大部分由触头系统、推动机构和灭弧装置等组成。

1. 触头系统

触头是电器的执行部分,用来接通和分断电路。

(1)触头接触形式。如图 1-2 所示,点接触式触头适用于小电流场合;面接触式触头适用于大电流场合;线接触(又称指形接触)式触头适用于通断次数多、电流较大的场合。

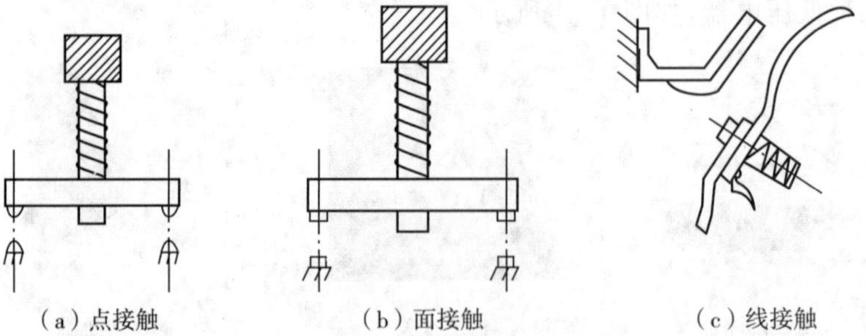

(a)点接触　　(b)面接触　　(c)线接触

图 1-2　触头的三种接触形式

(2)触头分类。如图1-3所示,固定不动的触头称为静触头,由连杆带着移动的触头称为动触头。在电器未通电或没有受到外力作用时处于闭合位置的电器触头称为动断触头(又称常闭触头),常态时动、静触头相互分开的称为动合触头(又称常开触头)。

2. 推动机构

推动机构与动触头的连杆相连,以推动动触头动作。

对于非电量控制电器,推动力是电磁机构产生的电磁力。电磁机构通常采用电磁铁形式,由吸引线圈、铁芯和衔铁三部分组成。其结构形式按铁芯形式分有单E型、单U型、螺管型、双E型等;按动作方式分有直动式、转动式等。其工作原理是:吸引线圈通入电流后,产生磁场,磁通经铁芯、衔铁和工作气隙形成闭合回路,产生电磁吸力,衔铁即被吸向铁芯。

根据吸引线圈通电电流的性质不同,电磁铁可分为直流电磁铁和交流电磁铁。

直流电磁铁吸引线圈通入的是恒稳电流,即在外加电压和线圈电阻一定的条件下其电流值也一定,与空气间隙的大小无关。但作用在衔铁上的吸力却与空气间隙的大小有关。当电磁铁刚启动时,空气间隙最大,此时磁路中磁阻最大,磁感应强度最小,故吸力最小;当衔铁完全吸合后,空气间隙最小,此时磁路中磁阻最小,磁感应强度最大,吸力最大。

交流电磁铁吸引线圈通入的是交变电流,它所产生的磁场是交变磁场。因磁场是交变的,电磁吸力的大小也是时刻变化的。由于吸力是脉动的,使得衔铁以两倍电源频率在振动,既会引起噪声,又会使电器结构松散,触头接触不良,容易被电弧火花熔焊与蚀损。因此,必须采取有效措施,使得线圈在交变电流变小和过零时仍有一定的电磁吸力以消除衔铁的振动。为此,在磁极的部分端面上嵌入一个铜环,称为短路环(或分磁环),如图1-4所示。当磁极的主磁通发生变化时,由于在短路环中产生感应电流和磁通,将阻碍主磁通的变化,使得磁极两部分中的磁通之间产生相位差,因而磁极各部分的磁通不会同时降为零,磁极一直具有一定的电磁吸力,这就消除了衔铁的振动,也除去了噪声。

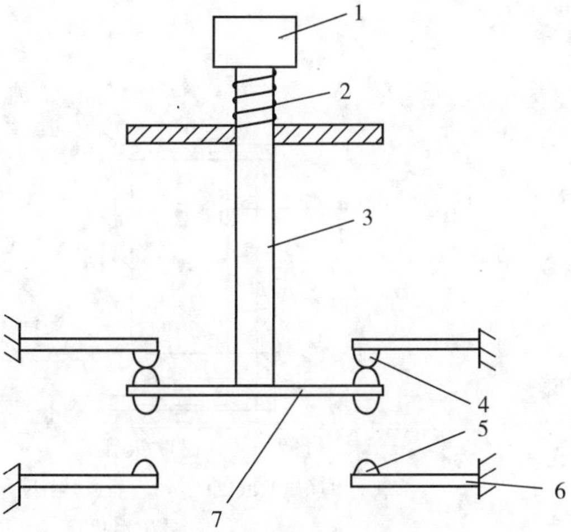

图1-3　触头的分类

1—推动机构　2—复位弹簧　3—连杆
4—常闭触头　5—常开触头　6—静触头　7—动触头

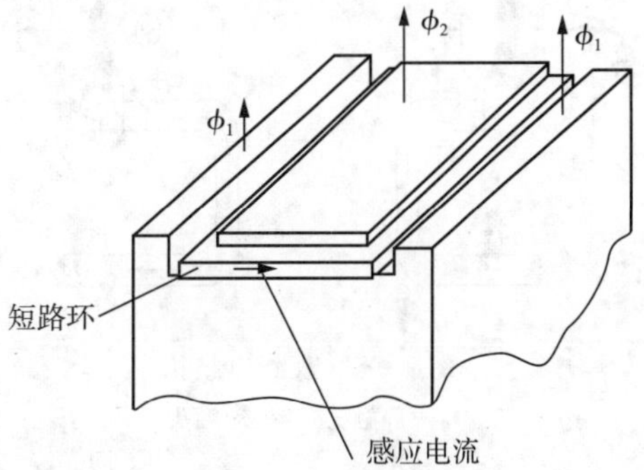

图1-4　短路环

交流电磁铁刚启动时，气隙最大，磁阻最大，电感和感抗最小，因而这时的电流最大；在吸合过程中，随着气隙的减小，磁阻减小，线圈电感和感抗增大，电流逐渐减小。当衔铁完全吸合后，此时电流最小。在电磁铁启动时，线圈的电流虽为最大，但这时的磁阻要增大到几百倍，而线圈的电流受到漏阻抗的限制，不能增加相应的倍数。因此启动时磁动势的增加小于磁阻的增加，于是磁通、磁感应强度减小，吸力较小，当衔铁吸合后，磁阻减小较多，磁动势减小较少，于是磁通、磁感应强度增大，吸力增大。

交流电磁铁工作时，衔铁与铁芯之间一定要吸合好。如果由于某种机械故障，衔铁或机械可动部分被卡住，通电后衔铁吸合不上，线圈中流过超过额定值的较大电流，将使线圈发热严重，甚至烧坏。

3. 灭弧装置

电器触头在闭合或断开的瞬间，会在触头间隙中由电子流产生弧状的火花，亦称电弧。炽热的电弧会烧坏触头，还会因电弧造成短路、火灾或其他事故，故应采取适当的措施熄灭电弧。

在低压控制电器中，常用的灭弧方法有以下几种。

(1)电动力灭弧。图 1-5 所示为一双断口桥式触头，当触头打开时，在断口处产生电弧。两个电弧相当于平行的载流导体，产生互相排斥的电动力，使电弧向外运动，电弧被拉长并接触冷却介质从而冷却和熄灭。

这种灭弧方法不需要专门的灭弧装置，但电流较小时，电动力也小，多用在容量较小的交流接触器中。当交流电流过零时，电弧更易熄灭。

(2)磁吹灭弧。如图 1-6 所示，在触头回路中串联一电流线圈，回路电流及其产生的磁通的方向如图所示。当触头分断产生电弧时，根据左手定则，电弧受到由纸面向里的电磁力，使电弧拉长迅速冷却而熄灭。这种串联磁吹灭弧，电流越大，灭弧力越强。当线圈绕制方向定好后，磁吹力方向与电流方向无关。也可用并联磁吹线圈，但应注意线圈的极性。

交流电器和直流电器均可采用磁吹灭弧方式，以直流接触器用此法为多，因为直流电弧较难熄灭。

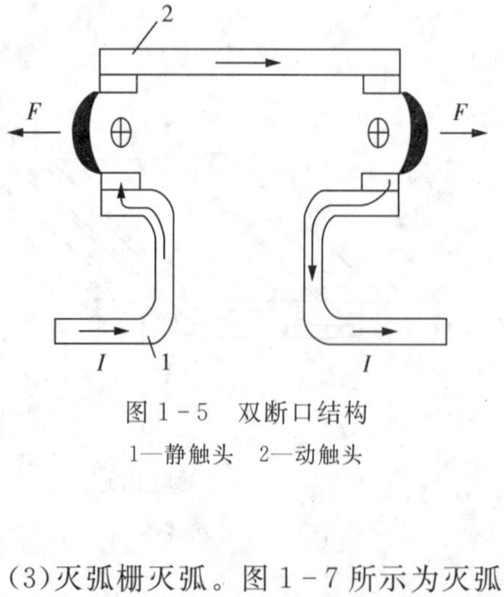

图 1-5 双断口结构

1—静触头 2—动触头

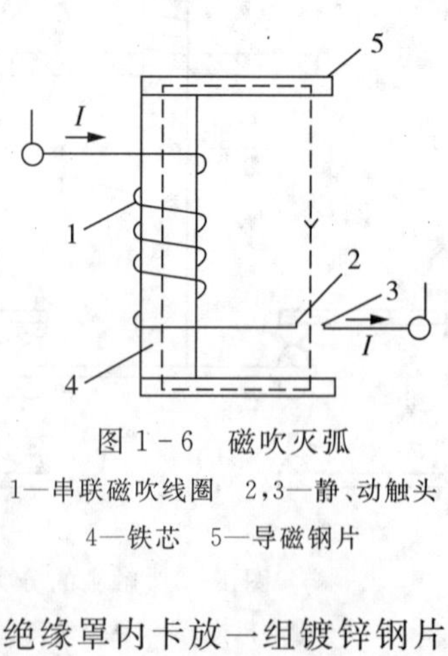

图 1-6 磁吹灭弧

1—串联磁吹线圈 2,3—静、动触头

4—铁芯 5—导磁钢片

(3)灭弧栅灭弧。图 1-7 所示为灭弧栅示意图，在耐热绝缘罩内卡放一组镀锌钢片，称为灭弧栅片。当触头分开时所产生的电弧由于电动力作用被推向灭弧栅，电弧与金属片接触易于冷却，并且电弧被分割成许多段，每一个栅片相当于一个电极，当交流电弧过零时在新阴极表面产生阴极压降，使电弧被熄灭。

栅片灭弧效果用在交流时比用在直流时好得多，交流电器多采用栅片灭弧。

(4)灭弧罩灭弧。比灭弧栅灭弧更为简单的灭弧方式是采用一个由陶土和石棉水泥做成的耐高温的灭弧罩。电弧进入灭弧罩后，可以降低弧温和隔弧。直流接触器的触点上广泛采用这种灭弧装置。

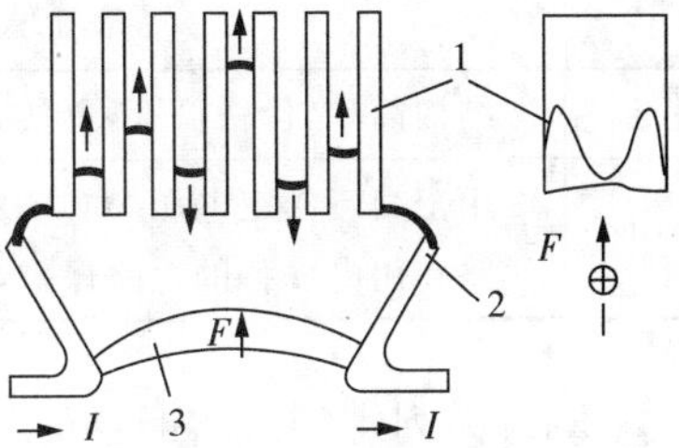

图 1-7　栅片灭弧示意图

1—灭弧栅片　2—弧角　3—电弧

1.2　低压熔断器

熔断器是一种结构简单、使用方便、价格低廉的保护电器，广泛用于供电线路和电气设备的短路保护电路中。在使用时，熔断器串接在所保护的电路中，当电路发生短路或严重过载时，它的熔体能自动迅速熔断，从而切断电路，使导线和电气设备不致被损坏。

(1)熔断器的结构。熔断器主要由熔体、安装熔体的熔管和熔座三部分组成，其主要技术参数有额定电压、额定电流、分断能力、时间-电流特性等。熔体是熔断器的核心，常做成丝状、片状或栅状，制作熔体的材料一般有铅锡合金、锌、铜、银等。熔管是熔体的保护外壳，用耐热绝缘材料制成，在熔体熔断时兼有灭弧作用。熔座是熔断器的底座，作用是固定熔管和外接引线。

(2)熔断器的主要技术参数如下：

① 额定电压——熔断器长期工作所能承受的电压；

② 额定电流——保证熔断器能长期正常工作的电流；

③ 分断能力——在规定的使用和性能条件下，在规定电压下熔断器能分断的预期分断电流值。

(3)熔断器的使用方法。熔断器应串联在被保护的电路中。正常情况下，熔断器的熔体相当于一段导线；而当电路发生短路故障时，熔体能迅速熔断分断电路，起到保护线路和电气设备的作用。

(4)插入式熔断器的外形和结构如图 1-8 所示，其特点和应用见表 1-3。

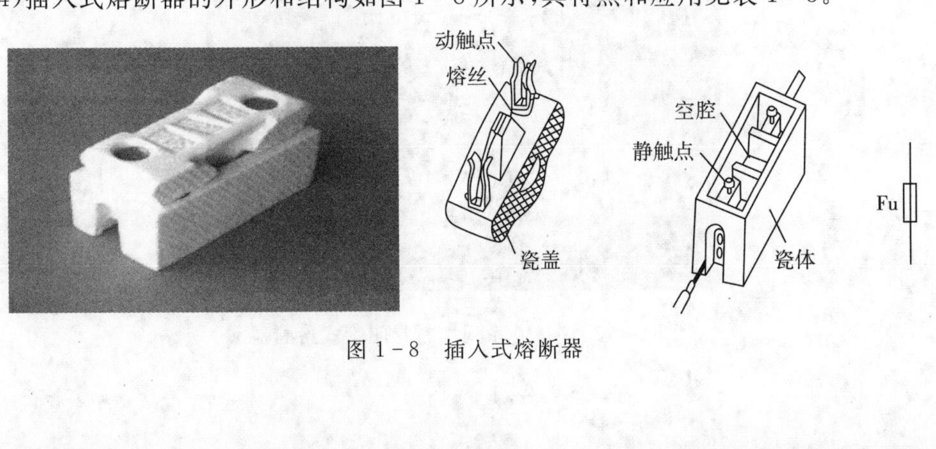

图 1-8　插入式熔断器

表 1-3 插入式熔断器的特点及应用

特点	结构简单,价格低廉,更换方便,使用时将瓷盖插入瓷座,拔下瓷盖便可更换熔丝
应用	用于交流额定电压 380 V 及以下、额定电流为 5～200 A 的低压线路末端或分支电路中,做线路和用电设备的短路保护,在照明线路中还可起过载保护作用

(5)RL1 系列螺旋式熔断器的外形和结构如图 1-9 所示,其特点及应用见表 1-4。

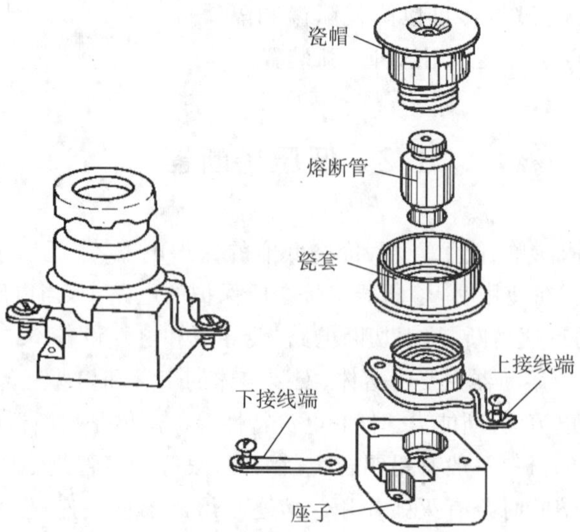

图 1-9 RL1 系列螺旋式熔断器

表 1-4 RL1 系列螺旋式熔断器的特点及应用

特点	熔断管内装有石英砂、熔丝和带小红点的熔断指示器,石英砂用以增强灭弧性能。熔丝熔断后有明显指示
应用	用于交流额定电压 500 V 及以下、额定电流 200 A 及以下的电路中,作为短路保护器件

(6)NG30 系列填料封闭管式熔断器如图 1-10 所示,其特点及应用见表 1-5。

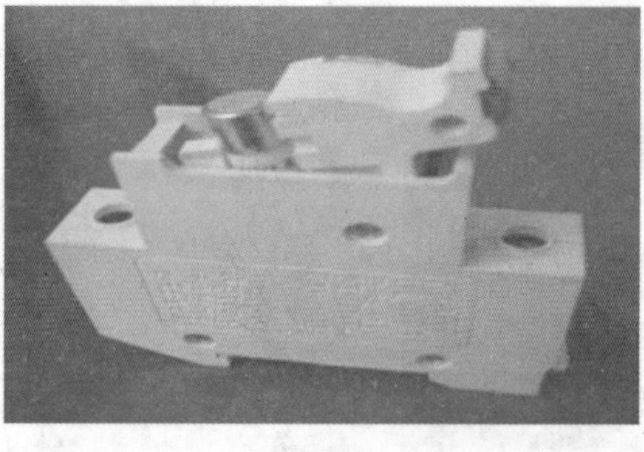

图 1-10 NG30 系列填料封闭管式熔断器

表 1－5　NG30 系列填料封闭管式熔断器的特点及应用

特点	熔断体由熔管、熔体、填料组成，由纯铜片制成的变截面熔体封装于高强度熔管内，熔管内充满高纯度石英砂作为灭弧介质，熔体两端采用点焊与端帽牢固连接
应用	用于交流 50 Hz、额定电压 380 V、额定电流 63 A 及以下工业电气装置的配电线路中

(7)熔断器的选择。熔断器的选用应根据各种常用熔断器的特点、应用场合及实际应用的具体要求来确定。熔断器在使用中选用恰当，才能既保证电路正常工作又起到保护作用。在选用熔断器的具体参数时，应使熔断器的额定电压大于或等于被保护电路的工作电压，其额定电流大于或等于所装熔体的额定电流。RL 系列熔断器技术数据见表 1－6。

表 1－6　RL 系列熔断器技术数据

型号	熔断器额定电流/A	可装熔丝的额定电流/A	型号	熔断器额定电流/A	可装熔丝的额定电流/A
RL15	15	2,4,5,6,10,15	RL100	100	60,80,100
RL60	60	20,25,30,35,40,50,60	RL200	200	100,125,150,200

熔体的额定电流是指相当长时间流过熔体而不熔断的电流。额定电流的大小与熔体线径的粗细有关，熔体线径越粗的额定电流越大。表 1－7 列出了熔体熔断的时间数据。

表 1－7　熔体熔断时间

熔断电流倍数	1.25～1.3	1.6	2	3	4	8
熔断时间	∞	1 h	40 s	4.6 s	2.6 s	瞬时

用于电炉、照明等阻性负载电路的短路保护时，熔体额定电流（I_{RN}）不得小于负载额定电流；用于单台电动机短路保护时，熔体额定电流为电动机额定电流（I_N）的 1.5～2.5 倍；用于多台电动机短路保护时，熔体额定电流为容量最大的一台电动机额定电流（I_{Nmax}）的 1.5～2.5 倍加上其余电动机额定电流的总和（$\sum I_N$）。

熔体额定电流选用的注意事项如下：

① 对照明和电热等短路的保护，熔体的额定电流应等于或稍大于负载的额定电流。

② 对一台不经常启动且启动时间不长的电动机的短路保护，应有

$$I_{RN} \geqslant (1.5 \sim 2.5) I_N$$

③ 对多台电动机的短路保护，应有

$$I_{RN} \geqslant (1.5 \sim 2.5) I_{N_{max}} + \sum I_N$$

例 1－1　某机床电动机的型号为 Y112M－4，额定功率为 4 kW，额定电压为 380 V，额定电流为 8.8 A，该电动机正常工作时不需要频繁启动。若用熔断器为该电动机提供短路保护，试确定熔断器的型号规格。

解：

(1)选择熔断器的类型：用 RL1 系列螺旋式熔断器。

(2)选择熔体额定电流：

$$I_{RN}=(1.5\sim2.5)\times8.8\ A\approx(13.2\sim22)\ A$$

查表 1－5 得熔体额定电流为：

$$I_{RN}=20\ A$$

(3)选择熔断器的额定电流和电压：查表 1－5，可选取 RL1－60/20 型熔断器，其额定电流为 60 A，额定电压为 500 V。

(8)熔断器安装方法如下：

① 用于安装使用的熔断器应完整无损；

② 熔断器安装时应保证熔体与夹头之间、夹头与夹座之间的接触良好；

③ 熔断器内要安装合格的熔体；

④ 更换熔体或熔管时，必须切断电源；

⑤ 对 RM10 系列熔断器，在切断过三次相当于分断能力的电流后，必须更换熔断管；

⑥ 熔体熔断后，应分析原因排除故障后再更换新的熔体；

⑦ 熔断器兼做隔离器件使用时，应安装在控制开关的电源进线端。

(9)熔断器的常见故障及处理方法见表 1－8。

表 1－8　熔断器的常见故障及处理方法

故障现象	可能原因	处理方法
电路接通瞬间，熔体熔断	熔体电流等级选择过小	更换熔体
	负载侧短路或接地	排除负载故障
	熔体安装时受机械损伤	更换熔体
熔体未熔断，但电路不通	熔体或接线座接触不良	重新连接

1.3 低压开关

低压开关主要用于隔离、转换及接通和分断电路，多数用作机床电路的电源开关和局部照明电路的控制开关，有时也可用来直接控制小容量电动机的启动、停止和正反转。

1.3.1 低压断路器

1. 低压断路器的功能

低压断路器又叫自动空气开关，简称断路器，如图 1－11 所示。它集控制和多种保护功能于一体，当电路中发生短路、过载和失压等故障时，能自动跳闸切断故障电路。

图 1－11　低压断路器

2. 低压断路器的分类

按结构形式可分为塑壳式、万能式、限流式、直流快速式、灭磁式、漏电保护式等。

按操作方式可分为人力操作式、动力操作式、储能操作式等。

按极数可分为单极式、二极式、三极式、四极式等。

按安装方式可分为固定式、插入式、抽屉式等。

按断路器在电路中的用途可分为配电用断路器、电动机保护用断路器、其他负载用断路器等。

3. 低压断路器的工作原理

如图 1－12 所示为低压断路器结构图。主触点 1 串联在被控制的电路中。将操作手柄扳到合闸位置时，搭扣 3 勾住锁键 2，主触头 1 闭合，电路接通。由于触头的连杆被锁钩锁住，使触头保持闭合状态，同时分断弹簧被拉长，为分断做准备。瞬时过电流脱扣器（磁脱扣）12 的线圈串联于主电路，当电流为正常值时，衔铁吸力不够，处于打开位置。当电路电流超过规定值时，电磁吸力增加，衔铁 11 吸合，通过杠杆 5 使搭扣 3 脱开，主触点在弹簧 13 作用下切断电路，这就是瞬时过电流或短路保护作用。当电路失压或电压过低时，欠压脱扣器 8 的衔铁 7 释放，同样由杠杆 5 使搭扣 3 脱开，起到欠压或失压保护作用。当电源恢复正常时，必须重新合闸后才能工作。长时间过载使得过流脱扣器的双金属片（热脱扣）10 弯曲，同样由杠杆 5 使搭扣 3 脱开，起到过载（过流）保护作用。

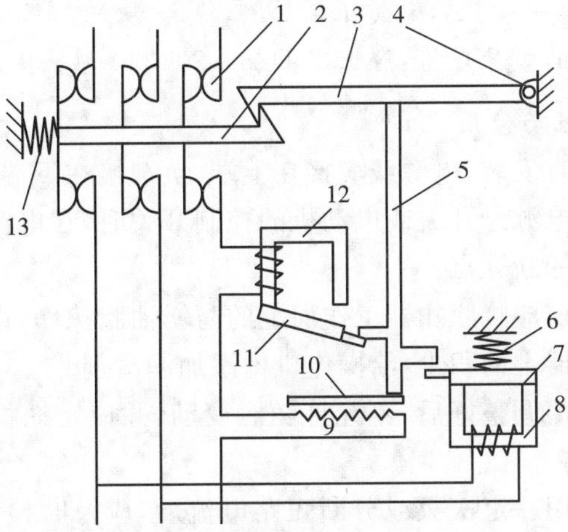

图 1－12　低压断路器的结构图

1—主触点　2—锁键　3—搭扣　4—转轴　5—杠杆　6，13—弹簧　7，11—衔铁
8—欠压脱扣器　9—热脱扣器　10—双金属片　12—瞬时过电流脱扣器（磁脱扣器）

4. 低压断路器的型号及含义

低压断路器的型号及含义如下。

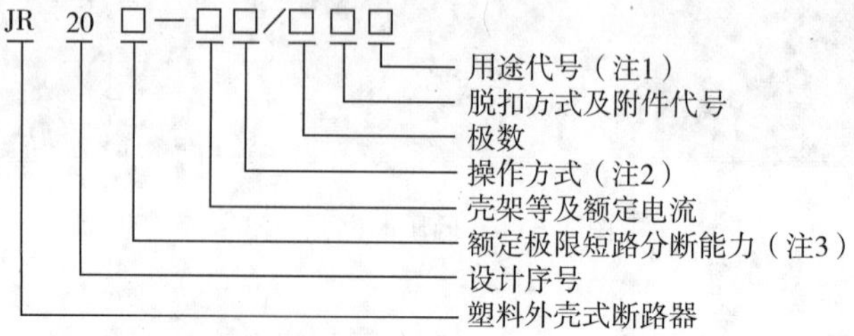

注：1. 配电用无代号；保护电机用以“2”表示。
2. 手柄直接操作无代号；电动机操作用“P”表示；转动手柄用“Z”表示。
3. 按额定极限短路分断能力高低分为：Y一般型；G最高型；S四极型；J较高型；C经济型。

5. 低压断路器的选用

(1)低压断路器的额定电压应不小于线路和设备的正常工作电压，额定电流应不小于线路和设备的正常工作电流。

(2)热脱扣器的整定电流应等于所控制负载的额定电流。

例 1-2 用低压断路器控制一台型号为 Y132S-4 的三相异步电动机，电动机的额定功率为 5.5 kW，额定电压为 380 V，额定电流为 11.6 A，启动电流为额定电流的 7 倍，试选择断路器的型号和规格。

解：

(1)确定断路器的种类：选用 DZ5-20 型低压断路器。

(2)确定热脱扣器额定电流：选择热脱扣器的额定电流为 15 A，相应的电流整定范围为 10～15 A。

(3)校验电磁脱扣器的瞬时脱扣整定电流：电磁脱扣器的瞬时脱扣整定电流为

$$I_z = 10\times 15\ \text{A} = 150\ \text{A}$$

而 $KI_{st} = 1.7\times 7\times 11.6\ \text{A} = 138\ \text{A}$，满足 $I_z \geqslant KI_{st}$，符合要求。

(4)确定低压断路器的型号规格：应选用 DZ5-20/330 型低压断路器。

6. 低压断路器的安装与使用

(1)低压断路器应垂直安装，电源线应接在上端，负载接在下端。

(2)低压断路器用作电源总开关或电动机的控制开关时，在电源进线侧必须加装刀开关或熔断器等，以形成明显的断开点。

(3)低压断路器使用前应将脱扣器工作面上的防锈油脂擦净，以免影响其正常工作。同时应定期检修，清除断路器上的积尘，给操作机构添加润滑剂。

(4)各脱扣器的动作值调整好后，不允许随意变动，并应定期检查各脱扣器的动作值是否满足要求。

(5)断路器的触头使用一定次数或分断短路电流后，应及时检查触头系统，如果触头表面有毛刺、颗粒等，应及时维修或更换。

7. 低压断路器的常见故障及处理方法

低压断路器的常见故障及处理方法见表 1-9 所列。

表 1-9　低压断路器的常见故障及处理方法

故障现象	可能原因	处理方法
不能合闸	欠压脱扣器无电压或线圈损坏	检查施加电压或更换线圈
	储能弹簧变形	更换储能弹簧
	反作用弹簧力过大	重新调整弹簧
	操作机构不能复位再扣	调整再扣接触面至规定值
电流达到整定值，断路器不动作	热脱扣器双金属片损坏	更换双金属片
	电磁脱扣器的衔铁与铁芯距离太大或电磁线圈损坏	调整衔铁与铁芯的距离或更换断路器
	主触头熔焊	检查原因并更换主触头
启动电动机时断路器立即分断	电磁脱扣器瞬时整定值过小	调高整定值至规定值
	电磁脱扣器的某些零件损坏	更换脱扣器
断路器闭合后一定时间自行分断	热脱扣器整定值过小	调高整定值至规定值
断路器温升过高	触头压力过小	调整触头压力或更换弹簧
	触头表面过分磨损或接触不良	更换触头或修整接触面
	两个导电零件连接螺钉松动	重新拧紧螺钉

1.3.2　负荷开关

1. 开启式负荷开关

开启式负荷开关(图 1-13)适用于交流频率 50 Hz、额定电压单相 220 V 或三相 380 V、额定电流 10～100 A 的照明、电热设备及小容量电动机等不需要频繁接通和分断电路的控制线路，还可起到短路保护作用。

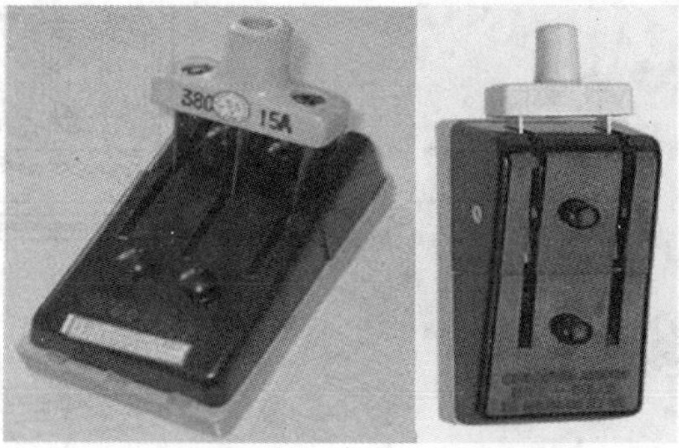

图 1-13　开启式负荷开关

(1)功能

开启式负荷开关又称为瓷底胶盖刀开关，简称闸刀开关。

(2)型号

开启式负荷开关的型号及含义如下。

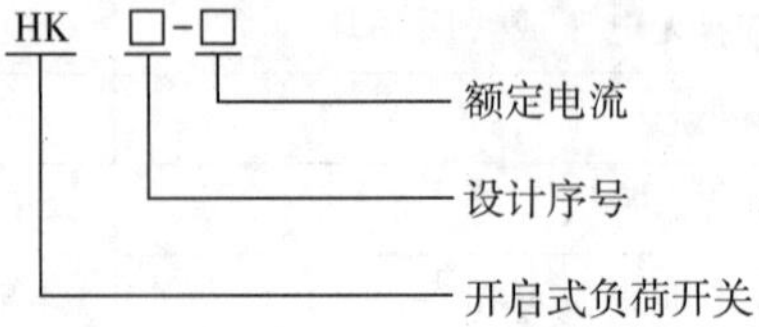

(3)选用

开启式负荷开关用于一般的照明电路和功率小于 5.5 kW 的电动机控制线路中：

① 用于照明和电热负载；

② 用于控制电动机的直接启动和停止。

(4)安装与使用

① 开启式负荷开关必须垂直安装在控制屏或开关板上，且合闸状态时手柄应朝上，不允许倒装或平装。

② 开启式负荷开关控制照明和电热负载使用时，要装接熔断器做短路保护和过载保护。

③ 开启式负荷开关用作电动机的控制开关时，其分闸和合闸操作，应动作迅速，使电弧尽快熄灭。

(5)常见故障及处理方法

开启式负荷开关最常见的故障是触头接触不良造成电路开路后者触头发热，这时可根据情况整修或更换。

2. 封闭式负荷开关

(1)功能与结构

封闭式负荷开关的功能与结构如图 1-14 所示。

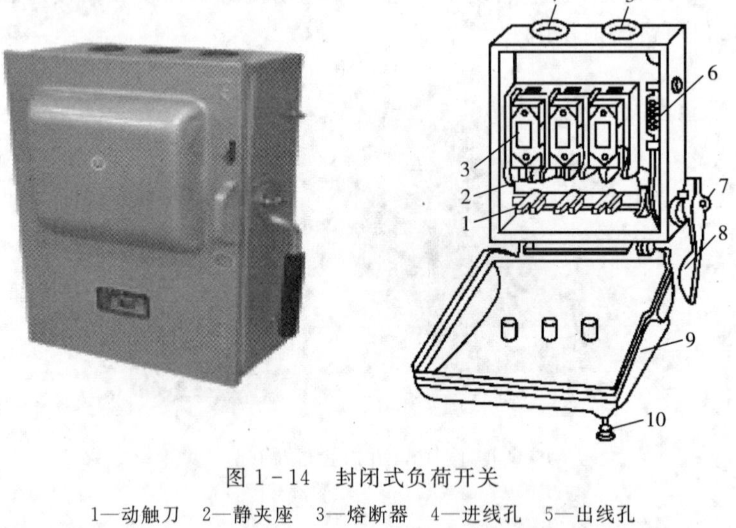

图 1-14 封闭式负荷开关

1—动触刀 2—静夹座 3—熔断器 4—进线孔 5—出线孔

6—速断弹簧 7—转轴 8—手柄 9—罩盖 10—罩盖锁紧螺栓

(2)型号

封闭式负荷开关的型号及含义如下。

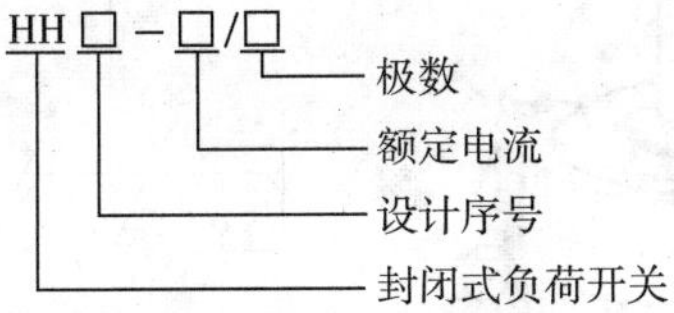

(3)选用

封闭式负荷开关的额定电压应不小于工作电路的额定电压;额定电流应等于或稍大于电路的工作电流。

(4)安装与使用

① 封闭式负荷开关必须垂直安装;

② 安装高度一般离地不得低于 1.3～1.5 m;

③ 外壳必须可靠接地;

④ 接线要正确;

⑤ 操作时,要站在开关的手柄侧。

(5)常见故障及处理方法

封闭式负荷开关的常见故障及处理方法见表 1-10 所列。

表 1-10　封闭式负荷开关的常见故障及处理方法

故障现象	可能原因	处理方法
操作手柄带电	外壳未接地或接地线松脱	检查后,加固接地导线
	电源进出线绝缘损坏碰壳	更换导线或恢复绝缘
夹座(静触头)过热或烧坏	夹座表面烧毛	用细锉修整夹座
	闸刀与夹座压力不足	调整夹座压力
	负载过大	减轻负载或更换大容量开关

1.3.3　组合开关

组合开关(又称转换开关)由分别装在多层绝缘体中的动、静触片组成,适用于不频繁地接通和分断电路。

转换开关有多个系列产品,常用的 HZ10 系列转换开关具有寿命长、使用可靠、结构简单等优点。当其旋钮转动时带动动触头来接通或分断相应的静触头;由于操作机构中扭转弹簧的储能作用,动触头能获得快速动作,从而提高转换开关的通断能力。

HZ10 系列组合开关适合在交流 50 Hz、电压 380 V 及以下或直流 220 V 及以下的电气线路中,用于接通或分断电路、切换电源或负载、测量三相电压、调节电加热设备并联与串联、以及控制小型异步电动机正反转等,但不能做频繁操作的手控开关使用。图 1-15 所示为 HZ10 系列转换开关的外形和图形符号。

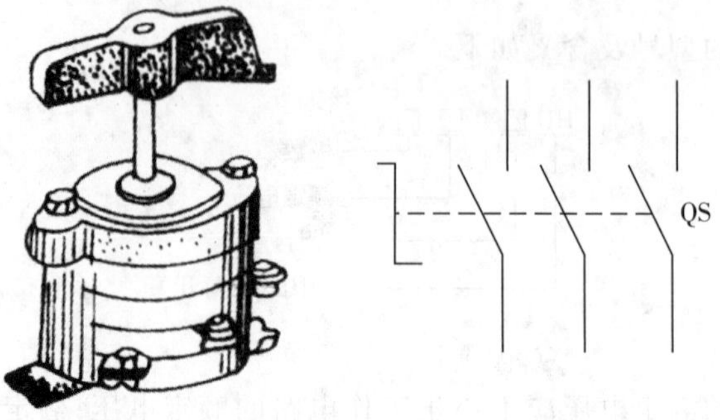

（a）外形　　（b）图形符号

图 1－15　HZ10 系列转换开关

HZ 系列转换开关型号的含义如下。

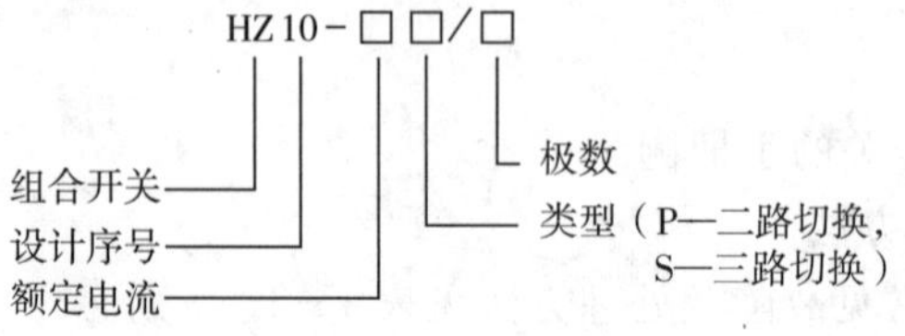

1.3.4　万能转换开关

万能转换开关是由多组相同结构的开关元件叠装而成，是一种多段式控制多回路的主令电器。它通常用于断路器操作机构的合闸控制以及电磁控制站中的线路换接，也可用于控制小容量电动机的启动、换向和调速。

万能转换开关由凸轮机构、触头系统和定位装置等部分组成。它依靠凸轮转动，用变换半径的方式来操作触头，使其按预定顺序接通与分断电路，同时由定位机构和限位机构来保证动作的准确性。

常用的万能转换开关有 LW2、LW5、LW6 等系列。LW6 系列万能转换开关的型号和触头排列特征见表 1－11 所列。

表 1－11　LW6 系列万能转换开关的型号和触头排列特征

型号	触头座数	触头座排列形式	触头对数	型号	触头座数	触头座排列形式	触头对数
LW6－1	1	单列式	3	LW6－8	8	单列式	24
LW6－2	2		6	LW6－10	10		30
LW6－3	3		9	LW6－12	12	双列式	36
LW6－4	4		12	LW6－16	16		48
LW6－5	5		15	LW6－20	20		60
LW6－6	6		18	—			

LW6系列万能转换开关用于交流电压380 V及以下或直流电压220 V及以下、工作电流5 A及以下的控制线路中，也可用于不频繁地控制2.2 kW以下的小型异步电动机。其机械寿命为100万次。实际工作寿命交流时为20万次；直流220 V时，接通与分断电流为0.2 A、通断时间为0.05～0.1 s条件下可达10万次。额定操作频率120次/时。

1.4　主令电器

主令电器是用作接通或断开控制电路，用来发出指令或做程序控制的开关电器。常用的主令电器有按钮、位置开关、万能转换开关和主令控制器等，如图1-16所示。

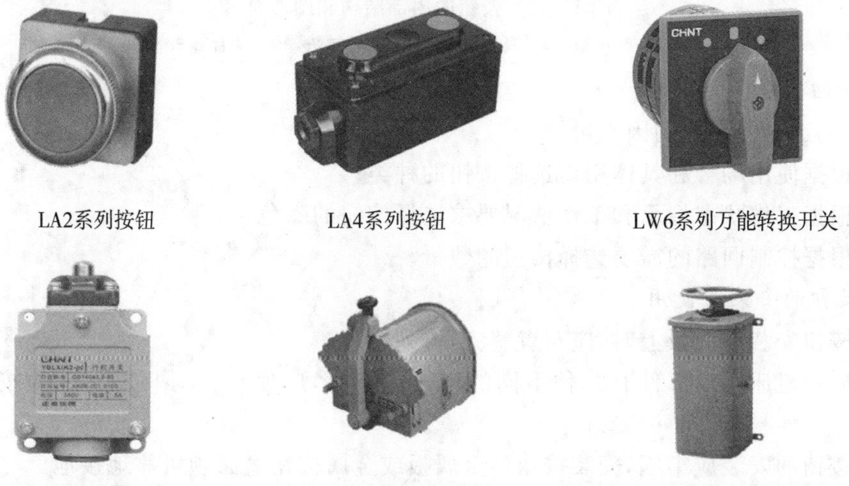

LA2系列按钮　LA4系列按钮　LW6系列万能转换开关

YBLX系列行程开关　LK5系列主令控制器　KTJ1系列凸轮控制器

图1-16　常见主令电器

1.4.1　按钮

按钮是以人体某一部分（一般为手指或手掌）所施加力来操作的，并具有储能（弹簧）复位功能的一种控制开关。

1. 按钮的型号及含义

按钮的型号及含义如下。

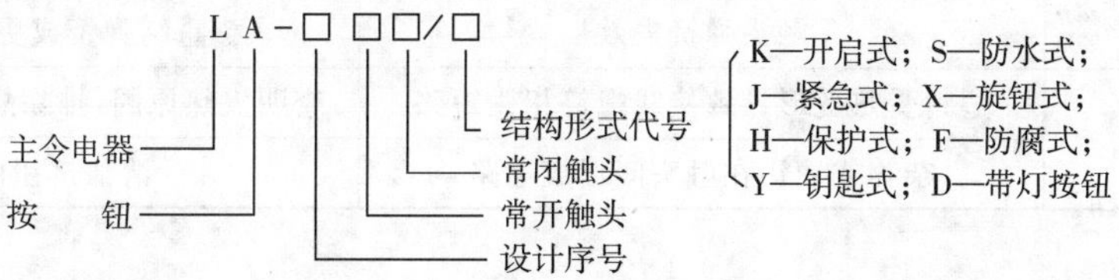

2. 按钮的内部结构和图形符号

按钮的内部结构和图形符号（动合、动断、复合），如图1-17所示。

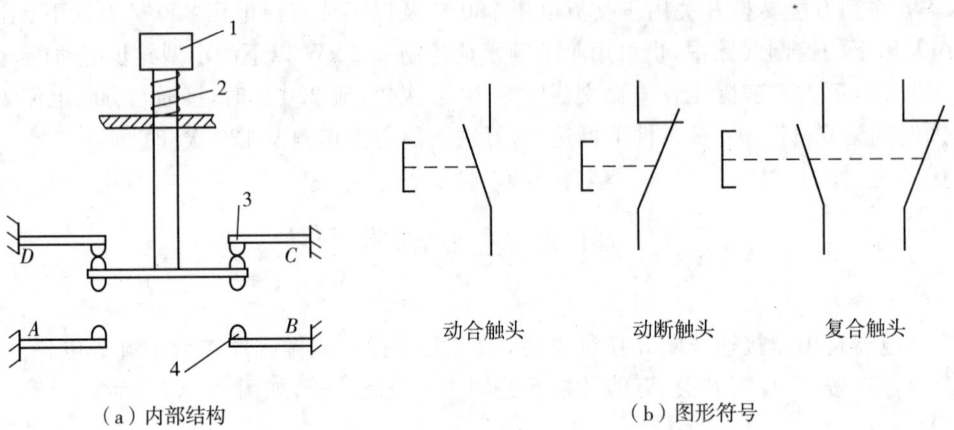

（a）内部结构　　（b）图形符号

图 1－17　按钮的内部结构和图形符号

1—按钮帽　2—复位弹簧　3—动断触头　4—动合触头

3. 按钮的选择

按钮的选择要考虑的因素包括：

(1)根据使用场合和具体用途选择按钮的种类；

(2)根据工作状态指示和工作情况要求选择按钮的颜色；

(3)根据控制回路的需要选择按钮的数量。

4. 按钮的安装与使用

(1)按钮安装在面板上时，应布置整齐，排列合理。

(2)同一机床运动部件有几种不同的工作状态时，应使每一对相反状态的按钮安装在一组。

(3)按钮的安装应牢固，安装按钮的金属板或金属按钮盒必须可靠地接地。

(4)由于按钮的触头间距较小，应注意保持触头的清洁。

(5)光标按钮一般不宜用于需长期通电显示处。

5. 按钮的常见故障及处理方法

按钮的常见故障及处理方法，见表 1－12 所列。

表 1－12　按钮的常见故障及处理方法

故障现象	可能原因	处理方法
触头接触不良	触头烧损	修整触头或更换产品
	触头表面有尘垢	清洁触头表面
	触头弹簧失效	重绕弹簧或更换产品
触头间短路	塑料受热变形导致接线螺钉相碰短路	查明发热原因，排除故障并更换产品
	杂物或油污在触头间形成通路	清洁按钮内部

1.4.2　行程开关

行程开关是用以反映工作机械的行程，发出命令控制其运动方向或行程大小的主令电器。行程开关由操作头、触头系统和外壳三部分组成。操作头用来接收机械设备发出的动作信号，并将此信号传递到触头系统；触头系统将操作头传来的机械信号通过本身的转换动作变换为电信号，输出到控制回路并使其做出必要的反应。

行程开关有直动式、转动式、组合式、微动式与滚轮式等类型。直动式行程开关的外形和结构原理如图 1－18 所示，微动行程开关结构示意图如图 1－19 所示。

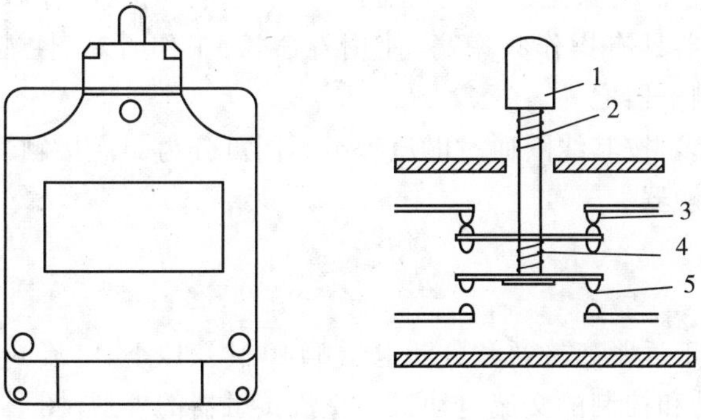

（a）外形　　（b）结构原理

图 1－18　直动式行程开关

1—顶杆　2—弹簧　3—动断触点　4—触头弹簧　5—动合触点

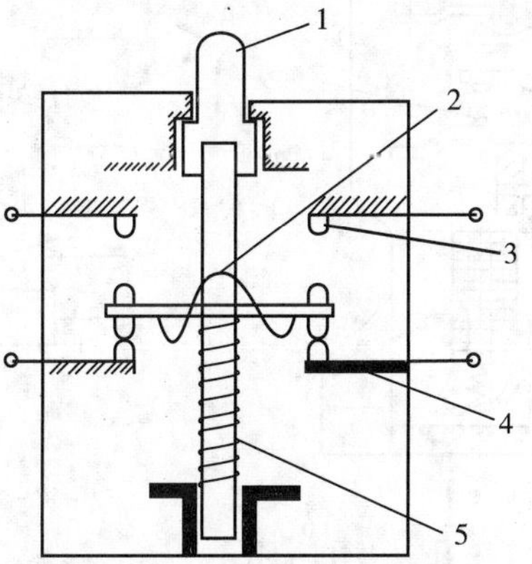

图 1－19　微动行程开关

1—推杆　2—弯形片状弹簧　3—动合触点　4—动断触点　5—复位弹簧

行程开关型号（以 JLXK1 系列为例）的含义如下。

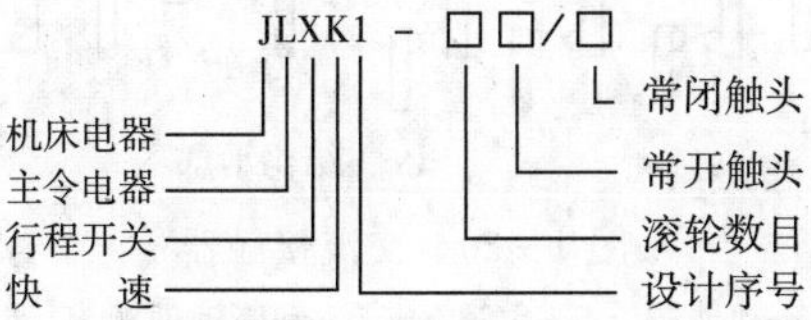

常用的行程开关有 LX13、LX19 等系列产品，JLXK1 为新系列产品。行程开关有开启式、保护式两大类；动作方式有瞬动和蠕动两种类型；头部结构有直动、滚轮直动、杠杆、单轮、双轮、滚轮摆杆可调等类型。

1.5 接触器

接触器是一种适用于远距离频繁地接通与断开交、直流主电路及大容量控制电路的自动切换电器。其主要控制对象是电动机，也可用于控制电焊机、电容器组、电热装置、照明设备等其他负载。接触器具有操作频率高、使用寿命长、工作可靠、性能稳定、维修方便等优点，是用途广泛的控制电器之一。

接触器的品种较多，按其线圈通过电流种类不同可分为交流接触器与直流接触器，本节将重点介绍这两类接触器。

1.5.1 交流接触器

交流接触器常用于远距离接通和分断电压 1140 V 及以下、电流 630 A 及以下的交流电路，以及需要频繁启动和控制的交流电动机。交流接触器的外形、图形符号及结构示意分别如图 1－20(a)、(b)、(c)所示。

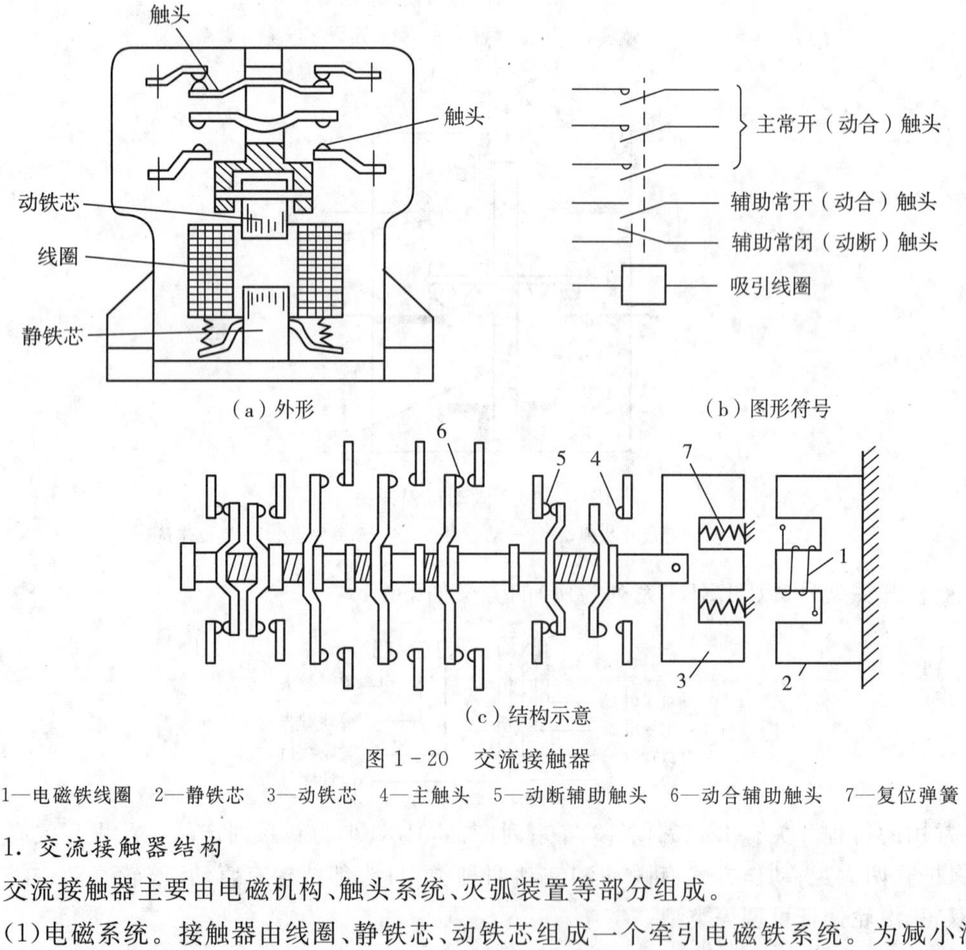

(c) 结构示意

图 1－20 交流接触器

1—电磁铁线圈 2—静铁芯 3—动铁芯 4—主触头 5—动断辅助触头 6—动合辅助触头 7—复位弹簧

1. 交流接触器结构

交流接触器主要由电磁机构、触头系统、灭弧装置等部分组成。

(1)电磁系统。接触器由线圈、静铁芯、动铁芯组成一个牵引电磁铁系统。为减小涡流损失，动、静铁芯都用硅钢片叠成。为了防止铁芯在吸合时产生振动和噪音，保证吸持良好，在铁芯的端口平面上装有短路环。

(2)触头系统。交流接触器一般都有三对主触头和四对辅助触头。主触头接在主电路中，允许通过较大的电流；辅助触头接在控制电路中，只允许通过小电流，可完成一定的控制要求(如自锁、互锁等)。

(3)灭弧装置。主触头额定电流在 10 A 以上的交流接触器都装有灭弧装置，以熄灭电弧。

(4)其他部件。包括复位弹簧、缓冲弹簧、触头压力弹簧、传动机械和接线柱等。

2. 交流接触器工作原理

当吸引线圈通电后，电磁系统即把电能转换为机械能，所产生的电磁吸力克服反作用弹簧与触头弹簧的反作用力，使铁芯吸合，并带动触头支架使动合触头接触闭合、动断触头分断，接触器处于得电状态。当吸引线圈失电或电压显著下降时，由于电磁吸力消失或过小，衔铁释放，在恢复弹簧作用下，衔铁和所有触头都恢复常态，接触器处于失电状态。

3. 交流接触器的型号及主要技术数据

交流接触器的型号及含义如下。

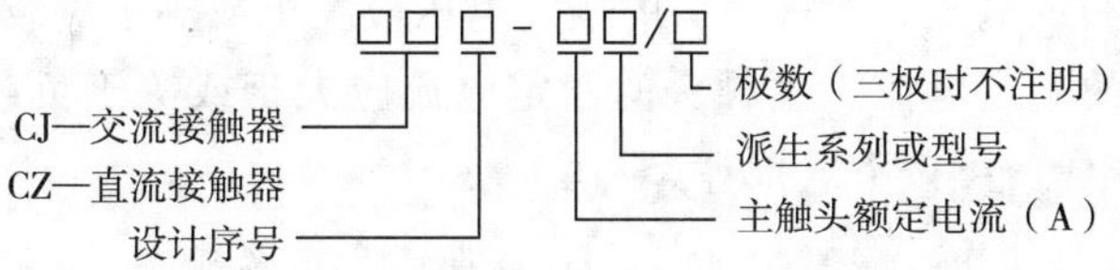

国产常用的交流接触器有 CJ10、CJ20、CJX1、CJX2、CJ12、3TB 等系列，从国外引进的交流接触器型号很多，如日本三菱公司的 S－K 系列，法国 TE 公司的 LC1－D 和 LC2－D 系列，德国 BBC 公司的 B 系列和西门子公司的 3TB、3TD 系列等。这些交流接触器各有自身特点，有的为积木式结构，有的具有附件装置，能够适应控制复杂电路的需要。

常用的 CJ 系列交流接触器的技术数据，见表 1－13 所列。

表 1－13　CJ 系列交流接触器的技术数据

型号	线圈额定电压(V)	主触头额定电流(A)	辅触头额定电流(A)	可控制 380 V 三相异步电动机最大功率(kW)	额定操作频率(次/时)	吸引线圈电压(V)	线圈功率(50 Hz 近似值)(VA)	
							启动	吸持
CJ10－5	127,220,380	5	5	1.5	600	交流 36 110 220 380	35	6
CJ10－10	127,220,380	10	5	4			65	11
CJ10－20	127,220,380	20	5	7.5			140	22
CJ10－40	127,220,380	40	5	18.5			320	32
CJ10－60	127,220,380	60	5	30			485	95
CJ10－100	127,220,380	100	5	45			760	105
CJ10－150	127,220,380	150	5	75			950	110
CJ10－250	127,220,380	250	5	110			1530	250

1.5.2 直流接触器

直流接触器主要用于远距离接通和分断额定电压 440 V、额定电流 630 A 的直流电路，如频繁地使直流电动机启动、停止、反转和反接制动等。

直流接触器主要由电磁系统、触头灭弧系统、辅助触头及底板等部分组成。当接通操作线圈的控制电源时，其电磁系统就产生电磁吸力，带动可动部分，使接触器的触头闭合；当操作线圈断电时，电磁吸力消失，在触头压力和断开弹簧弹力的带动下，接触器的触头断开。

常用的直流接触器有 CZ10、CZ18、CZ21、CZ22 等系列，CJ0 系列为旧产品，已由 CJ0－A、CJ0－B 等改进型产品替代。

1.5.3 接触器的选择

应根据实际控制电路的要求，合理地选择接触器。

(1)确定类型。根据所控制对象的电流类型来选用交流或直流接触器。如控制系统中主要是交流对象，而直流对象容量较小，也可全用交流接触器，但触头的额定电流要选大些。

(2)选择触头的额定电压。通常触头的额定电压应大于或等于负载回路的额定电压。

(3)选择主触头的额定电流。主触头的额定电流应大于或等于负载的额定电流。如负载是电动机，其额定电流，可按下式推算，即

$$I_N=\frac{P_N\times 10^3}{\sqrt{3}U_N\cos\varphi\eta}$$

式中：I_N——电动机额定电流(A)；

U_N——电动机额定电压(V)；

P_N——电动机额定功率(kW)；

$\cos\varphi$——功率因数；

η——电动机效率。

在需要频繁启动、制动、正反转的场合，主触头的额定电流要稍降低。

(4)选择线圈电压。可选择 380 V 或 220 V，必须与控制电路电压一致。

1.5.4 接触器的使用注意事项

(1)因为分断负荷时有火花和电弧产生，开启式接触器不能用于易燃、易爆的场所和导电性粉尘较多的场所，也不能在无防护措施的情况下在室外使用。

(2)使用时，应注意触头和线圈是否过热，三相主触头一定要保持同步动作，分断时电弧不得太大。

(3)交流接触器控制电机或线路时，必须与过电流保护器配合使用，接触器本身无过电流保护功能。

(4)短路环和电磁铁吸合面要保持完好、清洁。

(5)接触器安装在控制箱或防护外壳内时，由于散热条件差，环境温度较高，应适当降低容量使用。

1.6　继电器

继电器是一种起传递信号作用的自动电器，广泛应用于电力拖动控制、电力系统保护和各类遥控以及通信系统中。

继电器一般由输入感测机构和输出执行机构两部分构成。前者用于反映输入量的高低，输入量可以是电压、电流等电学量，也可以是温度、压力等非电学量；后者用于接通与分断所控制或所保护的电路。

继电器品种繁多，按输入物理量的性质可分为电学量（如电压、电流、频率、功率）继电器和非电学量（如温度、压力、速度）继电器；按执行机构特征可分为有触点继电器和无触点继电器；按用途可分为控制继电器和保护继电器；按动作时间可分为瞬时继电器和延时继电器；按工作原理可分为电磁式继电器、机械式继电器、热继电器和半导体式继电器。

1.6.1　电磁式继电器

因这类继电器和接触器一样具有电磁机构，动作原理也基本相似，故称为电磁式继电器。电磁式继电器广泛用于电力传动系统中起控制、放大、联锁、保护与调节的作用，以实现控制过程的自动化。

JT4 系列电磁式继电器为常用的通用继电器，如图 1－21 所示。其磁路系统是由 U 形静铁芯和一块板状衔铁构成。在不通电时，衔铁借反力弹簧而打开；通电时，电磁铁芯产生的吸力克服弹簧的反作用力，使衔铁绕支点转动并与铁芯吸合，动断触头断开，动合触头闭合。为了减少铁芯闭合时的剩磁，避免衔铁释放不开，在衔铁与铁芯之间加一非磁性垫片（一般是截面积为 0.1～0.5 mm^2 的铜片）。这种通用型继电器，在其磁系统中装上不同的线圈或阻尼圈后可制成电压继电器、中间继电器或时间继电器。

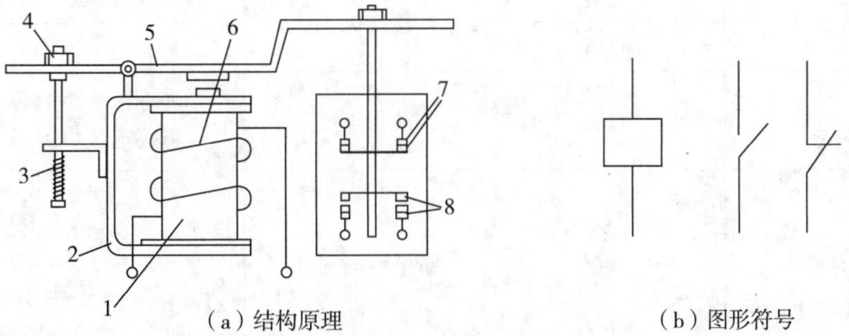

（a）结构原理　　（b）图形符号

图 1－21　JT4 系列电磁式继电器

1—静铁芯　2—磁轭　3—反力弹簧　4—调节螺钉　5—衔铁　6—线圈　7—动断触头　8—动合触头

1. 电压继电器

这类继电器的线圈接在电路上，反映被控制或被保护电路电压的变化，故称为电压继电器。其特点是电压线圈匝数多，导线细。按其动作特征可分为过电压继电器和欠电压（零电压）继电器。前者通常在电压为 1.1 倍额定电压以上时继电器吸合，对电路进行过电压保护。后者在电压低于规定值时继电器释放，对电路进行欠电压(或零压)保护。

2. 电流继电器

电流继电器的线圈串接在被控制或被保护电路中，反映电路电流的变化，故称为电流继电器。其特点是电流线圈匝数少，导线粗，线圈阻抗很小。按其动作特征可分为过电流继电器和欠电流继电器。前者在当电路电流超过正常工作电流时继电器吸合，触点动作；后者在当电路电流低于正常工作电流时继电器释放。它们分别用于电动机的过载及短路保护、直流电动机磁场控制及失磁保护等场合。

3. 中间继电器

中间继电器在结构上是一个电压继电器，是用来远距离传输或转换控制信号的中间元件。其输入的是线圈的通电或断电信号，输出信号为多对触头的动作。其主要用途是当其他继电器的触点数或触点容量不够时，可借助触点数多、触点容量大(额定电流为 5～10 A)的中间继电器来扩大它们的触点数或触点容量。

在相应使用类别下，继电器触头的额定工作电压 U_N 和额定工作电流 I_N 表征该继电器触头所能切换电路的能力。选用时，继电器的最高工作电压可为该继电器的额定绝缘电压，继电器的最高工作电流一般应小于该继电器的额定电流。若按电源种类，继电器可分为交流继电器和直流继电器。直流继电器按电压来分有 12 V、24 V、48 V、110 V、220 V 等规格；交流继电器按电压来分有 36 V、110 V、127 V、220 V、380 V 等规格。交、直流继电器按电流来分可以有 1～1250 A 多种规格。大部分电磁式继电器的整定参数是可调节的，见表 1－14 所列。

表 1－14　电磁继电器的整定参数

类型	电流种类	可调参数	可调参数范围
电压继电器	直流	动作电压	吸合电压(30%～50%)U_N 释放电压(7%～20%)U_N
过电压继电器	交流	动作电压	(105%～120%)U_N
过电流继电器	交流	动作电流	(110%～350%)I_N
	直流		(70%～300%)I_N
欠电流继电器	直流	动作电流	吸合电流(30%～65%)I_N 释放电流(10%～20%)I_N
时间继电器	直流	断电延时时间	0.3～0.4 s 0.8～3.0 s 2.5～5.0 s 4.5～10 s 9～15 s

1.6.2　空气阻尼式时间继电器

空气阻尼式时间继电器是由电磁机构、延时机构和触头三部分组成的，触头系统使用微动开关，延时机构是利用空气通过小孔的节流原理的气囊式阻尼器。图 1－22 为 JS7 系列空气阻尼式时间继电器原理结构。

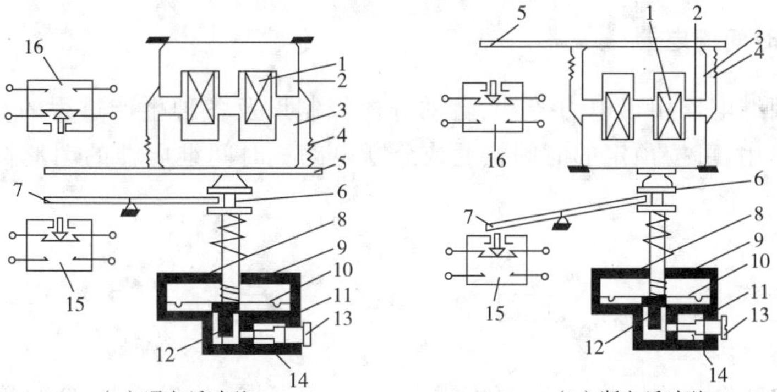

（a）通电延时型　　　　（b）断电延时型

图 1-22　JS7-A系列时间继电器动作原理图

1—线圈　2—铁芯　3—衔铁　4—复位弹簧　5—推板　6—活塞杆　7—杠杆　8—塔形弹簧　9—弱弹簧　10—橡皮膜　11—空气室壁　12—活塞　13—调节螺杆　14—进气孔　15,16—微动开关

空气阻尼式时间继电器可以分为通电延时型和断电延时型两种。其工作原理如下：

1. 通电延时型

如图 1-22(a)所示，当线圈 1 通电后，铁芯 2 将衔铁 3 吸合，同时推板 5 使微动开关 16 立即动作。活塞杆 6 在塔形弹簧 8 的作用下，带动活塞 12 及橡皮膜 10 向上移动，由于橡皮膜下方气室空气稀薄，形成负压，因此活塞杆 6 不能迅速上移。当空气由进气孔 14 进入时，活塞杆才逐渐上移。移到最上端时，杠杆 7 才使微动开关 15 动作。延时时间为自电磁铁吸引线圈通电时刻起到微动开关 15 动作为止的这段时间。通过调节螺杆 13 来改变进气孔的大小，就可以调节延时时间。

当线圈 1 断电时，衔铁 3 在复位弹簧 4 的作用下将活塞 12 推向最下端。因活塞被往下推时，橡皮膜下方气室内的空气，都通过橡皮膜 10、弱弹簧 9 和活塞 12 肩部所形成的单向阀，经上气室缝隙顺利排掉，因此延时微动开关 15 和非延时微动开关 16 都能迅速复位。

2. 断电延时型

将电磁机构翻转 180°安装后，可得到断电延时型时间继电器，如图 1-22(b)所示。它的工作原理与通电延时型时间继电器相似，微动开关 15 是在吸引线圈断电后延时动作的。

空气阻尼式时间继电器的优点是结构简单、寿命长、价格低，还附有不延时的触点，所以应用较为广泛。其缺点是准确度低、延时误差大(±10%～±20%)，要求延时精度高的场合不宜采用。JS7-A 系列空气阻尼式时间继电器的主要技术参数，见表 1-15 所列。

表 1-15　JS7-A 系列空气阻尼式时间继电器的主要技术参数

型号	瞬时动作触点数量		有延时的触点数量				触点额定电压(V)	触点额定电流(A)	线圈电压(V)	延时范围(s)	额定操作频率(次/时)
			通电延时		断电延时						
	动合	动断	动合	动断	动合	动断					
JS7-1A	—	—	1	1	—	—	380	5	24,36	0.4～60 及 0.4～180	600
JS7-2A	1	1	1	1	—	—			110,127		
JS7-3A	—	—	—	—	1	1			220,380		
JS7-4A	1	1	—	—	1	1			420		

1.6.3 半导体时间继电器

半导体时间继电器用于电力传动、自动顺序控制以及各种生产过程的自动控制等系统中起时间控制作用,可按预定的时间接通或分断电路。时间继电器的图形符号,如图 1-23 所示。

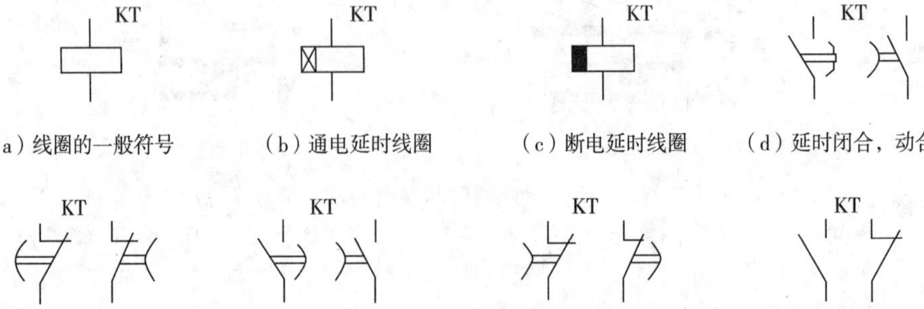

(a)线圈的一般符号　(b)通电延时线圈　(c)断电延时线圈　(d)延时闭合,动合触点

(e)延时断开,动断触点　(f)延时断开,动合触点　(g)延时闭合,动断触点　(h)瞬时动合、动断触点

图 1-23　时间继电器的图形符号

时间继电器的型号及含义如下。

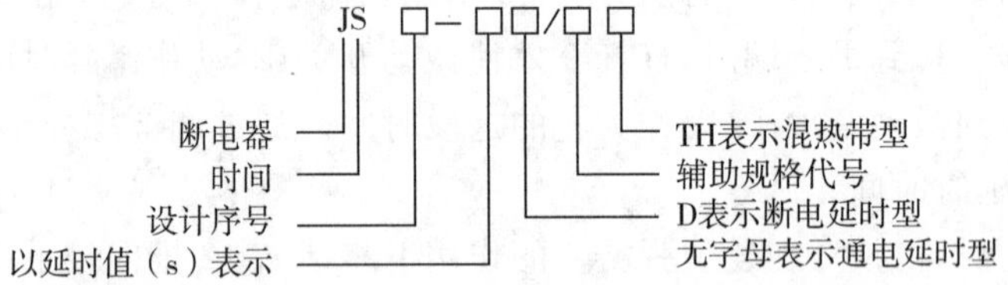

常用的电子时间继电器有 JS13、JS14、JS15 及 JS20 等系列,目前,从日本富士公司引进生产的 ST、HH、AR、RT 等系列电子时间继电器,无锡市机床电器厂生产的 ST3PA-B 系列电子时间继电器,具有可调范围宽、精度高的特点,延时范围有 1 s、10 s、60 s、6 min 等四种,时间调节刻度盘可根据需要灵活调整。

1.6.4 热继电器

热继电器是依靠电流通过发热元件时所产生的热量,使相应元件发生状态改变而推动机构动作的一种电器。其主要用于电动机的过载、断相及电流不平稳运行的保护及其他电气设备发热状态的控制。

常用的热继电器有金属片式、热敏电阻式、易熔合金式等形式,其中以双金属片式结构最为常用。如图 1-24 所示为 JR16 系列热继电器的结构原理图。

热双金属片与热元件串接在电动机的主回路中,当发生三相平衡过载时,双金属片受热,由于双金属片的热膨胀系数不同,其中右侧金属热膨胀系数大导致向左弯曲,推动外导板带动内导板向左移动,通过补偿双金属片及推杆,使动触头与常闭触头分开,切断电路而保护电动机。

图 1-24(b)所示为具有断相保护的差动结构原理图。当电动机一相发生断线时,与该

相串接的双金属片逐渐冷却右移，并带动内导板右移，外导板仍在未断相的双金属片推动下向左移，这样通过杠杆产生了差动作用，使热继电器在断相故障时加速动作而保护电动机。JR16 系列热继电器的技术数据，见表 1-16 所列。

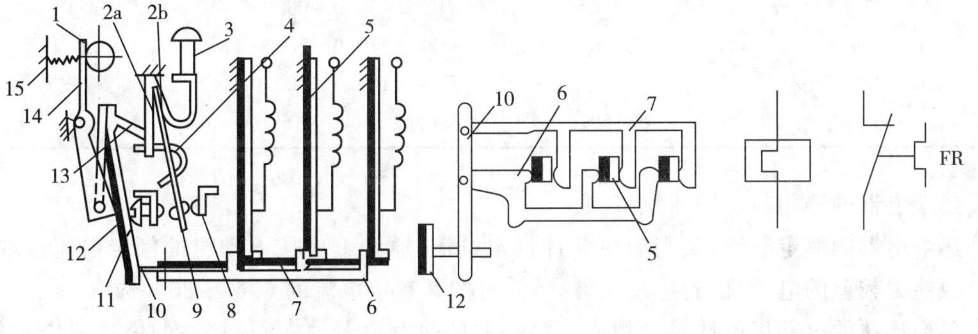

(a) 结构原理图　　(b) 差动导板　　(c) 图形符号

图 1-24　JR16 系列热继电器

1—电流调节　2—片簧(2a,2b)　3—手动复位按钮　4—弓簧片　5—主双金属片元件　6—外导板　7—内导板　8—常闭静触头　9—动触头　10—杠杆　11—常开静触头(复位调节螺钉)　12—补偿双金属片　13—推杆　14—连杆　15—压簧

表 1-16　JR 系列热继电器的技术数据

型号	发热元件规格			连接导线规格
	编号	额定电流(A)	刻度电流调节范围(A)	
JR16-20/3 JR16-20/3D	1	0.35	0.25～0.3～0.35	4 mm² 单股 铜芯塑料线
	2	0.5	0.32～0.4～0.5	
	3	0.75	0.45～0.6～0.72	
	4	1.1	0.68～0.9～1.1	
	5	1.6	1.0～1.3～1.6	
	6	2.4	1.5～2.0～2.4	
	7	3.5	2.2～2.8～3.5	
	8	5.0	3.2～4.0～5.0	
	9	7.2	4.5～6.0～7.2	
	10	11.0	6.8～9.0～11.0	
	11	16.0	10.0～13.0～16.0	
	12	22.0	14.0～18.0～22.0	
JR16-60/3 JR16-60/3D	13	22.0	14.0～18.0～22.0	16 mm² 多股 铜芯橡皮软线
	14	32.0	20.0～26.0～32.0	
	15	45.0	28.0～36.0～45.0	
	16	63.0	40.0～50.0～63.0	

（续表）

型号	发热元件规格			连接导线规格
	编号	额定电流(A)	刻度电流调节范围(A)	
JR16－150/3 JR16－150/3D	17	63.0	40.0～50.0～63.0	$35mm^2$ 多股 铜芯橡皮软线
	18	85.0	53.0～70.0～85.0	
	19	120.0	75.0～100.0～120.0	
	20	160.0	100.0～130.0～160.0	

热继电器的选用与使用注意事项：

热继电器的额定电流(实则为热元件额定电流)原则上应按电动机的额定电流选取；但对过载能力较差的电动机，若启动条件允许，可按其额定电流的 60%～80%选取。

星形连接的电动机可选择二相或三相结构的热继电器，三角形接法的电动机应选择带断相保护装置的三相结构的热继电器。

对于载荷重且频繁启动的电动机，不宜采用热继电器保护；因热元件受热变形需要时间，故热继电器不能用于短路保护。

1.6.5 信号继电器

1. 温度继电器

温度继电器是指当外界温度达到规定值时即发生动作的继电器，大体可分为两种类型：

(1)双金属片式温度继电器。如图 1－25 所示 JW2 系列双金属片温度继电器结构原理图中，盘式双金属片 2 的左面为主动层，右面为被动层，动触点 8 铆在双金属片上，且经由导电片 3、外壳 1 与连接片 9 相连，静触点 7 与连接片 4 相连。当设置有温度继电器保护的电动机发热部位温度升高时，产生的热量通过外壳 1 传导给其内部的双金属片；当达到一定温度时双金属片开始变形，双金属片及动触点向图中左方瞬动而跳开，从而控制接触器使电动机断电，达到过热保护的目的。当故障排除后，发热部位温度降低，双金属片会反向弹回而使触点重新复位。

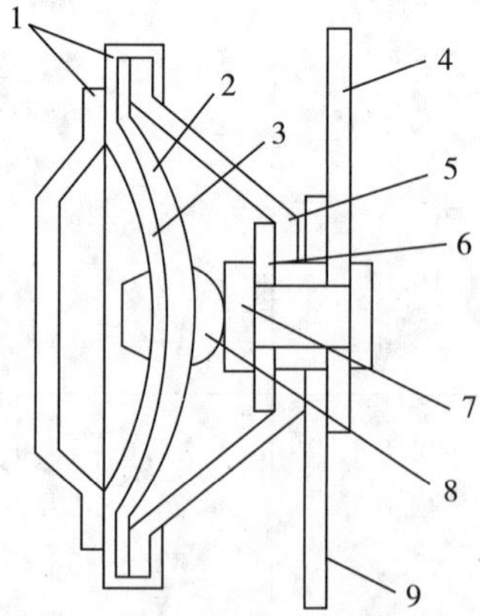

图 1－25　JW2 系列温度继电器结构原理图

1—外壳　2—双金属片　3—导电片　4,9—连接片　5,6—绝缘垫片　7—静触点　8—动触点

(2)热敏电阻式温度继电器。此类继电器的外形同一般晶体管式时间继电器相似,但作为温度感测元件的正温度系数热敏电阻不装在继电器中,而是装在电动机定子槽内或绕组的端部。当该部位温度上升到动作温度(≥65 ℃)时,热敏电阻的阻值剧增,经相应电路执行继电器线圈得电使其常闭触点分断,从而使电动机断电实现过热保护。

2. 速度继电器

速度继电器是一种当转速达到规定值时动作的继电器,常用于异步电动机按速度原则控制的反接制动线路中。它主要由转子、定子和触点三部分组成。如图1-26所示为常用的JY1型速度继电器的结构原理图。

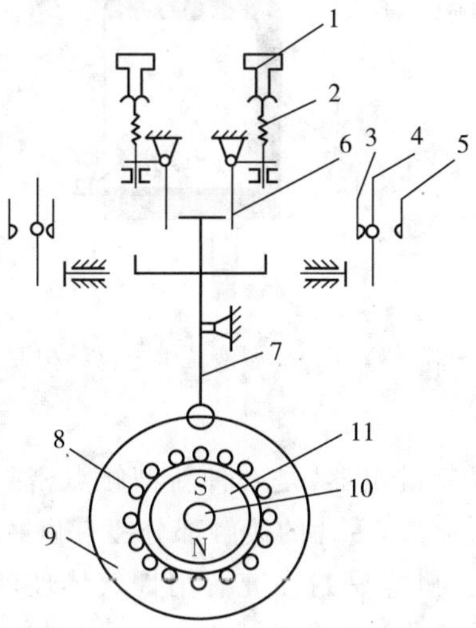

图1-26　JY1型感应式速度继电器结构原理图

1—调节螺钉　2—反力弹簧　3—常闭触点　4—动触点　5—常开触点
6—返回杠杆　7—杠杆　8—定子寻体　9—定子　10—转轴　11—转子

速度继电器转轴10与电动机同轴连接,电动机转动时带动继电器转子磁极(永久磁铁)一起转动,在空间产生旋转磁场,切割定子绕组,而在其中产生感应电动势与电流。此电流又在旋转磁场作用下产生转矩,使定子9随转子11的转动方向旋转一定角度,通过杠杆推动触点动作。若电动机转速低于规定值,则定子产生的转矩减小,动触点复位。

3. 压力继电器

压力继电器是能根据风动或液压系统的压力变化来调节触头的断开与闭合的继电器,常用于机床的气压、水压和油压等系统中对机床进行保护和控制。

压力继电器由缓冲器、橡皮薄膜、顶杆、压缩弹簧、调节螺母和微动开关等组成。压力继电器安装在气路、水路或油路的分支管路中,当管路压力超过整定值时,通过缓冲器,橡皮薄膜抬起顶杆,使微动开关动作。当管路中压力低于整定值后,顶杆脱离微动开关,使触头恢复原位。

4. 液位继电器

某些锅炉和水柜需要根据液位的高低变化来控制水泵电动机的启停,可由液位继电器来完成。如图1-27所示为JYH-02型液位继电器的结构原理图,浮筒置于被控制锅炉或水柜内，其一端有一根磁钢，锅炉外壁装有一对触点，动触点的一端也有一根磁钢，与浮筒一端的磁钢相对应。当锅炉或水柜的水位降到极限值时，浮筒下落使磁钢绕支点 A 上翘。由于磁钢同性相斥的作用，使动触头的磁钢被斥下落，通过支点 B 使触点 1—1 接通、2—2 分断。反之，水位上升到上限位置时，浮筒上浮使触点 2—2 接通、1—1 分断。

所以，液位继电器的安装位置决定了被控制的液位，其主要用于不精确的液位控制的场合。

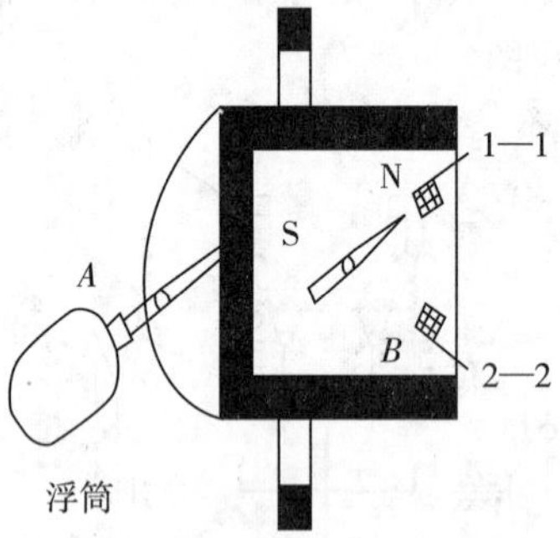

图 1-27　JYH-02 型液位继电器结构原理图

5. 干簧继电器

干式舌簧继电器简称为干簧继电器，是一种新型触点密封的继电器。图 1-28 为其结构原理图。舌簧片由铁镍合金制成，舌片的接触部分镀有耐磨的贵重金属如金、铑、钯等，接触良好，具有良好的导电性能。触点密封在充有惰性气体玻璃管中，与外界气体隔绝，可有效防止污染、氧化，从而提高了工作的可靠性。

干簧继电器的工作原理：当线圈通电后，管中两舌片的自由端分别被磁化成 N 极与 S 极而相互吸引，因而接通了被控制的电路；线圈断电后，舌簧片在自身弹力的作用下分开复位，断开控制电路，如图 1-28 所示。

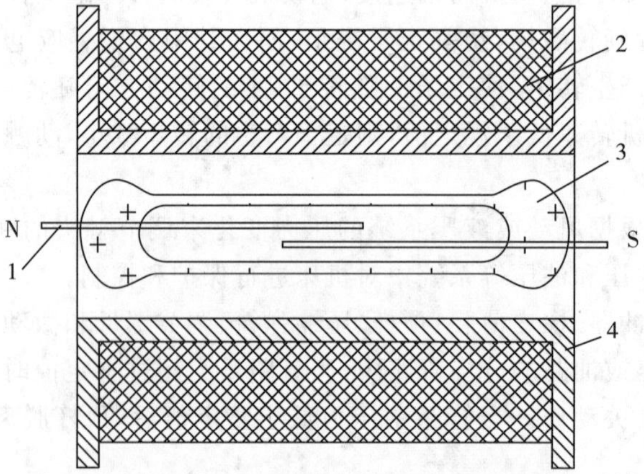

图 1-28　干簧继电器结构原理图

1—舌簧片　2—线圈　3—玻璃管　4—骨架

习　题

一、填空题

1. 常用的低压电器是指工作电压在交流________V 及以下、直流________V 及以下的电器。

2. 行程开关也称________开关，可将________信号转化为电信号，通过控制其他电器来控制运动部分的行程大小、运动方向或进行限位保护。

3. 按钮常用于控制电路，________色表示启动，________色表示停止。

4. 熔断器是由________和________两部分组成的。

5. 交流接触器共有________个触头，其中主触头为________个，辅助触头为________个。

6. 一般速度继电器的动作转速为________ r/min，复位转速为________ r/min。

7. 通常电压继电器________联在电路中，电流继电器________联在电路中。

8. 熔断器的类型有________、________和________三种。

9. 接触器的额定电压是指________上的额定电压。

10. 常见的机械式行程开关有________和________两种。

11. 万能转换开关是________的主令电器。

12. 熔体为一次性使用元件，再次工作必须________后更换新的熔体。

13. 热继电器是利用________来工作的电器。

14. 低压电器按操作方式分为________和________。

15. 触头的形式有________、________、________三种。

16. 电磁式中间继电器实质上是一种电磁式________继电器。

17. 热继电器主要保护作用是电机________保护；熔断器主要用作________保护。

18. 通常漏电保护器与低压断路器组合构成________。

19. 封闭式负荷开关，俗称________；开启式负荷开关俗称________。

20. 接触器的电磁机构由________、________和________三部分组成。

二、选择题

1. 某低压断路器的型号为 DZ10－100，其额定电流是（　　）。

A. 10 A　　B. 100 A　　C. 10～100 A　　D. 大于 100 A

2. 交流接触器的作用是（　　）。

A. 频繁通断主回路　　B. 频繁通断控制回路

C. 保护主回路　　D. 保护控制回路

3. 时间继电器的作用是（　　）。

A. 短路保护　　B. 过电流保护

C. 延时通断主回路　　D. 延时通断控制回路

4. 若将空气阻尼式时间继电器由通电延时型改为断电延时型需要将（　　）。

A. 延时触头反转 180°　　B. 电磁系统反转 180°

C. 电磁线圈两端反接　　D. 活塞反转 180°

5. 通电延时时间继电器，它的延时触点动作情况是（　　）。

A. 线圈通电时触点延时动作，断电时触点瞬时动作

B. 线圈通电时触点瞬时动作，断电时触点延时动作

C. 线圈通电时触点不动作，断电时触点瞬时动作

D. 线圈通电时触点不动作，断电时触点延时动作

6. 热继电器的整定值为 6.8 A，则动作范围应选用(　　)。

A. 0.4～0.64 A　　B. 0.64～1 A　　C. 4～6.4 A　　D. 6.4～10 A

7. 热继电器中双金属片的弯曲作用利用了双金属片(　　)。

A. 温度效应不同　　B. 强度不同

C. 膨胀系数不同　　D. 所受压力不同

8. 现有型号相同，线圈额定电压均为 380 V 的两只接触器，若串联后接入 380 V 回路，则(　　)。

A. 都不吸合　　B. 有一只吸合　　C. 都吸合　　D. 不能确定

9. 交流接触器的衔铁被卡住不能吸合会造成(　　)。

A. 线圈端电压增大　　B. 线圈阻抗增大

C. 线圈电流增大　　D. 线圈电流减小

10. 欠电流继电器可用于(　　)保护。

A. 短路　　B. 过载　　C. 失压　　D. 失磁

11. 下列电器中不能实现短路保护的是(　　)。

A. 熔断器　　B. 热继电器　　C. 过电流继电器　　D. 空气开关

12. 在延时精度要求不高，电源电压波动较大的场合，应选用(　　)。

A. 空气阻尼式时间继电器　　B. 晶体管式时间继电器

C. 电动式时间继电器　　D. 电磁式时间继电器

13. 熔断器的额定电流应(　　)所装熔体的额定电流。

A. 大于　　B. 大于或等于　　C. 小于　　D. 小于或等于

14. 熔管是熔体的保护外壳，用耐热绝缘材料制成，在熔体熔断时兼有(　　)作用。

A. 绝缘　　B. 隔热　　C. 灭弧　　D. 防潮

15. (　　)是交流接触器发热的主要部件。

A. 触点　　B. 线圈　　C. 铁芯　　D. 衔铁

16. 按复合按钮时，(　　)。

A. 动合触点先闭合　　B. 动断触点先断开

C. 动合、动断触点同时动作　　D. 动断触点动作，动合触点不动作

17. 低压断路器具有(　　)保护。

A. 短路、过载、欠压　　B. 短路、过流、欠压

C. 短路、过流、失压　　D. 短路、过载、失压

18. 过电流继电器的整定值一般为电动机额定电流的(　　)倍。

A. 1.2～1.3　　B. 1.3～1.4　　C. 1.5～1.6　　D. 1.7～2

19. 接近开关属于(　　)。

A. 有触点开关　　B. 无触点开关　　C. 机械开关　　D. 继电器的一种

20. 万能转换开关是(　　)。

A. 主令电器　　B. 开关电器　　C. 继电器　　D. 保护电器

三、判断题

1. 刀开关安装时，手柄要向上装。接线时，电源线接在上端，下端接用电器。(　　)

2. 熔断器在电路中既可做短路保护，又可做过载保护。(　　)

3. 热继电器在电路中既可做短路保护，又可做过载保护。(　　)

4. 接触器按主触点通过的电流分为直流和交流两种。(　　)

5. 继电器在任何电路中均可代替接触器使用。(　　)

6. 线圈额定电压为220 V的交流接触器，在交流220 V和直流220 V的电源上均可使用。（　　）
7. 时间继电器之所以能够延时，是因为线圈可以通电晚一些。（　　）
8. 中间继电器实质上是电压继电器的一种，只是触点多少不同。（　　）
9. 交流接触器通电后，如果铁芯吸合受阻，会导致线圈烧毁。（　　）
10. 低压断路器是开关电器，不具备过载、短路、失压保护。（　　）
11. 电压线圈并联在电源两端，匝数多，阻抗小，电流线圈串联在电路中，导线细，电流大。（　　）
12. 固态继电器是一种无触点继电器。（　　）
13. 速度继电器速度很高时触点才动作。（　　）
14. 灭弧罩灭弧可应用于交、直流灭弧装置中。（　　）
15. 双轮旋转式行程开关在挡铁离开滚轮后能自动复位。（　　）
16. 低压断路器中电磁脱扣器的作用是实现失压保护。（　　）
17. 为了消除衔铁振动，交流接触器和直流接触器都装有短路环。（　　）
18. 交流接触器多采用纵缝灭弧装置灭弧。（　　）
19. 继电器的触头一般都为桥型触头，有常开和常闭两种形式，没有灭弧装置。（　　）
20. 接近开关是一种非接触式检测装置。（　　）

四、简答题

1. 在电动机的电路中，熔断器和热继电器的作用是什么？能否相互替代？
2. 如何选用接触器？
3. 欠电压继电器、欠电流继电器的作用分别是什么？
4. 中间继电器和交流接触器有何异同之处？在什么情况下，中间继电器可以代替交流接触器启动电动机？
5. 熔断器的额定电流、熔体的额定电流、熔体的极限分断电流三者有何区别？
6. 热继电器与熔断器的保护功能有何不同？
7. 如何选择熔体的额定电流？
8. 行程开关与接近开关工作原理有何不同？

第2章 电气图及电气控制线路分析

电气图是用于描述电气控制系统工作原理的，用各种电气符号、带注释的围框、简化的外形表示系统、设备、装置、元件的相互关系或连接关系的一种简图。相对于严格的机械图，它在几何尺寸、绝对位置等的绘制上进行了简化。电气图主要用来阐述电路的工作原理，描述电气产品的构成和功能，指导各种电气设备和电气电路的安装接线、运行、维护和管理等。电气图是电气设计人员、安装人员和操作人员之间进行沟通的工程语言，是进行技术交流不可缺少的重要手段。本章主要介绍电气图的基础知识和识图方法，以及对基本电气控制线路进行分析。

2.1 电气图的基础知识

要做到会识图，首先必须掌握电气图的基础知识，即应了解电气图的构成、种类、特点及其在工程中的作用，熟悉电气控制图中的图形符号和文字符号，能认识电气原理图、元器件布置图和电气接线图。

2.1.1 电气控制系统图中的图形符号和文字符号

电气符号包括图形符号、文字符号、项目代号和回路标号等，它们相互关联、互为补充，以图形和文字的形式从不同角度为电气控制图提供各种信息。在绘制电气控制电路图时，所有电气设备和电气元件都应使用国家标准规定的符号，当国家标准未做规定时，可采用行业标准中常用的符号。只有搞清楚电气符号的含义、构成及使用方法，才能正确地识图。

(1)图形符号

图形符号一般用于图样或其他文件，是用来表示设备(如电动机)或概念(如接地)的图形、标记或字符。正确熟练地理解、绘制和识别各种电气图形符号是电气制图与识图的基本功。

(2)文字符号

文字符号是表示电气设备、装置、电气元件的名称、状态和特征的字符代码。它在电气控制图中，一般标注在电气设备、装置、电气元件上或其附近。

本书中采用的所有电气符号均采用国家标准规定的符号，见表2-1。

表 2-1　常用电器的图形符号与文字符号

类别	名称	图形符号	文字符号	类别	名称	图形符号	文字符号
开关	单极控制开关	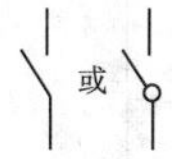	SA	按钮	复合按钮		SB
	手动开关一般符号	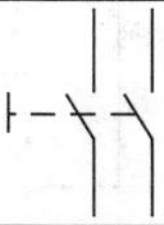	SA		急停按钮	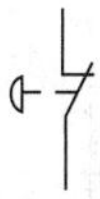	SB
	三极控制开关	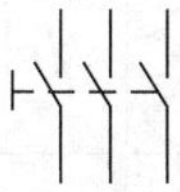	QS		钥匙操作式按钮		SB
	三极隔离开关	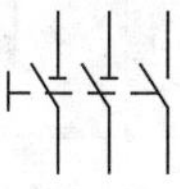	QS	接触器	线圈操作器件	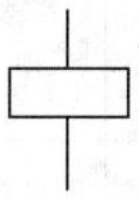	KM
	三极负荷开关	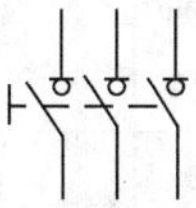	QS		常开主触头	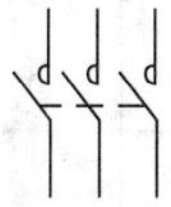	KM
	组合旋钮开关	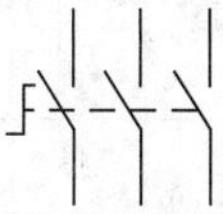	QS		常开辅助触头		KM
	低压断路器	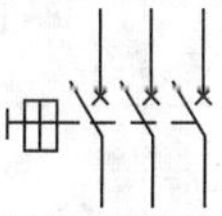	QF		常闭辅助触头		KM
	控制器或操作开关	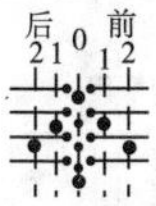	SA	时间继电器	通电延时（缓吸）线圈	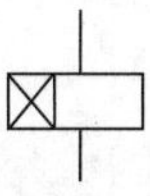	KT
位置开关	常开触头		SQ		继电延时（缓放）线圈	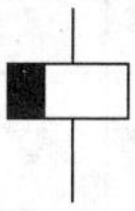	KT
	常闭触头		SQ		瞬时闭合的常开触头		KT
	复合触头		SQ		瞬时断开的常开触头		KT
按钮	常开按钮	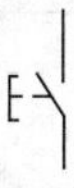	SB		延时闭合的常开触头	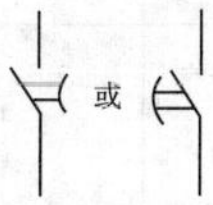	KT
	常闭按钮	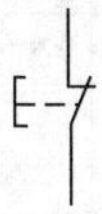	SB		延时断开的常开触头		KT

（续表）

类别	名称	图形符号	文字符号	类别	名称	图形符号	文字符号
时间继电器	延时闭合的常开触头	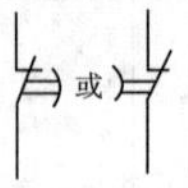	KT	电压继电器	常闭触头		KV
	延时断开的常开触头	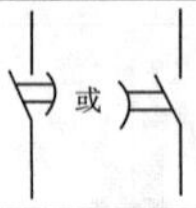	KT	电磁操作器	电磁铁的一般符号	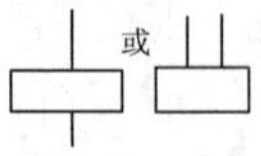	YA
热继电器	热元件	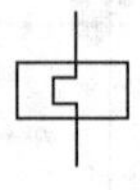	FR		电磁吸盘	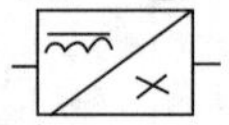	YH
	常闭触头		FR		电磁离合器	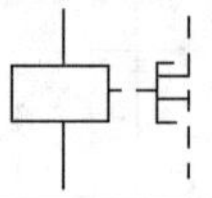	YC
中间继电器	线圈	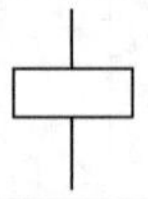	KA		电磁制动器	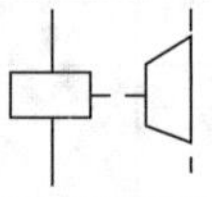	YB
	常开触头		KA		电磁阀	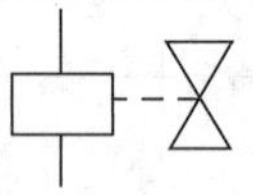	YV
	常闭触头		KA	非电量控制的继电器	速度继电器常开触头	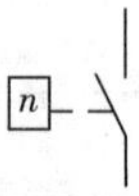	KS
电流继电器	过电流线圈	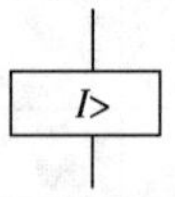	KA		压力继电器常开触头	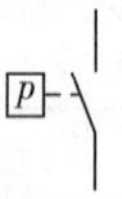	KP
	欠电流线圈	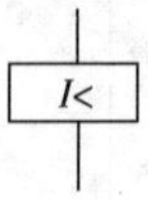	KA	电动机	三相笼型异步电动机	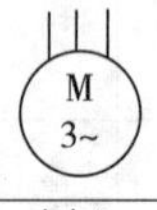	M
	常开触头		KA		三相绕线转子异步电动机	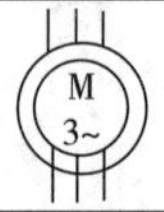	M
	常闭触头		KA		他励直流电动机	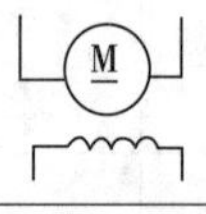	M
电压继电器	过电压线圈	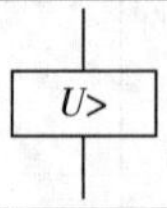	KV		并励直流电动机	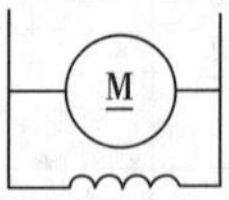	M
	欠电压线圈		KV		串励直流电动机	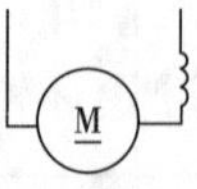	M
	常开触头		KV	熔断器	熔断器		FU

（续表）

类别	名称	图形符号	文字符号	类别	名称	图形符号	文字符号
发电机	发电机	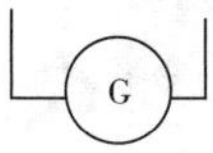	G	变压器	单相变压器	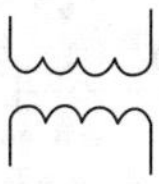	TC
发电机	直流测速发电机	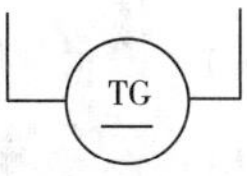	TG	变压器	三相变压器	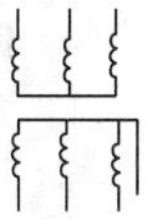	TM
灯	信号灯（指示灯）		HL	互感器	电压互感器	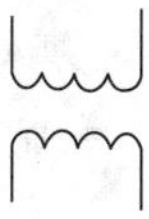	TV
灯	照明灯		EL	互感器	电流互感器	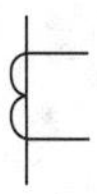	TA
接插器	插头和插座	 或 	X 插头 XP 插座 XS	电抗器	电抗器		L

2.1.2　电气原理图

电气原理图是用来表明设备、电器的工作原理以及各电气元件的作用、相互之间的关系的一种工程图例。运用电气原理图，对于分析电气线路以及设计 PLC 控制程序都是十分有益的。电气原理图一般由主电路、控制电路等组成。

电气原理图是根据工作原理绘制的，具有结构简单、层次分明、便于研究和分析电路等优点。下面以如图 2-1 所示的三相笼型异步电动机正反转控制线路的电气原理图为例来说明绘制电气原理图应遵循的主要原则：

(1)电气原理图电路根据电流大小分为主电路和控制电路两部分。主电路是指从电源到电动机的强电流电路，绘制于原理图左侧。控制电路由继电器的线圈和触头、接触器的线圈和触头、按钮、照明灯等元件组成，是弱电流电路，绘制于原理图右侧。

(2)电气原理图所有电气元件的图形符号和文字符号须采用国家标准。

(3)电气元件采用展开图画法。同一电气元件，如同一接触器的线圈和触头，必须用统一文字符号标出。多个同种类电气元件可用数字作进一步标记，如 KM1、KM2 等。

(4)按钮、触头应按没有外力作用和没有通电时的原始状态绘制。

(5)电路两线有交叉连接时的电气接点用黑点标出。

(6)原理图应分成若干图区，上、下方应使用数字和文字对应说明电路功能，继电器和接触器应使用附表来说明线圈和触头的从属关系。

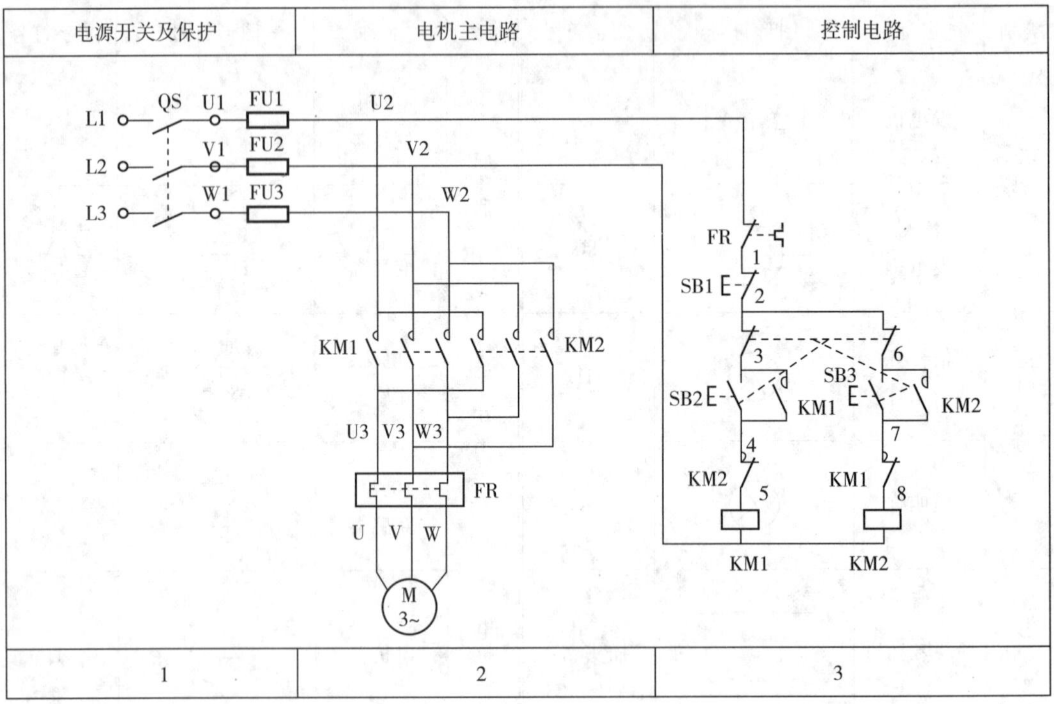

图 2-1 笼型异步电动机正反转控制线路的电气原理图

2.1.3 电气元件布置图

电气元件布置图主要用来表明电气原理图中所有电器的实际位置，可为生产机械电气控制设备的制造、安装和维修提供必要的资料。图中各电器代号应与有关电路图和电器清单上所有的元器件代号相同。图中不需标明尺寸。

电气元件布置图可根据电气设备的复杂程度集中绘制或分别绘制。绘制原则如下：

(1)按国家标准规定，控制柜内电气元件必须位于维修台之上 0.4～2 m 处；

(2)控制柜内按照用户要求制作的电气装置，最少要留出 10%的备用面积，以供装置改进或局部修改时使用；

(3)控制柜的门上，除了控制开关、信号和测量部件外，不能安装任何器件；

(4)电源开关最好安装在控制柜内右上方，其操作手柄应装在电气柜前面或侧面，电源开关上方最好不安装其他电器；

(5)发热元件安装在控制柜内的上方，并注意将发热元件和感温元件隔开，以防感温元件误动作；

(6)应尽量将外形与结构尺寸相同或相近的电气元件安装在一起，这样既便于安装和布线，又可使控制柜内布置得整齐美观。

图 2-2 所示为三相笼型异步电动机正反转控制线路的电气元件布置图。图中 KM1、KM2 为接触器，FR 为热继电器，QS 为刀开关，FU 为熔断器。

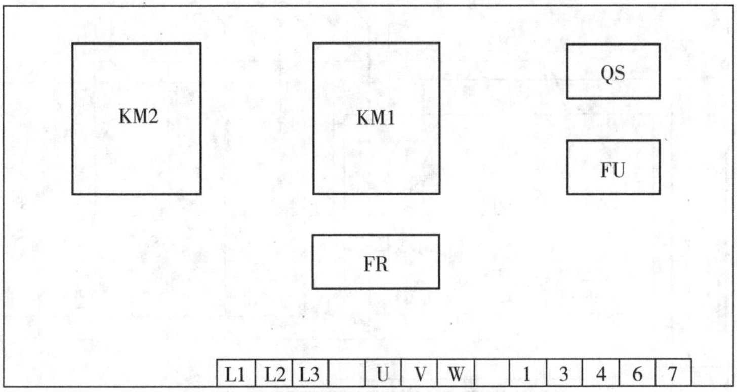

图 2－2　三相笼型异步电动机正反转控制线路的电气元件布置图

2.1.4　电气接线图

电气安装接线图是为安装电气设备以及电气元件进行配线或检修服务的，它清楚地表明了电气设备外部元件的相对位置及它们之间的电气连接关系，在具体施工、设备维护和检修中，比起电气原理图更为实用，因而在生产现场被广泛应用。

绘制电气安装接线图应遵循以下原则：

(1)所有电气元件图形，应按照实物依对称原则绘制。各电气元件应按实际位置绘制。

(2)各电气元件，均应注明与电气控制原理图上一致的文字符号、接线编号。

(3)一律用细实线绘制，应清楚地表示出各电气元件的接线关系和接线走向。接线图的接线关系有两种画法：一是直接接线法，即直接画出两元件之间的接线。它适用于电气系统简单、电气元件少、接线关系简单的场合；二是符号标准接线法，即仅在电气元件接线端处标注符号，以表明相互连接关系，适用于电气系统复杂、电气元件多、接线关系较为复杂的场合。

(4)同一控制盘上的电气元件可直接连接，而盘内元器件与外部元器件连接时必须通过接线端子板进行。控制盘后配线的接线图应按控制盘翻转后的方位绘制电气元件，以便施工配线，但触头方向不能倒置。

(5)在接线图中应标出项目的相对位置、项目代号、端子间的电连接关系等，按规定清楚标注配线导线的型号、规格、截面积和颜色等。

(6)接线板上各接点按接线号顺序排列，并将动力线、交流控制线、直流控制线等分类排开。

图 2－3 为三相笼型异步电动机正反转控制电路的电气安装接线图，它表明了电气元件的实际接线关系。图中清楚说明了电源进线、按钮板、电动机与接线端子直接的连接关系，如按钮板与电气安装板的连接，按钮板有 SB1、SB2、SB3，按照原理图，SB1 与 SB2、SB3 有一端相连为“2”，SB2 与 SB3 有两端相连为“3”和“6”，其引出端 1、2、3、4、6、7 通过 BVR5×1 mm^2 导线接至安装板上相应的接线端。图中还标明了所采用的连接导线的型号、根数、截面积，如 BVR5×1 mm^2 表示导线为聚氯乙烯绝缘软电线，导线共 5 根，导线截面积为 1 mm^2。

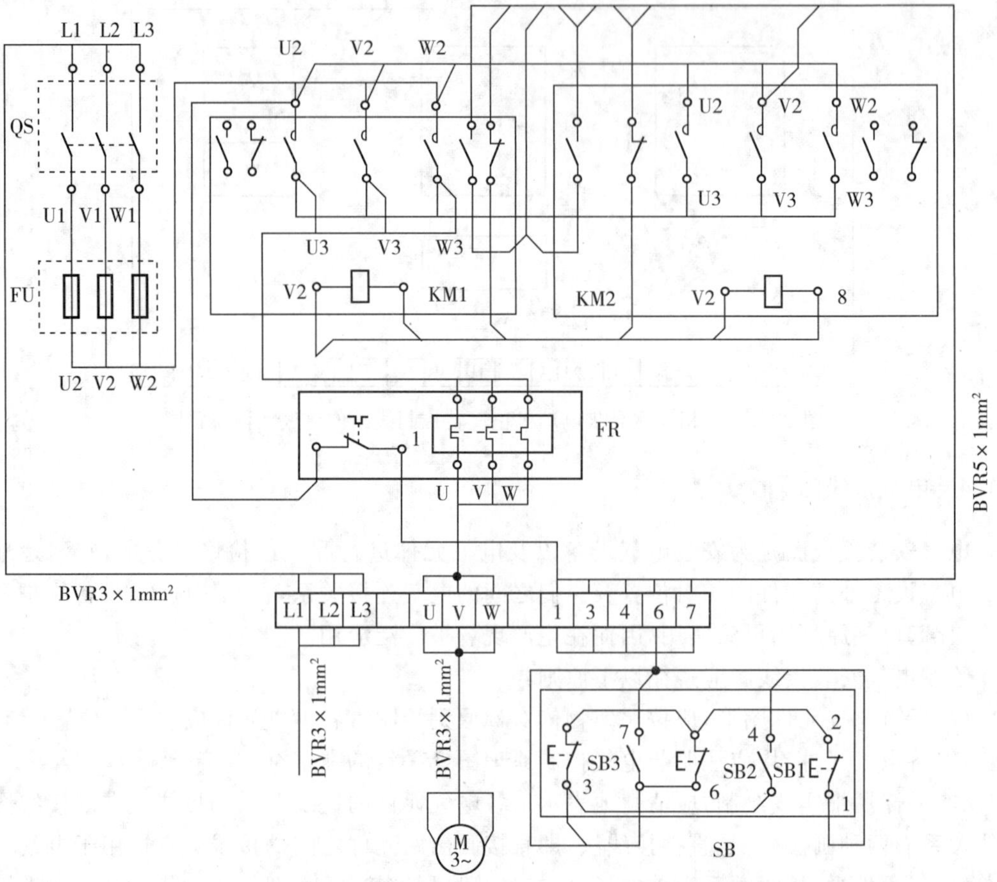

图 2-3　三相笼型异步电动机正反转控制电路的电气安装接线图

2.2　电气控制线路分析基础

2.2.1　电气控制线路分析的内容

电气控制线路的阅读分析主要是针对电气控制原理图进行的。电气控制原理图是电气控制线路图的核心内容，它是根据工作原理绘制的，是研究和分析控制系统最直接的工具。分析的具体内容和要求主要包括以下几个方面。

1. 设备说明书

设备说明书由机械（包括液压部分）与电气两部分组成。在分析时首先要阅读这两部分说明书，了解以下内容：

（1）设备的构造，主要技术指标，机械、液压和气动部分的工作原理；

（2）电气传动方式，电动机和执行电器的数目、型号规格、安装位置、用途及控制要求；

（3）设备的使用方法，各操作手柄、开关、旋钮和指示装置的布置及作用；

（4）同机械和液压部分直接关联的电器（行程开关、电磁阀、电磁离合器和压力继电器等)的位置、工作状态以及作用。

2. 电气控制原理图

这是控制线路分析的核心内容。电气控制原理图主要由主电路、控制电路和辅助电路等部分组成。在分析电气原理图时,必须与阅读其他技术资料结合起来。例如,各种电动机和电磁阀等的控制方式、位置及作用,各种与机械有关的位置开关和主令电器的状态等,只有通过阅读说明书才能了解。

3. 电气设备总装接线图

阅读分析总装接线图,可以了解系统的组成及分布状况,各部分的连接方式,主要电气部件的布置和安装要求,导线和穿线管的型号规格。这是安装设备不可缺少的资料。

4. 电气元件布置图与接线图

这是制造、安装、调试和维护电气设备必须具备的技术资料。在调试和检修中可通过布置图和接线图方便地找到各种电气元件和测试点,进行必要的调试、检测和维修保养。

2.2.2　电气原理图分析的方法

在阅读和分析电气控制原理图之前,应当掌握控制系统相关的各类信息,包括控制系统的各电气元件产品说明书、生产工艺要求与执行元件的关系、控制系统的功能、技术指标及图纸中的各种备注等,这些都能直接或间接地帮助阅读和分析电气控制原理图。电气控制原理图分析应和电气安装接线图、电气布置图结合起来,这样有助于整个系统的分析。

电气控制原理图的阅读和分析方法主要有逻辑分析法、查线阅读分析法等。

逻辑分析法是通过把电路元件的状态转化为电路的逻辑表达式进行运算来阅读和分析电路的方法。该方法适合于采用计算机辅助技术来阅读和分析庞大而复杂的电路,不是常见的读图和分析方法,本书不作阐述。

查线阅读分析法是分析电气原理图的最基本方法,应用也最广泛,它是以化整为零、先主后辅、局部分析、集零为整的原则阅读和分析电气原理图的方法。

1. 查线阅读分析法

查线阅读分析法阅读分析电气原理图的步骤如下。

(1)分析主电路

分析原理图时应从主电路开始,主电路应先从电动机入手,清楚电动机类型,分析电动机的控制内容,如电动机启动、运行、调速、制动等基本控制环节的分析,做到心中有数、有的放矢。

(2)分析控制电路

主电路的控制要求都是由控制电路实现的,对应主电路元件找出控制电路中的控制环节,以及控制基本规律。将控制线路“化整为零”,自上面下、自左到右,按功能不同划分成若干个控制线路,从电源和主令电器开始,做逻辑分析和判断,总结出控制动作过程。

如果控制线路较复杂,则可先排除照明、显示等与控制关系不密切的电路,以便集中精力进行分析,做到先主后次。

(3)分析辅助电路

辅助电路包括执行元件的工作状态显示、电源显示、参数测定、照明和故障报警等部分。

辅助电路中很多部分是由控制电路中的元件来控制的，所以在分析辅助电路时，还要回过头来对照控制电路进行分析。

(4)分析联锁与保护环节

生产机械对于安全性、可靠性有很高的要求，为实现这些要求，除了合理地选择拖动、控制方案以外，在控制电路中还设置了一系列电气保护和必要的电气联锁。在电气控制原理图的分析过程中，电气联锁与电气保护环节是一个重要内容，不可遗漏。

(5)分析特殊控制环节

在某些控制线路中，还设置了一些与主电路、控制电路关系不密切、相对独立的某些特殊环节，这些部分往往自成一个系统，对其进行读图分析时可参照上述分析过程，灵活运用所学过的知识，逐一分析。

(6)总体检查

经过“化整为零”，逐步分析了每一局部电路的工作原理以及各部分之间的控制关系之后，还必须用“集零为整”的方法，检查整个控制线路，看是否有遗漏。特别要从整体角度去进一步检查和整理各控制环节之间的联系，以达到清楚地理解原理图中每一个电气元件的作用、工作过程及主要参数。

2. 电气原理图阅读和分析举例

下面以图 2-4 所示 C630 型普通车床的电气控制线路原理图为例进行阅读和分析。

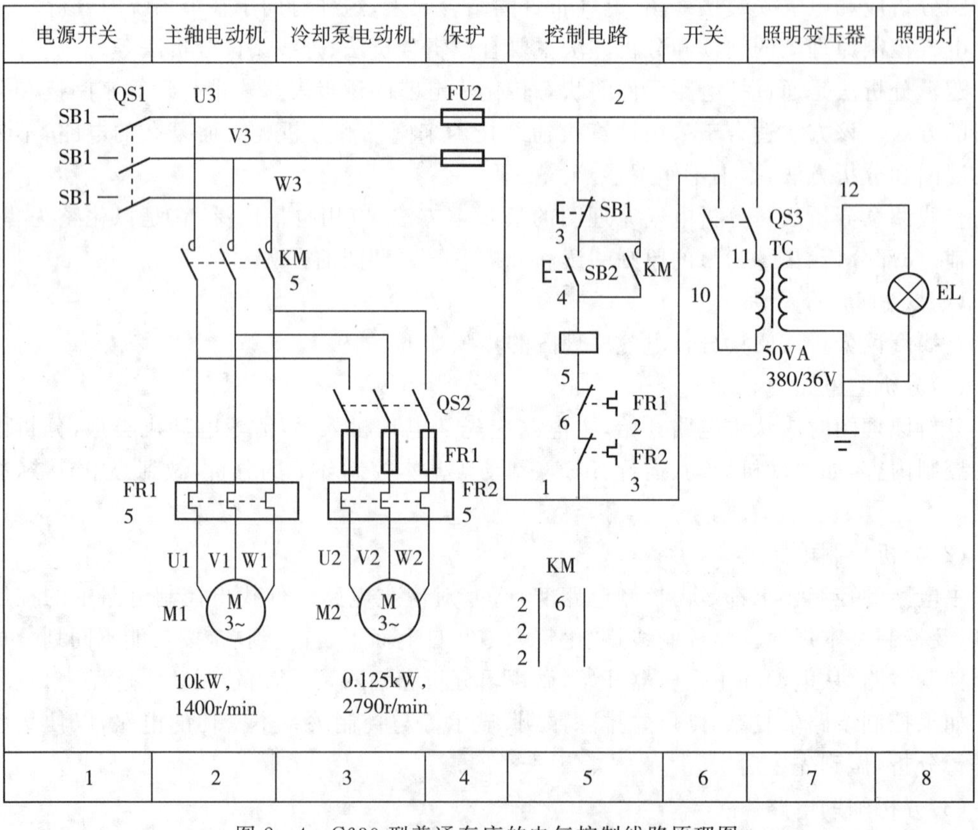

图 2-4 C630 型普通车床的电气控制线路原理图

(1)主电路分析

主电路中有两台电动机，M1 为主轴电动机；M2 为冷却泵电动机；开关 QS1 为电源开关；接触器 KM 控制电动机 M1；开关 QS2 控制电动机 M2；电源为三相交流 380 V。

(2)控制电路分析

控制电路采用 380 V 交流电源供电，只要在 5 区按下启动按钮 SB2，KM 线圈便得电，位于 6 区的 KM 动合辅助触头闭合自锁，位于 2 区的 KM 主触头闭合，2 区主轴电动机 M 启动。M1 通电后，合上 3 区开关 QS2，3 区冷却泵电动机 M2 立即启动。按下 SB1，两台电动机停止。

(3)辅助电路分析

照明电路采用 36 V 电压，由变压器 TC 供给；QS3 控制照明电路的开关；EL 为照明灯。

(4)保护环节分析

熔断器 FU1、FU2 分别对 M2 和控制电路进行短路保护，因为向车床供电的电源开关要装熔断器，所以 M1 未用熔断器进行短路保护；热继电器 FR1、FR2 分别对 M1、M2 进行过载保护，其触头串联在 KM 线圈回路中，M1、M2 中任一台电动机过载，热继电器的动断触头断开，KM 都将失电而使两台电动机停止。

(5)总体检查

分析完成后，进行总体检查，看是否有遗漏。

2.3　继电接触控制系统的基本控制环节

在继电器电气控制系统中，主要以电动机作为控制对象进行控制。经长期工程实践积累，人们总结出了一些基本控制电路。本节主要介绍应用广泛的三相异步交流电动机的常用控制电路，简要介绍直流电动机的常用控制电路。

三相相异步电动机常用控制电路包括全压启动控制电路、降压启动控制电路、制动控制电路等。

2.3.1　三相异步电动机全压启动控制

全压启动又称直接启动，是指电动机加额定电压后，由零速逐渐达到稳定转速的过程，中间无降压环节。这种启动控制电路一般适用于电源容量较大的小功率电动机的控制。

三相异步电动机全压启动控制电路有单向连续运行控制电路、单向点动与连续运行控制电路、正反转控制电路、顺序控制电路等。

1. 单向连续运行控制电路

单向连续运行控制电路是三相异步电动机应用最广泛、最基本的控制电路。该电路电气元件少、结构简单。主电路由刀开关、熔断器、接触器主触头、热继电器、热元件和电动机等组成。控制电路由启动和停止按钮、接触器线圈及动合辅助触头、热继电器动断触头、熔断器等组成。图 2-5 为三相异步电动机单向连续运行控制电路。其工作过程如下：

合上刀开关 QS，按下启动按钮 SB2，接触器 KM 因线圈得电吸合，其辅助动合触头闭合形成自锁，KM 在主电路中的主触头闭合，电动机定子绕组得到三相电源 L1、L2、L3，电动机启动，单向运行。电动机运行时，若按下停止按钮 SB1，接触器 KM 线圈断电，其主触头断开，切断电动机电源，同时其动合辅助触头复位断开，自锁解除，电动机停转。

电路中，熔断器 FU1、FU2 做电路短路保护。一旦主电路或控制电路发生短路，熔断器熔丝将熔断，瞬时切除主电路或控制电路电源，保护电动机和控制电器。

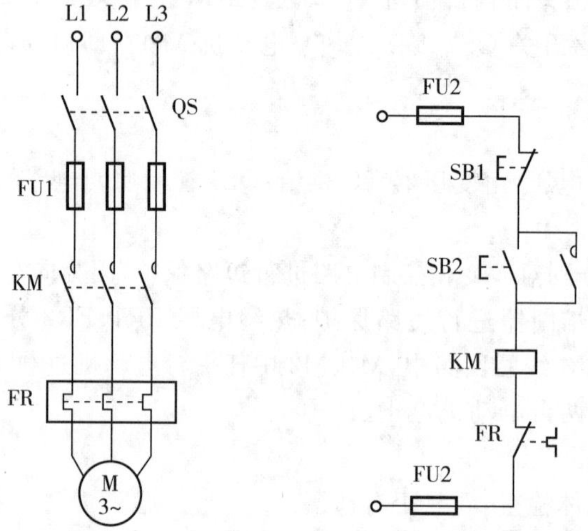

图 2-5　三相异步电动机单向连续运行控制电路

2. 单向点动与连续运行控制电路

某些生产需要电动机既能连续运行，又能实现点动控制，以满足生产需求。点动控制指启动按钮按住时，电动机启动运行；启动按钮松开弹起时，电动机停止运行。连续运行控制即单向启动运行。

图 2-6 所示为两种可选择的电动机单向点动与连续运行控制电路。

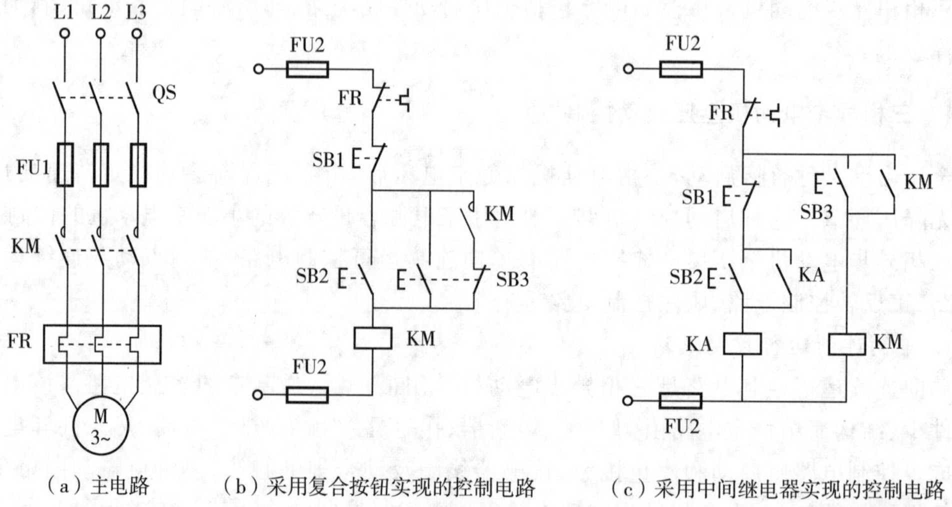

（a）主电路　（b）采用复合按钮实现的控制电路　（c）采用中间继电器实现的控制电路

图 2-6　电动机单向点动与连续运行控制电路

图 2－6(b)所示是采用复合按钮实现的控制电路。图中 SB3 为复合按钮。其工作过程如下：

点动控制时，合上刀开关 QS，按下复合按钮 SB3，其动合触头使接触器 KM 线圈得电，其动断触头使接触器 KM 自锁断路，KM 主触头闭合，电动机得电运转。松开按钮 SB3，使之弹起，KM 线圈断电，其主触头断开，电动机断电停转。重复上述操作，即实现电动机点动控制。

连续运行控制时，按下启动按钮 SB2，接触器 KM 线圈得电吸并自锁，KM 主触头闭合，电动机得电连续运行。电动机运行时，若按下停止按钮 SB1，接触器 KM 线全断电，主触头断开，切断电动机电源，同时 KM 动合辅助触头复位断开，自锁解除，电动机停转。

该电路值得注意的是：点动控制时，若复合按钮 SB3 的动断触头的复位时间大于接触器 KM 动合辅助触头的复位时间，即 SB3 的动断触头闭合前，KM 动合辅助触头已经释放断开，则点动控制正常；若复合按钮 SB3 的动断触头的复位时间小于接触器 KM 动合辅助触头的复位时间，即 SB3 的动断触头闭合时，KM 动合辅助触头还没有释放断开，则 KM 线圈再次得电，其动合辅助触头还没有及时释放情况下，继续保持闭合，则形成自锁，点动控制失败。采用中间继电器的方法可使电路工作更可靠些。

图 2－6(c)所示是采用中间继电器实现的控制电路。图中 KA 为中间继电器。其工作过程如下：

点动控制时，合上刀开关 QS，按下启动按钮 SB3，接触器 KM 线圈得电，主触头闭合电动机得电运转。松开按钮 SB3，使之弹起，KM 线圈断电，其主触头断开，电动机断电停转。重复上述操作，即实现电动机点动控制。

连续运行控制时，按下启动按钮 SB2，中间继电器 KA 线圈得电吸合并自锁，KA 动合触头的闭合使接触器 KM 线圈得电，其主触头闭合电动机得电运转，实现连续运行控制。

3. 正反转控制电路

生产中，常要求电动机能正反转，实现可逆运行。由电动机原理可知，三相异步电动机的三相电源进线中任意两相对调，电动机即可反向运转。实际运用中，通过两个接触器改变定子绕组相序来实现正反转控制。其电路如图 2－7 所示。

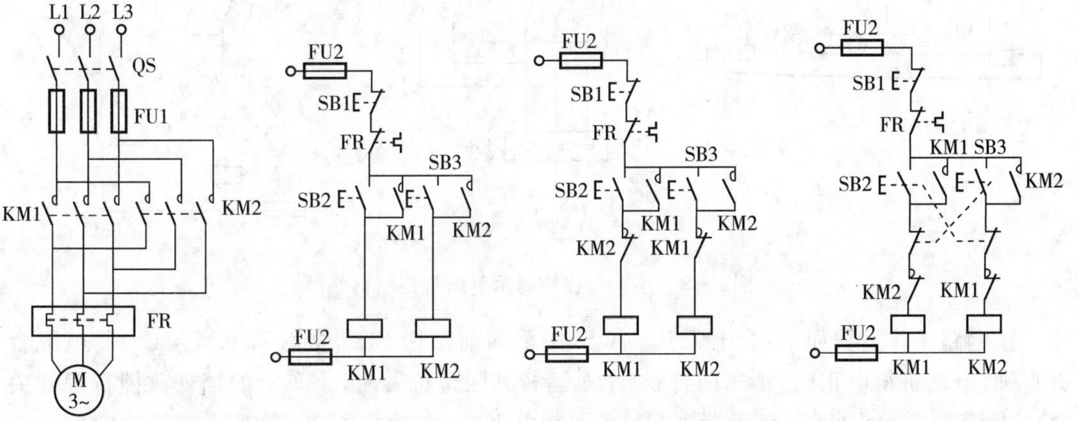

(a) 主电路　(b) 错误控制电路　(c) “正—停—反”控制电路　(d) “正—反—停”控制电路

图 2－7　正反转控制电路

图 2-7(a)为主电路，采用两个接触器，即正转用接触器 KM1 和反转用接触器 KM2，当接触器 KM1 的主触头闭合时，三相电源的相序按 L1、L2、L3 接入电动机，电动机正转；当 KM2 的主触头闭合时，三相电源按 L1、L3、L2 接入电动机，电动机反转。

由主电路可知，若 KM1 和 KM2 的主触头同时闭合，将造成短路故障，如图 2-7(b)所示。一旦误操作，同时按下 SB2 和 SB3 时，会造成短路故障。因此，要使电路安全可靠地工作，最多只允许一个接触器工作，要实现这种控制要求，需在正反转控制电路中进行互锁。通常采用图 2-7(c)所示电路，将其中一个接触器的动断辅助触头串入另一个接触器线圈回路中，则任一接触器线圈先得电后，即使按下相反方向的启动按钮，由于串在另一回路中的接触器动断辅助触头已经断开，其回路接触器也无法得电，实现互锁。

图 2-7(c)所示的控制电路中，若按正向按钮 SB2，KM1 线圈得电，电动机正转。要使电动机反转，必须按下停止按钮 SB1 后，再按反转启动按钮 SB3，电动机方可反转，这个电路称为"正—停—反"控制。显然这种电路的缺点是操作不方便。

图 2-7(d)所示的控制电路中，正反向启动按钮 SB2、SB3 采用复合按钮。直接按反向按钮就能使电动机反向工作。这个电路称为"正—反—停"控制。其工作时，按下任一方向的启动按钮，其动断触头使另一回路接触器线圈断电，动合触头使本回路接触器线圈得电，实现"正—反—停"控制。

正反转控制电路常被应用于行程控制中，如图 2-8 中要求电动机拖动的小车能够在一定行程内运行，而不会超位运行造成生产事故。图中 SQ1、SQ2 为左右位行程开关动断触头。

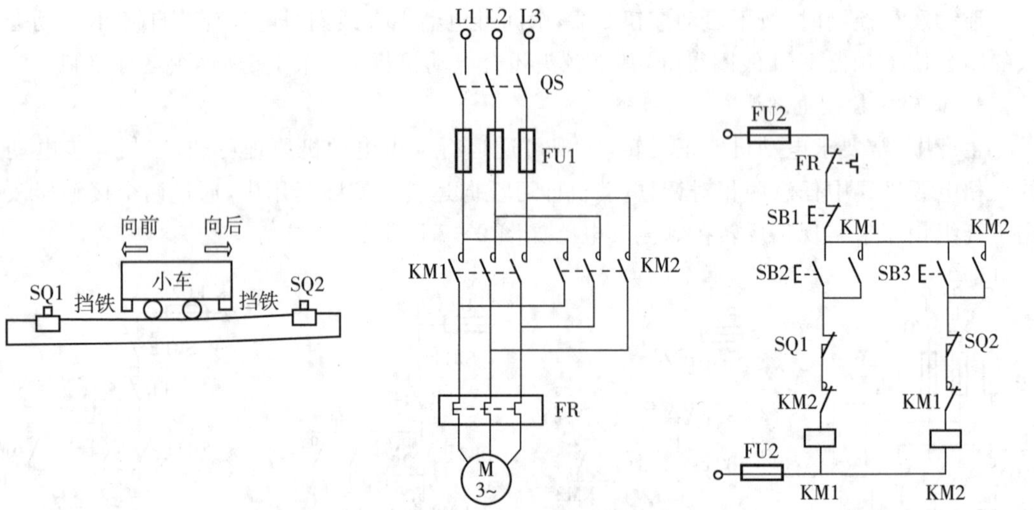

图 2-8　小车行程控制示意图与控制电路

该电路工作过程如下：合上刀开关 QS，按下向前按钮 SB2，接触器 KM1 线圈得电吸合并自锁，电动机得电正转，小车前行；当小车运行到限位位置时，小车上的挡铁碰撞行程开关 SQ1，使其动断触头断开，接触器 KM1 线圈断电释放，电动机断电停转，小车停止前行。此时即使再按 SB2，接触器 KM1 的线圈也不会得电，保证小车不会超过行程开关 SQ1 所在位置。

这时，若按下向后按钮 SB3，接触器 KM2 线圈得电吸合并自锁，电源经 KM2 主触头调换两相加到电动机，电动机得电反转，小车向后运行，同时行程开关 SQ1 复位(动断触头闭合)。当小车运行到另一端限位位置时，行程开关 SQ2 的动断触头被撞开，接触器 KM2 线圈断电释放，电动机断电停转，小车停止前行。此时即使再按 SB3，接触器 KM2 的线圈也不会得电，保证小车不会超过行程开关 SQ2 所在位置，从而实现行程控制。

按钮 SB1 为停止按钮，可根据实际情况随时停车，接触器 KM1、KM2 的动断触头实现互锁控制。

4. *顺序控制电路*

在多台电动机拖动系统中，有些生产工艺需要电动机顺序启动工作。例如图 2-9(a)中，要求电动机 M1 先启动后，电动机 M2 才允许启动。

图 2-9(b)是将控制电动机 M1 的接触器 KM1 的动合辅助触头串入控制电动机 M2 的接触器 KM2 的线圈电路中，可实现按顺序工作的要求。其工作过程如下：合上刀开关 QS，按下启动按钮 SB2，接触器 KM1 得电并自锁，电动机 M1 得电运转，因此时接触器 KM1 的动合辅助触头已经闭合，若按下启动按钮 SB4，接触器 KM2 得电并自锁，电动机 M2 得电运转。如果在接触器 KM1 未得电、电动机 M1 没有运转时，按下 SB4，接触器 KM2 线圈因 KM1 动合辅助触头处于断开状态而无法得电，电动机将不能启动运转，从而实现 M1 先启动后 M2 才启动的顺序控制要求。

图 2-9(c)是采用时间继电器，按时间原则顺序启动的控制电路。图中 KT 为通电延时时间继电器。其工作过程如下：合上刀开关 QS，按启动按钮 SB2，KM1 线圈得电并自锁，电动机 M1 启动运转，同时通电延时时间继电器 KT 线圈得电。经一段时间延时，KT 延时闭合的动合触头闭合，接触器 KM2 线圈得电并自锁，电动机 M2 启动运转，实现控制要求。电路中串入接触器 KM1 动断辅助触头的目的是顺序启动运转后，切断 KT 线圈的电源，避免其长期通电而损耗。

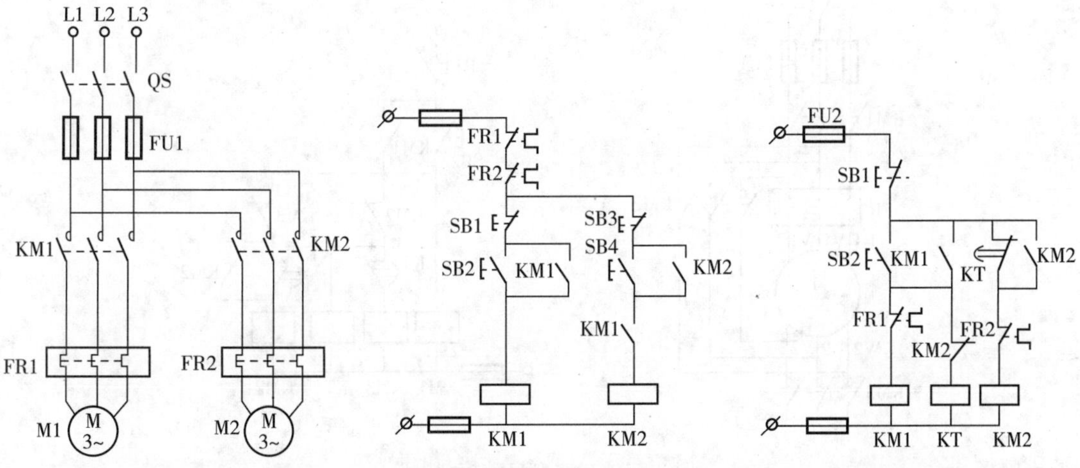

(a) 主电路　　(b) 控制电路1　　(c) 控制电路2

图 2-9　顺序控制电路

2.3.2 三相异步电动机降压启动控制

三相异步电动机的启动方式分为全压启动和降压启动，全压启动前面已经作了介绍。降压启动在启动时降低电动机定子绕组上的电压，目的是防止全压启动时，产生的过电流对电网及电气设备的危害。启动后，再将电压恢复为电动机的额定电压，使之全压运行。

由于三相异步电动机分为笼型和绕线式，因其结构不同，降压启动方法也不同。笼型机降压启动控制的原则是启动时降低加在定子绕组上的电压，以限制启动电流。方法主要有Y-△启动、自耦变压器启动、延边三角形启动、定子串电阻启动等。笼型机降压启动时转矩小，适用于电动机轻载或空载情况。绕线式异步机降压启动控制的原则是启动时降低加在转子上的电压，以限制启动电流，方法主要有转子串电阻启动、串频敏变阻器启动等。绕线式异步机降压启动时转矩大，适用于需求大启动转矩的场合，如起重机、卷扬机等的启动。下面简单介绍笼型机的Y-△启动、自耦变压器启动、绕线式电机的转子串电阻启动以及串频敏变阻器启动的控制电路。

1. Y-△启动控制电路

Y-△启动也称为星形-三角形降压启动，简称星三角降压启动。Y-△启动只适用于正常额定运行时定子绕组接成三角形的三相笼型异步电动机(额定运行时，定子绕组相电压等于电动机额定电压 380 V)，而且定子绕组应有 6 个接线端子，在启动时将电动机定子绕组接成星形，每相绕组承受的电压为电源的相电压(220 V)，限制启动电流，这时电流降为全压启动电流的 1/3，避免启动电流过大对电网的影响。而在其启动后，电动机升到一定速度，将定子绕组改接成三角形接法，每相绕组承受的电压为电源的线电压(380 V)，电动机进入正常额定运行。图 2－10 是用时间继电器完成的自动切换 Y-△启动控制电路。

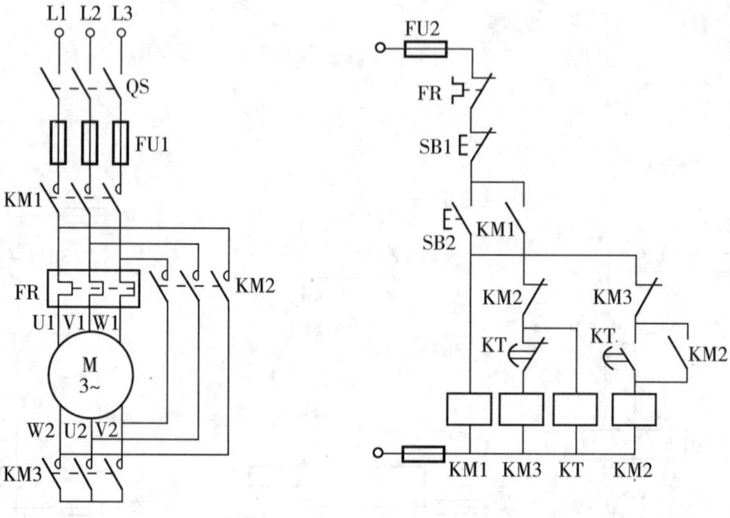

图 2－10 Y-△启动控制电路

该电路工作过程如下：启动时，合上刀开关 QS，按下启动按钮 SB2，接触器 KM1 线圈得电并自锁，接触 KM1 主触头闭合，电源到达 U1、V1、W1 端。同时，时间继电器 KT 及接触器 KM3 线圈得电，KM3 主触头闭合，U2、V2、W2 端短接，电动机定子绕组接成星形启动。这时 KM3 的动断辅助触头断开，保证了接触器 KM2 不得电。当时间继电器 KT 达到动作值时，其动断触头断开，切断 KM3 线圈电源，KM3 主触头断开，使 U2、V2、W2 端断开，而时间继电器 KT 动合触头闭合，由于这时 KM3 的动断辅助触头已经闭合，接触器 KM2 线圈得电，其主触头闭合，把 U1 与 W2、V1 与 U2、W1 与 V2 端短接，使电动机由星形启动切换为三角形额定运行。

按下 SB1 控制电路断电，各接触器与时间继电器线圈断电，触头释放，电动机断电停车。

电路在接触器 KM2 与 KM3 之间设有互锁，防止它们同时动作造成电源短路；此外，电路转入三角形额定运行后，KM2 的动断触头断开，切除时间继电器 KT、接触器 KM3，避免 KT、KM3 线圈长时间运行而空耗电能，并延长其寿命。

2. 自耦变压器启动控制电路

自耦变压器启动又称补偿器降压启动。在自耦变压器降压启动的控制电路中，是依靠自耦变压器来降低加到电动机定子绕组上的电压，达到限制启动电流的目的。自耦变压器的一次侧和电源相接，自耦变压器的二次侧与电动机相接。电动机启动时，定子绕组得到的电压是自耦变压器的二次侧电压，一旦启动完毕，自耦变压器便被切除，电动机直接接至电源，即得到自耦变压器的一次侧电压，电动机进入全压运行。图 2－11 所示是用时间继电器实现的自耦变压器启动控制电路。

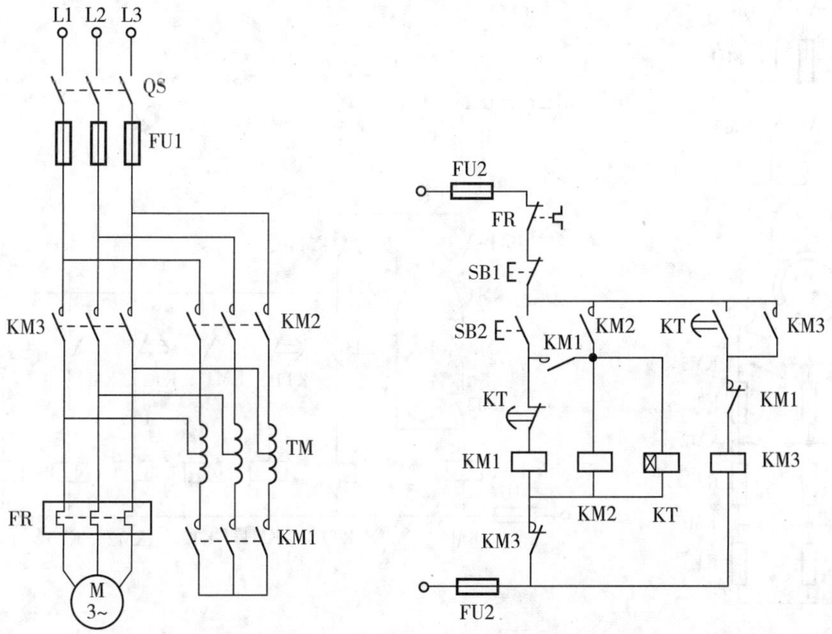

图 2－11　自耦变压器启动控制电路

该电路工作过程如下：启动时，合上刀开关 QS，按下启动按钮 SB2，接触器 KM2 线圈得电吸合并自锁，同时因接触器 KM2 动合辅助触头闭合，使接触器 KM1 与时间继电器 KT 的线圈得电，接触器 KM1、KM2 的主触头闭合，电动机定子绕组得到自耦变压器 TM

二次侧低电压，电动机降压启动。当时间继电器 KT 达到动作值时，其动断触头断开，使接触器 KM1 因线圈断电而释放，KM1 主触头断开，与此同时，时间继电器 KT 延时闭合的动合触头闭合，使接触器 KM3 因线圈得电而吸合并自锁，KM3 主触头闭合，电动机定子绕组得到自耦变压器 TM 一次侧电压，即电源电压，而此时接触器 KM3 的动断辅助触头也同时断开，使接触器 KM2、时间继电器 KT 通电而释放，KM2 主触头断开，将自耦变压器切除，电动机进入正常额定运行。

3. 转子串电阻启动控制电路

绕线式异步电动机的特点是可以在转子回路中串入启动电阻，由电动机原理可知，转子回路外接一定的电阻即可减小启动电流，又可以提高转子回路功率因数和启动转矩。串接于三相转子回路中的电阻，一般都连接成星形，在启动前，启动电阻全部接入电路中，在启动过程中，启动电阻被逐级地短接切除，正常运行时所有外接启动电阻全部切除，电动机在额定转速下运行。

图 2 - 12 所示为时间继电器控制的绕线式异步电动机转子串电阻启动控制电路。KM1、KM2、KM3 为短接转子电阻接触器；R1、R2、R3 为三级启动电阻；KT1、KT2、KT3 为通电延时时间继电器。

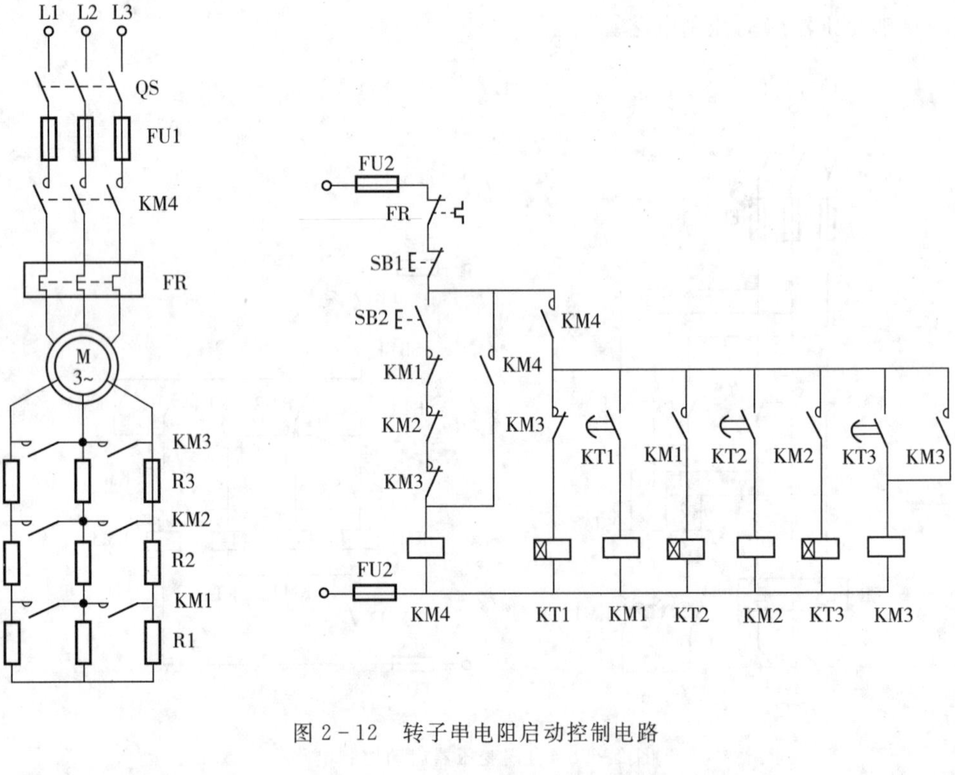

图 2 - 12　转子串电阻启动控制电路

该电路工作过程如下：启动时，合上刀开关 QS，按下启动按钮 SB2，使接触器 KM4 因线圈得电而吸合并自锁，KM4 的主触头闭合，电动机在串全部启动电阻 R1、R2、R3 下启动。与此同时，接触器 KM4 的动合辅助触头闭合，使时间继电器 KT1 因线圈得电而吸合。经一段时间延时后，时间继电器 KT1 延时闭合的动合触头闭合，使接触器 KM1 因线圈得电而吸合，KM1 的主触头闭合，将电阻 R1 短接而切除。同时，接触器 KM1 的动合辅助触头闭合，使时间继电器 KT2 因线圈得电而吸合。又经一段时间延时后，时间继电器 KT2 延时闭合的动合触头闭合，使接触器 KM2 因线圈得电而吸合，KM2 的主触头闭合，又将电阻 R2 短接而切除。同时，接触器 KM2 的动合辅助触头闭合，使时间继电器 KT3 因线圈得电而吸合。再经一段时间延时后，时间继电器 KT3 延时闭合的动合触头闭合，使接触器 KM3 因线圈得电而吸合，KM3 的主触头闭合，再将电阻 R3 短接而切除。这时，电动机转子回路串接的启动电阻已全部切除，电动机进入正常额定运行。

在电动机正常运行时，电路中仅 KM3、KM4 通电工作，其他电器全部停止工作，这样既节省电能，又能延长电器使用寿命，提高电路工作可靠性。

接触器 KM1、KM2、KM3 三个辅助动断触头串接的作用是：如果启动前接触器 KM1、KM2、KM3 存在没有释放的，即 KM1、KM2、KM3 的动断辅助触头存在断开的，即使按下启动按钮 SB2，接触器 KM 也得不到电源，不能启动。这样可防止启动时只带部分电阻或不带电阻，造成过大冲击电流，损坏电动机。

4．串频敏变阻器启动控制电路

频敏变阻器是一种静止的、无触头的电磁元件，它由几块 30～50 mm 厚的铸铁板或钢板叠成的三柱式铁芯组成，在铁芯上分别装有线圈，三个线圈连接成星形，相当于三相电抗器，与电动机转子绕组相接。频敏变阻器的等效电路及其与电动机的连接电路如图 2-13 所示。图中 R_d 为绕组的直流电阻；R 为涡流损耗的等效电阻；L 为等效感抗。

等效电阻 R 和等效感抗 L 都是因为转子流过交变电流而产生的，其大小和电流频率相关，并随频率变化而显著变化。异步电动机在启动过程中，转子电路的频率随转速升高而下降，因而在转速低时电流频率高，电阻 R 和感抗 L 值大；转速升高时电流频率低，电阻 R 和感抗 L 值小。因此频敏变阻器的频率特性非常适合控制绕线式异步电动机的启动过程，可以取代转子绕组串电阻启动中的启动电阻。

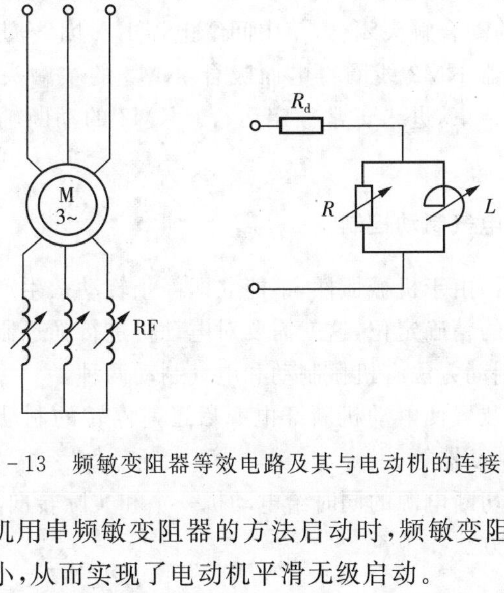

图 2-13　频敏变阻器等效电路及其与电动机的连接电路

当绕线式异步电动机用串频敏变阻器的方法启动时，频敏变阻器的等效电阻和等效感抗随转速升高而自动减小，从而实现了电动机平滑无级启动。

图 2-14 所示为绕线式异步电动机转子回路串频敏变阻器启动控制电路。图中 KM2 为短接频敏变阻器接触器;KT 为延时时间继电器;KA 为中间继电器;RF 为频敏变阻器。

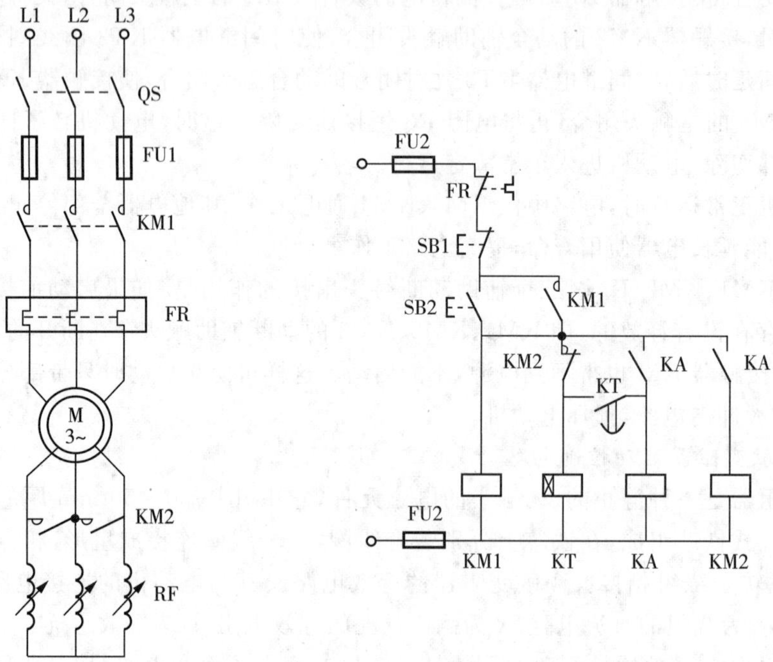

图 2-14 串频敏变阻器启动控制电路

该电路工作过程如下:启动时,合上刀开关 QS,按下启动按钮 SB2,接触器 KM1 线圈因得电而吸合并自锁,接触器 KM1 主触头闭合,电动机转子绕组串频敏变阻器 RF 启动,同时,时间继电器 KT 也因线圈得电而吸合。在 KT 延时时间内,串接的频敏变阻器的等效电阻和等效感抗随转速升高而自动减小,实现了电动机平滑无级启动。经一段时间延时后,时间继电器 KT 延时闭合的动合触头闭合,使中间继电器 KA 因线圈得电吸合并自锁,KA 的动合触头闭合,又使接触器 KM2 线圈得电而吸合,KM2 的主触头闭合,使频敏变阻器 RF 被短接切除,电动机启动结束,进入正常额定运行。KM2 的动断辅助触头的作用是使时间继电器 KT 释放。

2.3.3 三相异步电动机电气制动控制

电动机在断开电源后,由于机械惯性,不能立即停止转动。生产中一般要求电动机迅速而准确停转,如生产机械的精确定位,这就需要对电动机进行强迫制动。

三相异步电动机的制动方法有机械制动和电气制动两种。

机械制动:采用机械装置使电动机断开电源后迅速停转的制动方法。这类装置有电磁抱闸、电磁离合器、电磁制动器等。

电气制动:电动机在切断电源的同时给电动机一个和实际转向相反的电磁转矩(制动转矩)使电动机迅速停止的方法。

在实际应用中,两种制动方法常常配合使用,原则是电气制动先,机械制动后,即电气制动即将结束时,采用机械装置使电动机更可靠地停转。需注意的是电动机启动时,应先使机械抱闸机构复位松开,以防止电动机堵转,造成更大损害。本书仅介绍电气制动。

最常用的电气制动方法有反接制动和能耗制动。

反接制动和能耗制动的优缺点和适用场合:反接制动的能耗较大,制动时冲击力大,定位准确度不高,但制动转矩大,制动较快。反接制动适用于要求制动迅速、但不频繁制动的场合。能耗制动的制动转矩较小,制动力较弱,制动不快,但能耗较小,制动转矩平滑,定位准确度较高。能耗制动适用于要求制动平稳、停位准确的场合。

下面以笼型机为例介绍三相异步电动机的反接制动和能耗制动的控制电路。

1. 反接制动

反接制动的工作原理是:在电动机断电的同时,再在电动机定子绕组上重新加上调换任意两相相序的电源,使电动机产生相反方向的旋转磁场,因而产生制动转矩,使其作用于因惯性仍然运转的电动机,使电动机迅速减速、停转。

反接制动的实质是使电动机反向施力而制动,因此,当电动机的转速接近零时,应立即切断反接制动电源,否则电动机会反转。

实际控制中,采用速度继电器来检测电动机的速度变化。电动机转速不低于 100 r/min 时,速度继电器的触头保持吸合;电动机转速低于 100 r/min 时,其触头复位断开,切断电动机电源。

(1)单向运行反接制动控制电路

图 2-15 所示为单向运行反接制动控制电路。图中 KM1 为单向运行接触器;KM2 为反接制动接触器;R 为反接制动电阻;KS 为速度继电器;SB2 为启动按钮;SB1 为复合停止按钮。

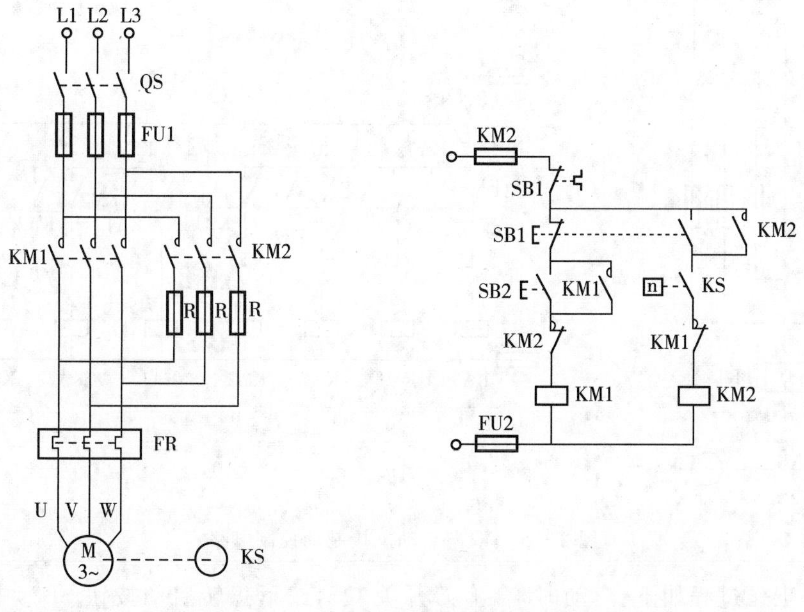

图 2-15　单向运行反接制动控制电路

该电路工作过程如下：启动时，合上刀开关 QS，按下启动按钮 SB2，接触器 KM1 线圈因得电吸合并自锁，电源 L1、L2、L3 经 KM1 主触头加到电动机定子绕组 U、V、W 端上，电动机直接启动。在电动机正常运转时，速度继电器 KS 动合触头闭合，为制动做准备。因 KM1 动断触头已经断开，这时 KM2 线圈不会得电。

停车时，按下复合停止按钮 SB1，其动断触头先断开，KM1 线圈失电，电动机脱离电源，在惯性作用下停车。同时 KM1 动断触头复位(合)，当 SB1 动合触头闭合时，反接制动接触器 KM2 线圈因得电吸合并自锁，其主触头闭合。电源由 L1、L2、L3 经 KM2 主触头、限流电阻 R 加到电动机定子绕组 U、W、V 端上，即加到电动机定子绕组上的电源相序与停车前相比，被调换了两相，电动机得到与停车前转动方向相反的制动转矩，此时电动机进行反接制动。当电动机转速低于速度继电器动作值时(约为零速)，速度继电器动合触头复位(开)，接触器 KM2 线圈失电，KM2 触头复位，制动结束，电动机停转。

反接制动时，旋转磁场与转子的相对速度很高，感应电动势很大，所以转子电流比直接启动时的电流还大。反接制动电流一般为电动机额定电流的 10 倍左右，故在电路中串联电阻以限制反接制动电流。一般制动电阻常用对称接法，即三相分别串接相同的制动电阻。

(2)双向启动反接制动控制电路

图 2-16 所示为双向启动反接制动控制电路。图中 R 既是反接制动电阻，又是降压启动中限流的启动电阻；KS 为速度继电器动合触头；KM1、KM2 为反接制动接触器；KA1～KA4 为中间继电器；SB2、SB3 为正、反转控制复合启动按钮；SB1 为停止按钮。

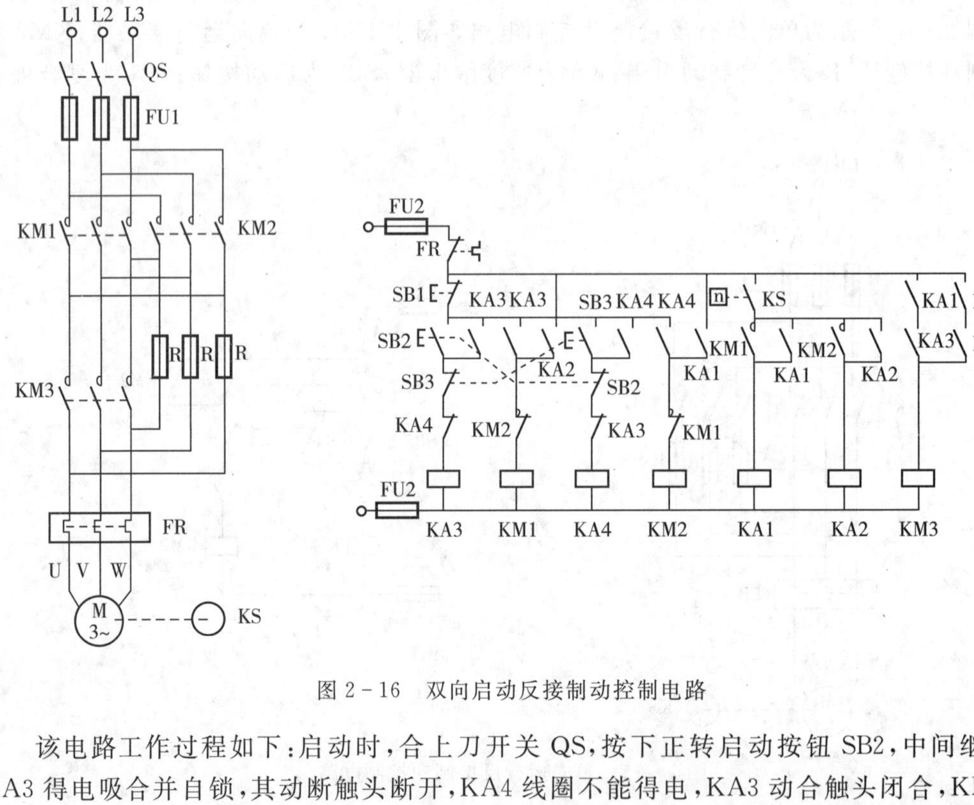

图 2-16 双向启动反接制动控制电路

该电路工作过程如下：启动时，合上刀开关 QS，按下正转启动按钮 SB2，中间继电器 KA3 得电吸合并自锁，其动断触头断开，KA4 线圈不能得电，KA3 动合触头闭合，KM1 线圈得电，KM1 主触头闭合，电源由 L1、L2、L3 经 KM1 主触头、电阻 R 降压限流后加到电动机定子绕组 U、V、W 上，电动机串电阻降压启动。当电动机转速达到一定值时，KS 闭合，KA1 得电自锁。这时由于 KA1、KA3 的动合触头闭合，KM3 得电，KM3 主触头闭合，电阻 R 被短接，电源 L1、L2、L3 经 KM1 与 KM3 主触头直接加到电动机定子绕组 U、V、W 上，电动机完成定子绕组串电阻降压启动过程，进入正常运行。在电动机正常运转过程中，若按下停止按钮 SB1，则 KA3、KM1、KM3 的线圈相继失电，由于惯性这时 KS 仍处于闭合（尚未复位），KA1 线圈仍处于得电状态，所以在 KM1 动断触头复位后，KM2 线圈便得电，其动合触头闭合，电源 L1、L2、L3 经 KM2 主触头、电阻 R 降压限流后加到电动机定子绕组 W、V、U 上，即加到电动机定子绕组上的电源相序与停车前相比，被调换两相，电动机得到与停车前转动方向相反的制动转矩，此刻，电动机进行反接制动，电动机转速迅速下降。当电动机转速低于速度继电器动作值时，速度继电器动合触头复位，KA1 线圈失电，KM2 释放，反接制动结束，电动机停转。

电动机反向启动和制动停车过程与正转时相同，这里不再阐述。

电路中复合启动按钮 SB2、SB3 起机械互锁作用，中间继电器 KA3、KA4 动断触头起电气互锁作用，可防止因误操作而引起电源短路。

2. 能耗制动

能耗制动的工作原理：电动机脱离三相电源后，在定子绕组上加一个直流电压，即接入直流电流，利用转子感应电流和静止磁场的相互作用，产生电磁制动转矩，以此对电动机进行制动，使电动机迅速减速、停转。

图 2　17 所示为时间继电器控制的电动机单向能耗制动控制电路。图中 KM1 为单向运行接触器；KM2 为能耗制动接触器；KT 为通电延时时间继电器；TM 为变压器；VC 为整流装置；RP 为变阻器；SB1 为复合按钮。

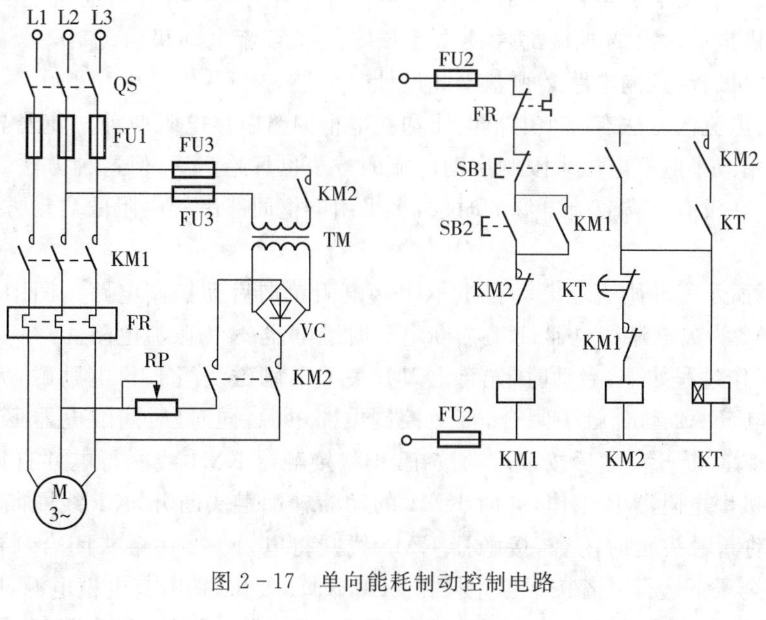

图 2 - 17　单向能耗制动控制电路

该电路工作过程如下：设电动机正常运行，若按下停止按钮 SB1，线圈 KM1 失电释放，电动机脱离三相电源，线圈 KM2 得电自锁，线圈 KT 同时得电，主触头 KM2 闭合，直流电源(交流电源经变压器 TM 变压、整流装置 VC 整流)加入定子绕组，产生静止磁场。由于电动机仍在惯性转动，转子产生的感应电流与静止磁场相互作用，产生与电动机转动方向相反的制动转矩，电动机进入制动。当电动机速度接近于零时，时间继电器延时打开的动断触头断开，KM2 线圈失电，KM2 动合辅助触头复位(开)，KT 线圈失电，电动机能耗制动结束。

图中 KT 的瞬时动合触头的作用是当出现时间继电器 KT 线圈断线或机械卡住故障时，即使按下 SB1 后，接触器 KM2 也不能自锁长期得电，避免了出现电动机定子绕组中长期有直流电流的现象。变阻器 RP 的作用是限流和消耗能耗制动时由机械转化来的电能。

2.3.4 直流电动机的控制电路

直流电动机虽存在电刷和换向机构，结构不如交流电动机简单，也不容易维护，但它具有调速范围广、调速平滑性好、电磁转矩大、适宜于频繁启动等一系列优点。因此，在调速要求较高、负载需要足够大启动转矩的场合仍经常被使用。

直流电动机工作的前提是必须具有励磁。直流电动机按励磁方式的不同分为：他励直流电动机(单独的励磁与电枢无关)；并励直流电动机(励磁绕组与电枢并联)；串励直流电机(励磁绕组与电枢串联)；复励直流电动机(两个励磁绕组，一个与电枢并联，一个与电枢串联)。直流电动机无论采用何种励磁方式，其控制电路基本相同。下面以并励直流电动机为例简单介绍直流电动机启动、正反转和制动等常用的控制电路。

1. *单向启动运行控制电路*

直流电动机启动的要求：在满足启动转矩要求的前提下，尽可能减小启动电流。

直流电动机直接启动时，会产生很大的启动冲击电流，一般可达额定电流的几倍甚至几十倍。这样大的启动电流，可能导致电动机换向器和电枢绕组损坏，也可能因较大启动转矩，致使电动机拖动对象的机械部件冲击受损。故在直流电动机启动时，必须限制启动电流。直流电动机启动控制电路必须基于此设计。

限制启动电流的方法有减小电枢电压和在电枢回路串接电阻两种。随着晶闸管变流技术的发展，采用减小电枢电压来限制启动电流的方法也日趋广泛，但这种方法需要复杂的整流调压装置。在没有可调直流电源的时候，多采用电枢回路串接电阻的启动方法，以限制启动电流。

图 2-18 所示是并励直流电动机电枢串接电阻单向启动控制电路。图中 KA1 为过电流继电器；KA2 为欠电流继电器；KT 为断电延时继电器；R 为限流电阻。

该电路工作过程如下：启动时，先合上刀开关 QS，励磁绕组 L 得电励磁，欠电流继电器 KA2 线圈得电，KA2 动合触头闭合，接通控制电路电源；同时，时间继电器 KT 线圈得电，KT 动断触头瞬时断开。然后按下启动按钮 SB2，接触器 KM1 线圈得电并自锁，KM1 主触头闭合，电动机串电阻器 R 工作，同时 KM1 的动断辅助触头断开，KT 线圈断电，经一段时间延时，KT 动断触头延时闭合，接触器 KM2 线圈得电，KM2 主触头闭合，将电阻器 R 短接，电动机在全压下运行。若按下停止按钮 SB1，KM1 复位，切断其电枢电源，电动机停车。

当电动机发生短路或过载时，过电流继电器 KA1 动作，其动断触头断开，使 KM1、KM2

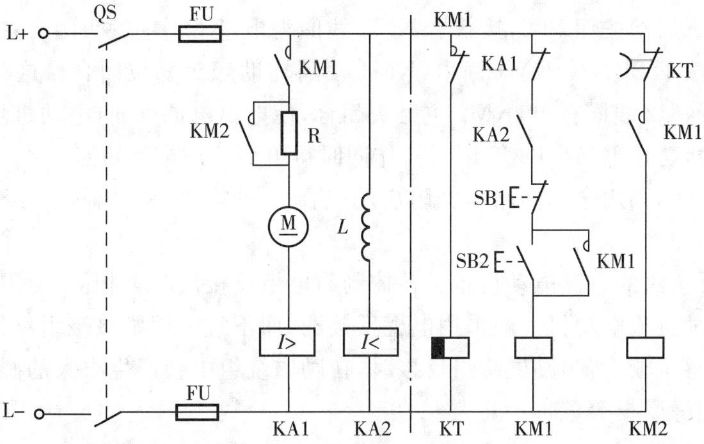

图 2-18　并励直流电动机电枢串接电阻单向启动控制电路

线圈断电，从而电动机电枢回路断电，保护电动机；当电动机励磁回路断路时，欠电流继电器KA2复位，断开KM1、KM2，使电动机电枢回路断电，防止电动机因失磁而造成“飞车”。

2. 正反转控制电路

直流电动机的转向取决于电磁转矩 M 的方向，而 $M=C_M\Phi I_a$（其中 C_M 为转矩常数；Φ 为主磁通；I_a 为电枢电流）。改变直流电动机转动方向的方法有两种：一是电枢反接法，即保持励磁磁场方向不变，改变电枢电流方向；二是励磁绕组反接法，即保持电枢电流方向不变，改变励磁绕电流的方向。图 2-19 所示为保持励磁磁场方向不变，改变电枢电流方向，使并励电动机实现正反转控制的电路。图中 KA1 为过电流继电器；KA2 为欠电流继电器；KT 为断电延时继电器；R 为限流电阻。正反转启动时，采用电枢回路串电阻启动。

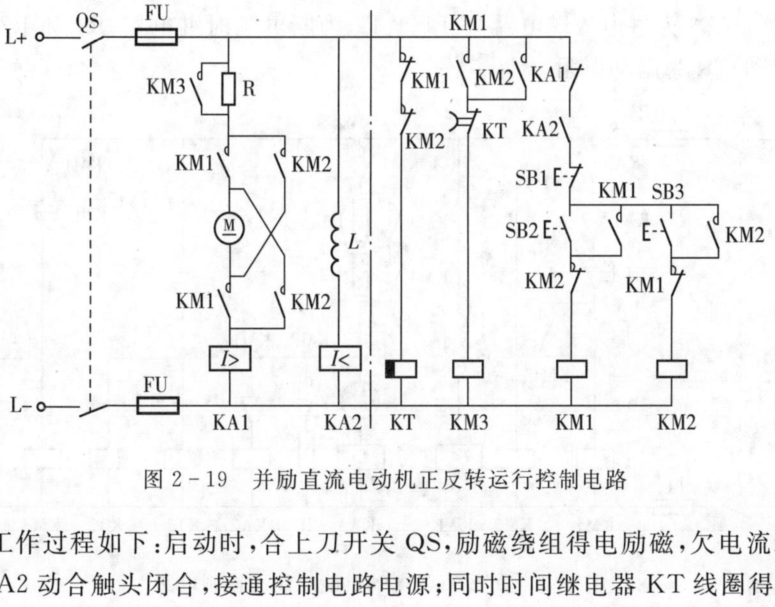

图 2-19　并励直流电动机正反转运行控制电路

该电路工作过程如下：启动时，合上刀开关QS，励磁绕组得电励磁，欠电流继电器KA2线圈得电，KA2动合触头闭合，接通控制电路电源；同时时间继电器KT线圈得电，KT动断触头瞬时断开，使接触器 KM3 失电，保证限流电阻 R 串入电枢回路中。

启动时，按下启动按钮 SB2，接触器 KM1 线圈得电，KM1 主触头闭合，电动机正转。若要反转，则需先按下 SB1，使 KM1 断电，KM1 动断辅助触头复位闭合。这时再按下反转按钮 SB3，接触器 KM2 线圈得电，KM2 主触头闭合，使电枢电流反向，电动机反转。控制电路中采用电气互锁，防止 KM1、KM2 因误操作同时得电而造成电源短路。

正反转启动时，采用电枢回路串电阻启动，启动时的工作过程前面已经介绍，请读者自行分析。

励磁绕组反接法的直流电动机正反转控制与电枢反接法基本相同，但需要指出的是，在实际应用中，并励直流电动机一般采用电枢反接法，而不宜采用励磁绕组反接法。因为励磁绕组匝数多，电感量较大，当励磁绕组反接时，在励磁绕组中会产生很大的感应电动势，会造成励磁绕组的绝缘受损等危害。

3. 制动控制电路

直流电动机电气制动可分为能耗制动、反接制动和回馈制动三种方式。能耗制动是电动机将机械能转变成电能，大部分消耗在电枢回路电阻上，能实现快速停车制动。反接制动是电动机将机械能发电，电网仍在供电，大部分能量消耗在回路电阻中。回馈制动则是电动机的转速超过理想空载转速，电动机将机械能发电并馈送回电网。下面仅介绍并励直流电动机的能耗制动。

维持直流电动机的励磁电源不变，把正在做电动运行的电动机电枢从电源上断开，再串接一个外加制动电阻组成制动回路，将机械能（电动机惯性转动的动能）转变为电能并以热能的形式消耗在电枢和制动电阻上，由于电动机因惯性而继续旋转，直流电动机此时变为发电机状态，则产生的电磁转矩与转速方向相反，为制动转矩，从而实现制动，这种制动称能耗制动。

图 2-20 所示为并励直流电动机能耗制动控制电路。图中 KA1 为欠电流继电器；KA2 为中间继电器；KA3 为过电流继电器；KT1、KT2 为断电延时继电器；R1 和 R2 为限流电阻（采用两级启动）；R 为制动电阻。

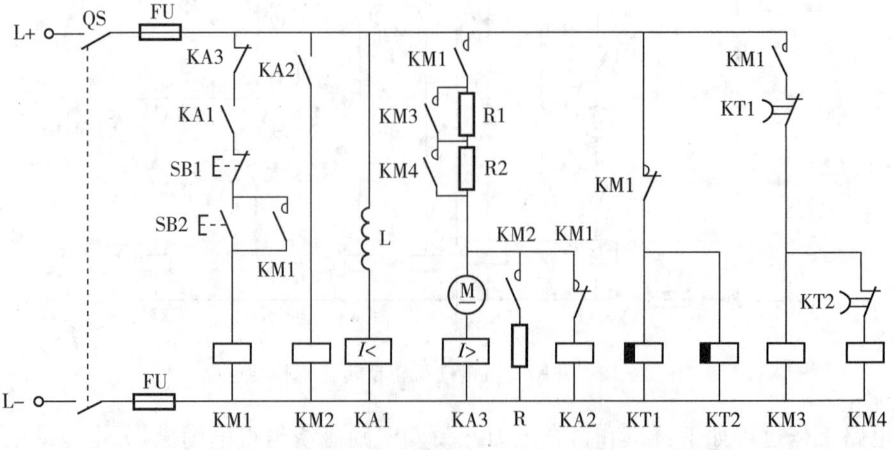

图 2-20　并励直流电动机能耗制动控制电路

该电路工作过程如下：启动时，合上刀开关 QS，励磁绕组得电励磁，欠电流继电器 KA1 线圈得电吸合，KA1 动合触头闭合；同时时间继电器 KT1 和 KT2 线圈得电吸合，KT1 和 KT2 动断触头瞬开，保证启动电阻器 R1 和 R2 串入电枢回路中。

按下启动按钮 SB2，接触器 KM1 线圈得电吸合，KM1 主触头闭合，电动机串电阻 R1 和 R2 启动，KM1 两个动断触头分别断开 KT1、KT2 和中间继电器 KA2 线圈电路；经过一定延时时间，KT1 和 KT2 的动断触头先后延时闭合，接触器 KM3 和 KM4 线圈先后得电吸合，电阻器 R1 和 R2 先后被短接，电动机正常运行。

如果电动机进行能耗制动停车，按下停止按钮 SB1，接触器 KM1 线圈失电，KM1 动合触头复位(开)，使电枢回路断电，而 KM1 动断触头复位(闭)，由于惯性运转的电枢切割磁场线(励磁绕组仍接在电源上)，在电枢绕组中产生自感电动势，使并励在电枢两端的中间继电器 KA2 线圈得电吸合，KA2 动合触头闭合，接触器 KM2 得电吸合，KM2 动合触头闭合，接通制动电阻器 R 回路，这时电枢的感应电流方向与原来方向相反，电枢产生的电磁转矩与原来方向相反而成为制动转矩，使电动机制动。

当电动机转速降低到一定值时，电枢绕组的感应电动势降低，中间继电器 KA2 线圈释放，其动合触头由闭合状态断开，接触器 KM2 线圈断电，其动合辅助触头由闭合状态断开，使制动回路断开，能耗制动结束。

需要强调的是，电路中的断电延时时间继电器 KT1、KT2 的整定值应是 KT1 小于 KT2，这样才能保证启动时达到分级切除电阻 R1 和 R2 的目的。

习　题

1. 设计一个用按钮控制一台电动机既能点动又能连续运行的控制线路，画出主电路和控制电路。具体要求如下：

(1)电动机只实现单向旋转，直接启动，无制动措施。

(2)SB1 控制连续运行，SB2 控制点动，SB3 控制停止。

(3)有过载、短路保护环节。

2. 设计一个小车控制电路，画出主电路和控制电路，具体要求如下：

(1)用启动按钮控制小车启动从 A 点前进，到达 B 点后自动停止，经过 40 s 后自动后退，回到 A 点后停止。

(2)在小车来回过程中可以随时控制小车的停止。

(3)用行程开关作 A、B 点限位保护。

3. 试设计带有短路、过载、失电压保护的三相笼型异步电动机全压启动的主电路和控制电路。

4. 两台电动机 M1 和 M2，试按如下要求设计控制电路：

(1)M1 启动后，M2 才能启动。

(2)M2 要求实现正反转控制，并能单独停车。

(3)有短路、过载、欠电压保护。

5. 两台电动机 M1 和 M2,试按如下要求设计控制电路:

(1)M1 启动后,延时一段时间后 M2 再启动。

(2)M2 启动后,M1 立即停止。

6. 星形-三角形降压启动方法有什么特点?

7. 反接制动和能耗制动各有何特点?

8. 设计一个三台电动机的控制线路,具体要求如下:

第一台电动机启动 10 s 后,第二台电动机自行启动,运行 5 s 后,第一台电动机停止。同时使第三台电动机自行启动,再运行 10 s,电动机全部停止。

第二篇　可编程控制器

第3章 可编程控制器的组成及工作原理

3.1 可编程控制器概述

20世纪60年代以来，随着微电子技术的飞速发展，一种高可靠、高集成、高柔性的控制器——可编程控制器在工业自动化领域得到了迅速的推广和应用。在现代工业自动化控制中可编程控制器是最值得重视的先进控制技术，它现已成为工业自动化的三大技术支柱之一。

可编程控制器(Programmable Controller，简称PC)，集继电-接触器控制的简单易懂、操作方便和计算机的功能完备、灵活通用等优点于一身；为了区别于个人计算机(Personal Computer，也常简称PC)，故将其命名为可编程逻辑控制器(Progammable Logic Controller，简称PLC)——虽然可编程控制器所能完成的功能早已不限于仅做逻辑控制。

PLC是一种很有特色和发展前途的、以计算机(微处理器)为核心的通用新型工业控制装置。它不仅可以取代由大量继电器组成的传统的继电-接触器控制系统，还可以构成复杂的工业过程控制网络，目前在众多行业中得到广泛的应用，例如：在电力工业中，用于电厂输煤系统、锅炉燃烧系统、汽轮机和锅炉的启动及停车系统、废水处理系统、发电机和变压器监控系统等；在冶金工业中，用于轧钢机、高炉冶炼、配料、钢板卷取、包装、进出料场控制等；在机械工业中，用于数控机床、机器人、自动仓库控制、电镀生产线控制、热处理控制等；在汽车工业中，用于自动焊接控制、装配生产线、喷漆流水线控制等；在食品工业中，用于饮料罐装生产线控制、产品包装控制等；在化学工业中，用于化学反应槽控制、橡胶硫化机控制、自动配料控制等；在公共事业中，用于电梯控制、大楼防灾系统控制、交通控制等。总之，当前PLC在机械、冶金、化工、石油、电力、电子、纺织、食品、交通等领域都具有广泛应用。PLC的应用深度和广度已成为一个国家工业先进水平的重要标志之一。

3.1.1 可编程控制器的产生和发展概况

最早提出PLC概念的是美国最大的汽车制造厂家通用汽车公司(GM)。20世纪60年代初，美国的汽车制造业竞争激烈，产品更新换代的周期越来越短，其生产线的变更也愈加频繁，传统的继电-接触器控制已不适应频繁变动的生产线。GM公司为取得市场竞争优势，设想研制一种尽可能减少因产品改型而需重新设计、配置汽车生产线继电-接触器控制线路的控制装置，提出了经济、可靠、通用、易变、易修等10项招标指标。1968年，通用汽车公司提出用一种新型控制装置替代继电-接触器控制系统，要求这种控制装置可把计算机的通用、灵活、功能完备等优点与继电-接触器控制系统的简单、易懂、操作方便、价格便宜等特点结合起来，把计算机的编程方法和程序输入方式加以简化，用面向过程、面向问题的“自然语言”编程，生产一种新型的通用控制器，使那些不很熟悉计算机的人也能轻松地编程，像使用继电-接触器控制系统那样方便。通用汽车公司于 1969 年委托美国数字设备公司(DEC)研制出了世界上第一台符合其招标要求的 PLC，并将其应用在 GM 公司的汽车装配生产线，取得了明显的经济效益，这一成果立即引起世界各国注意。

从第一台 PLC 诞生至今，PLC 大致经历了四次更新换代。第四代 PLC，不仅全面使用 16 位及 32 位微处理器、位片式微处理器、精简指令系统微处理器等高性能、运算高速度的 CPU，而且在一台 PLC 中配置多个微处理器，极大地提高了 PLC 的工作性能、运算速度和可靠性；同时由于大量含有微处理器的智能模块的出现，致使这一代 PLC 不仅具有逻辑控制功能，还同时具有过程控制、运动控制、数据处理、联网通信等诸多功能，真正成为名副其实的多功能控制器。

随着可编程序控制器的推广应用，它在现代工业中的地位已十分重要。为了占领市场，赢得尽可能大的市场份额，各大公司都在原有 PLC 产品的基础上，努力开发新产品，推进 PLC 技术的发展。这些发展主要侧重于两个方面：一是向着网络化、高可靠性、多功能和分散性多层次的全自动化网络方向发展，将 PLC 系统的控制功能和信息管理功能融为一体，使之能对大规模的复杂系统进行综合性的自动控制；二是向着小型化、低成本、高速、简单易用方向发展，使之能更广泛地取代继电-接触器控制线路，更便于实现机电一体化。

3.1.2 可编程控制器的主要特点

可编程控制器的优越性主要体现在以下几个方面：

(1)操作方便灵活，通用性强。PLC 的控制功能是通过存放在存储器内的程序来实现的，如果控制功能需要改变的话，不需进行大量的硬件改造，只需要修改部分程序以及改动极少量的接线即可，省时省经费，利于产品更新换代和技术改造；同一台 PLC 还可以用于不同的控制对象，改变程序就可以实现不同的控制要求，因此具有很大的灵活性和通用性。

(2)可靠性高，抗干扰能力强。工业生产对可靠性的要求是置于首要位置的。PLC 内部处理采用无触点方式，元件寿命几乎不用考虑，不必像继电-接触器控制系统那样需要定期更换继电器。PLC 整机的平均无故障工作时间一般可以达到 4 万～5 万小时甚至更高，比继电-接触器控制系统要高得多。另外，PLC 还具有完善的自诊断功能，使故障的查找和判断迅速准确。其模块结构有助于在发生故障时通过更换模块很快修复，维修方便，大大减少了停机时间。作为电气控制设备必须具有很强的抗干扰能力才能在恶劣的环境中可靠地工作，PLC 内一般均采用了专门的抗干扰措施，如电磁屏蔽、光电隔离、滤波整形及采用高抗干扰电源等，还具有过电压、过电流保护，可以直接在环境条件较差的生产现场使用，这些是普通计算机所不能及的。

(3)编程简单，使用方便。PLC 用户程序的编制、修改和调试不需要具有专门的计算机编程语言知识。PLC 独具风格地形成了一套以继电器梯形图为基础的形象编程语言和模块化的软件结构，使用户程序的编制清晰直观，而且调试和查错很简单，了解继电器控制线路的电气技术人员很容易掌握，克服了一般不懂计算机语言就无法编程的缺点。

(4)接线简单、维护方便。PLC 的接线只需将输入设备、输出设备分别与 PLC 输入/输出端子直接连接,接线极其简单,工作量极少。接口电路一般为模块式,便于维修更换。

(5)功能强大。现代 PLC 既具有强大的逻辑控制功能,还具有算术运算、模拟量的闭环控制、数字量的智能控制、数据采集、位置控制等功能,易于与计算机接口对生产过程进行监控和远程通信联网。

(6)体积小,质量轻,易于实现机电一体化。PLC 采用微电子、高集成技术,具有体积小、质量轻、功耗低的特点,易于装入机械设备内部,更由于它具有很强的抗干扰能力,能适用于各种恶劣的环境,因而它是实现机电一体化理想的控制设备。

(7)设计、调试周期短。由于 PLC 是通过程序实现对系统的控制,所以设计人员可以在实验室设计和修改程序。更为方便的是 PLC 可在实验室进行系统的模拟运行调试,而不像继电-接触器控制系统那样靠调整控制电路的接线来改变控制功能,因而大大减少了现场工作量,使得控制软件开发周期短,费用低。

正是因为 PLC 具有以上特点,所以它发展迅速,应用广泛。当前 PLC 的应用几乎覆盖了所有工业企业,既能改造传统机械产品成为机电一体化的新一代产品,又适用于生产过程控制,实现工业生产的优质、高产、节能与低成本。

3.1.3　可编程控制器的分类

可编程控制器的种类很多,在实现的功能、内存容量、控制规模、外形等方面均存在较大差异。这导致 PLC 的分类至今仍没有一个严格、统一的标准。一般是按照结构形式、控制规模、实现的功能等对其进行大致的划分。

(1)按结构形式分类

PLC 按照硬件的结构形式可以分为整体式和模块式。还有一种是将以上两种形式结合起来的叠装式结构。

① 整体式。整体式又称箱体式 PLC,它将电源、CPU、I/O 等部件都集中在一个长方形箱体内,具有结构紧凑、体积小和价格低等特点,整体式 PLC 一般都是微型机或小型机。

② 单元式。单元式又称模块式。它是将 CPU 单元、电源单元、基本 I/O 单元、通信及各种功能单元做成若干单元(模块)组装在机架(又称为底板,是一种总线结构)上,就可以构成一个能满足用户需要的多功能控制系统。这种结构的 PLC 在硬件上具有较大的灵活性,应用中可以根据需要将各种单元进行组合、装配、扩展和维修,还可根据需要选配不同单元组成不同控制规模和功能的 PLC 控制系统。大中型 PLC 一般都采用单元式结构。

③ 叠装式。上面两种结构形式各有特色。整体式 PLC 结构紧凑、安装方便、体积小巧,易于与被控设备组合成一个整体,但由于每个单元的 I/O 点数有一定的搭配关系,有时配置的系统输入点或输出点不能充分利用,加之各单元尺寸大小不一致,因此不易安装整齐。而单元式 PLC 无论是输入还是输出点数均可灵活配置,又易于构成较多点数的大规模控制系统,且尺寸统一、安装整齐,但是尺寸较大,难于和小型设备连成一体。为此有些 PLC 生产厂家开发出叠装式结构 PLC,将二者的优点结合起来。叠装式结构的 PLC 是将 CPU、电源模块、通信模块和I/O单元各自组成独立的单元(其尺寸可以不同),相互之间通过电缆或插接头直接连接,而且各单元可以一层层地叠装起来,不需要安装机架(或总线板),配置灵活,

又减小了体积,适应了机电一体化的需要。

(2)按控制规模分类

PLC 的控制规模主要是指所控制开关量的 I/O 点数,开关量的 I/O 点数是指输入开关和输出继电器的总和。根据 I/O 点数的不同,PLC 大致可分为:微型机——I/O 点数为几点至几十点;小型机——I/O 点数为几十点至几百点;中型机——I/O 点数为几百点至上千点;大型机——I/O 点数为上千点至几千点;超大型机——I/O 点数为几千点至上万点。

(3)按控制功能分类

按 PLC 控制功能的强弱,可将其分为低档机、中档机和高档机。

① 低档机。低档机具有逻辑运算、定时、计数、移位以及自诊断、监控等基本功能,有的还具有模拟量输入/输出、算术运算、远程 I/O 及通信联网等控制功能。

② 中档机。中档机除了具有低档机的功能外,还具有模拟量输入/输出、比较、数据处理、远程 I/O 和通信联网等功能,可完成既有开关量又有模拟量的控制任务。

③ 高档机。高档机除了具有中档机的功能外,还具有带符号运算、矩阵运算、平方根运算及其他特殊函数运算、表格处理等功能,其运算功能更强,特别是高档机所具有的模拟量调节和强大的通信联网等功能,使其可以进行智能控制、远程控制和大规模过程控制。高档机通过网络与智能单元(或其他设备)进行通信,可构成集散式控制系统,以实现工厂的自动化管理。

(4)按生产厂家分类

目前世界上能生产 PLC 的厂家较多,大致可以分成美国、欧洲和日本三个流派。美国与欧洲一些国家的 PLC 是在相互封闭的情况下发展起来的,因此差异较大。日本的 PLC 是在引进了美国 PLC 技术的基础上发展起来的。欧美的 PLC 是以大型机闻名,而日本则是以高性价比的小型机著称。

在中国市场占有较大份额、影响力较大的公司和 PLC 系列机型:德国西门子公司,其主流机型有 S7-200、S7-300 及 S7-400 等,西门子 S7 系列 PLC 体积小、速度快、标准化,具有网络通信能力,功能强,可靠性高;日本 OMRON 公司,目前的主流机型有 CP1H、CJ7、CS1 等,这些系列可满足不同场合的控制需求;日本三菱公司也是较早进入中国市场的 PLC 的生产公司,其小型机 F2 系列 PLC 以前在我国也很流行。还有不少厂家生产 PLC,根据不完全统计,世界上生产 PLC 产品的企业达上千家,PLC 的生产已发展为一个产业。

3.2 可编程控制器的组成及各部分的功能

3.2.1 可编程控制器的基本组成

可编程控制器实质上是一种专用于工业控制的计算机,不同的是它比一般的计算机具有更强的与工业控制相连接的接口和更直接的适应于控制要求的编程语言,所以 PLC 的硬件结构基本上与微型计算机相同,也具有中央处理单元(CPU)、存储器、输入/输出(I/O)接口、电源等,如图 3-1 所示。

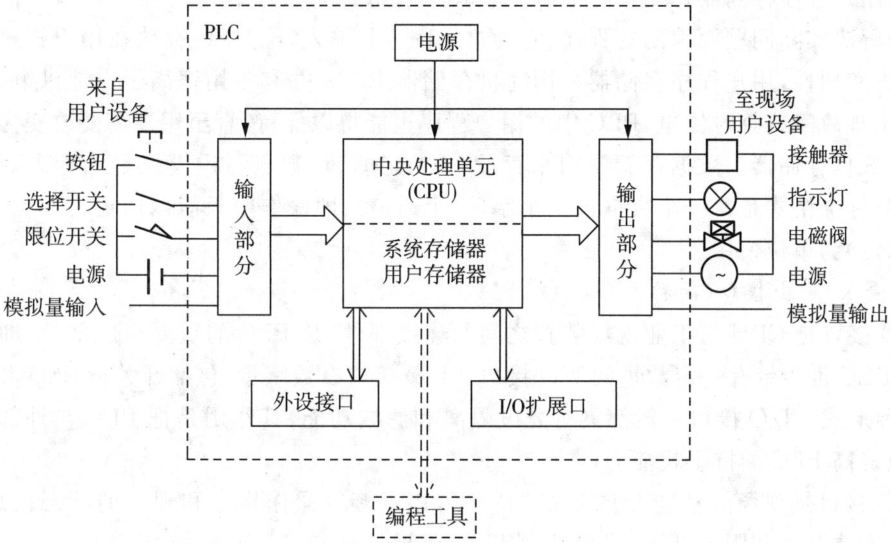

图 3－1　可编程控制器的基本组成

3.2.2　可编程控制器各组成部分的功能

1. 中央处理单元(CPU)

CPU 单元在 PLC 中的作用相当于人脑，是 PLC 的中枢核心部件，它负责协调各部分的工作，指挥 PLC 有条不紊地进行工作。其主要任务是用扫描方式采集现场输入设备的状态和数据，然后执行用户程序，对采集的数据进行相应的处理，最后向被控对象输出相应的控制信号。除此之外，PLC 的通信和自诊断等都需要 CPU 的参与。

2. 存储器

PLC 的存储器用来存储程序和数据。存储器由寄存器(软继电器，简称继电器)构成，1 位继电器仅能存放和记忆 1 位二进制数字(0 或 1)。因此，需要存放 N 位二进制数字信号就需要 N 个继电器。位(bit)是二进制数的一位，是二进制数字系统中最小的信息单位。通常把能够存储 8 位二进制数字的信息长度称为 1 个字节(byte)；两个字节(16 位)称为 1 个字(word)，字也称为通道(CH)。通道也可用来存储十进制数据，因为十进制数可用特定的二进制编码(BCD 码)表示。当用通道存储十进制数时，每 4 位分成一组，存储一个由 BCD 码表示的十进制数，因此，将每 4 位称为一个数字位。也就是说，一个通道有 4 个数字位，可存储 4 位十进制数。

根据存放信息的不同用途，PLC 的存储器可分为系统程序存储器、用户程序存储器和数据存储器。

(1)系统程序存储器。系统程序存储器用来存放系统程序。系统程序由 PLC 制造厂家提供，用来管理、协调 PLC 各部分的工作，翻译、解释用户程序，进行故障诊断等，它包括监控程序、命令解释程序、故障自诊断程序、标准子程序库及其他各种管理程序等。系统程序一般固化在只读存储器 ROM 或 EPROM 里，在工作过程中只能读出，不能写入，用户不能更改。

(2)用户程序存储器。用户程序存储器用来存放用户程序。用户程序是用户根据控制要求,为解决实际问题而编制的程序,它通过编程工具输入,经 CPU 存放在用户程序存储器中。考虑实用性,用户程序存储器采用随机存储器 RAM 并有备用锂离子电池供电,这样即使电源出现故障或临时停电,PLC 中的用户程序也能得以保持,直至用户需要改变为止。

(3)数据存储器。数据存储器用来存放 I/O、定时、计数、保持、模拟量和标志等各种数据。它的标准格式是每一个数据占一个字(一个通道),即操作中只能以通道为单位使用,不能以点(位)为单位使用。

3. 输入/输出接口(简称 I/O)

I/O 接口是 CPU 与工业现场装置之间的连接部件,是 PLC 的重要组成部分,即使是最简易的 PLC 也会带有一定数量的 I/O 接口。I/O 接口有数字量(包括开关量)I/O 和模拟量 I/O 两种形式。I/O 接口一般都具有光电隔离和滤波功能,其作用是把 PLC 与外部电路隔离开,以提高 PLC 的抗干扰能力。

输入接口是现场信号进入 PLC 的"桥梁",用于接收操作指令和现场的状态信息,如控制按钮、操作开关和限位开关、光电检测开关、继电器触点、行程开关、接近开关及其他各类传感器等开关量信号,并通过输入电路的滤波、光电隔离和电平转换等,将这些信号转换成 CPU 能够接收和处理的标准信号。如输入接口采集的是模拟量(温度、压力、位移、速度等),必须经模数转换器(A/D)将模拟量转换为数字量,才能为 PLC 的 CPU 所接受。

输出接口用于将 CPU 送出的弱电控制信号通过输出电路的光电隔离和功率放大等部件,转换成开关量信号输出,以驱动接触器、电磁阀、电磁铁等执行机构动作,控制现场设备进行工作,如电机的启动、停止、正反转,阀门的打开、关闭,设备的转动、移动、升降等。

I/O 接口所能处理的输入/输出量数目之和称为 I/O 接口的点数。例如,一台 PLC 可接收 24 个开关量的输入并可送出 16 个控制信号,则称之为具有 40 点 I/O 的 PLC。I/O 点数是表征 PLC 控制能力的一个重要指标,在进行控制系统设计时首先就要根据控制要求确定所需要使用的 I/O 点数。

输入接口一般均采用光电隔离。输出接口则根据用户需要配备有晶体管输出方式、晶闸管输出方式和继电器输出方式。晶体管输出方式用于直流负载;晶闸管输出方式用于交流负载;继电器输出方式既可用于直流负载,也可用于交流负载。

为方便用户检测接口的工作情况,每一个 I/O 点都接有发光二极管指示灯,某点接通时,相应的指示灯发光,用户可方便地检查各点的通断状态。

4. 编程工具

编程工具是开发应用和检查维护 PLC 以及监控系统运行不可缺少的主要、必备的外部设备。编程工具的主要作用是用来编辑程序、调试程序和监控程序的执行,还可以在线测试 PLC 的工作状态和参数,与 PLC 进行人机对话等。编程工具可以是编程器,也可以是配有专用编程软件包的通用计算机。

(1)编程器编程。编程器有便携式和智能式两大类。前者只能联机编程,而后者既可联机编程,又可脱机编程。便携式编程器上有供编程用的各种功能键、数字键和显示灯以及方式选择开关,还带有编程接口和外存储器接口等,它不能直接输入梯形图程序,只能输入语句表程序。编程器优点是体积小、质量轻、便于随身携带,可在生产现场使用。

(2)计算机辅助编程。许多 PLC 生产厂家为自己的 PLC 产品设计了计算机辅助编程软件。当 PLC 与装有编程软件的计算机连接通信时,可进行计算机辅助编程。编程软件的功能很强,它可以编辑、修改用户的程序,监控系统运行,打印文件,采集和分析数据,在屏幕上显示系统运行状况,对工业现场和系统进行仿真,将程序储存在磁盘上,实现计算机和 PLC 之间的程序传送等。

5. 电源

PLC 的工作电源一般为单相交流电源(通常为交流 110 V 或 220 V),也有用直流 24 V 供电的。现代 PLC 通常采用开关式稳压电源,其输入电压范围宽,体积小,质量轻,效率高,抗干扰性能好,且可提供稳定的工作电压。有的 PLC 开关电源还可向外部输出的 24 V 直流电,提供给与开关量输入单元连接的现场无源开关使用,或为外部传感器供电。

6. 接口电路

PLC 接口电路通常包括通信端口、I/O 扩展端口和外设端口三个部分。

一般 PLC 的 CPU 单元上至少有一个 RS232 C 通信端口或 RS485 通信端口。PLC 可以通过 RS232 C 通信端口直接与上位计算机连接通信。若是采用 RS485 端口通信,则 PLC 和上位计算机之间需要连接一个适配器。无论是 RS232 C 端口还是 RS485 端口,都可以与 PLC 编程器进行通信,这些通信端口还可实现 PLC 之间的通信。

PLC 可通过外围端口与外围设备相连接。例如:该端口连接编程器时,可用于输入、修改或监控 PLC 的用户程序;连接打印机时,可以打印用户程序、PLC 的运行状态或报警信息(如种类和时间等);连接 EPROM 写入器时,可将用户调试好的程序写入 EPROM 芯片中,以免被改动;连接外存储器时,可用于存储用户程序;还有的 PLC 可以通过外设端口与其他 PLC、计算机或可编程终端等进行通信。

3.3　可编程控制器的编程语言

可编程控制器的特点之一就是编程简单。尽管国内外各 PLC 生产厂家采用的编程语言不尽相同,但目前经常使用的主要有梯形图语言、指令语句表(助记符语言)、逻辑功能图、逻辑方程式等。其中,梯形图语言和指令语句表使用得最为广泛,下面重点对这两种编程语言进行说明。

3.3.1　梯形图编程语言

梯形图是一种图形语言,它是从继电-接触器控制的电气原理图演变而来的,对于熟悉继电-接触器控制系统的电气工程人员来说,梯形图语言十分容易接受和掌握。世界上各种 PLC 的生产厂家都把梯形图作为第一用户编程语言。

梯形图与继电-接触器控制电气原理图的控制部分的形式和符号大体相同,二者的对应关系如图 3-2 所示。梯形图各支路采用水平绘制,按自上而下、从左到右的顺序排列。每一个继电器线圈为一个逻辑行(也称条),称为一个梯形。每一个逻辑行起始于左母线,然后是触点的各种连接,最后以线圈结尾,整个图形呈阶梯形。

梯形图编程一般要在装有编程软件的计算机上进行，使用起来简单方便。编程时，只要按前后顺序把图中的各逻辑行(条)输入到计算机，计算机就可以自动将梯形图转换成 PLC 的指令语句表。

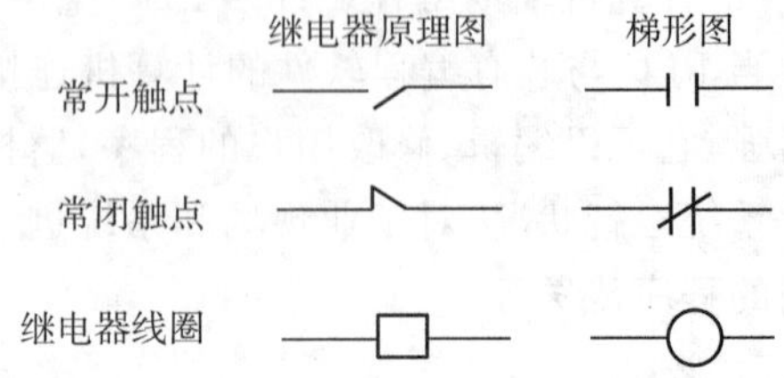

图 3-2 继电器原理图与梯形图符号对照

1. 继电-接触器系统中的继电器与梯形图中继电器的区别

首先，继电-接触器系统中使用的继电器都是物理继电器，继电器与其他控制电器间的连接必须通过硬接线来完成；PLC 的继电器不是物理继电器，它是 PLC 内部的寄存器位，常称为"软继电器"。之所以称为"软继电器"，是因为它具有与物理继电器相似的功能。例如，当它的"线圈"通电时，其所属的常开触点闭合，常闭触点断开；当它的"线圈"断电时，其所属的常开触点和常闭触点恢复常态，PLC 梯形图中的接线称为"软接线"，这种"软接线"是通过编程来实现的。

其次，PLC 的每一个继电器都对应着内部的一个寄存器位，由于可以无限次地读取某位寄存器的内容，所以，可以认为 PLC 的继电器有无数个常开、常闭触点可供用户使用；而物理继电器的触点是有限的。

再次，PLC 的输入继电器是由外部信号驱动的，在梯形图中只能使用输入继电器的触点，而不能出现它的线圈；而物理继电器触点的状态取决于其线圈中有无电流通过，在继电-接触器控制电路中，若不接继电器线圈，直接接其触点，则其触点永远不会动作。

2. 继电-接触器系统的控制电路与梯形图的区别

PLC 梯形图左右的两根线也叫母线，但其与继电-接触器控制电路的两根母线不同。继电-接触器控制电路的母线与电源连接，其每一行(也称梯级)在满足一定条件时将通过两条母线形成电流通路，从而使电器动作；而 PLC 梯形图的母线并不接电源，它只表示每一个梯级的起始和终了，PLC 的每一个梯级中并没有实际的电流通过。通常说 PLC 的线圈"接通了"，这只不过是为了分析问题方便而假设的概念电流通路，而且概念电流只能从左向右流，这是 PLC 梯形图与继电-接触器控制电路本质的区别。

3. 实现控制功能的手段不同

继电器控制是靠改变电器间的硬接线来实现各种控制功能的，而 PLC 是通过编程来实现控制的。

3.3.2 指令语句表编程语言

梯形图必须使用编程软件才能输入到 PLC 中，不能通过手持编程器输入。要从编程器中输入，必须把梯形图转换为指令语句表。指令语句表是由一条条指令构成，它能提供与梯形图完全一样的信息。指令语句与计算机汇编语言有些相似，但比汇编语言更通俗易懂。

指令语句是 PLC 用户程序的基础元素，多条指令的组合构成了语句表。一个复杂的控制功能是用较长的语句表来描述的。

梯形图编程语言和指令语句表编程语言各有特色，最好两个都会使用，因为在 PLC 编程中，这两种语言是可以互相转换的。

需要指出的是 PLC 实际上只认识助记符语言，梯形图语言需要转换成助记符语言后存入 PLC 的存储器中。

3.4　可编程控制器的工作方式及工作原理

3.4.1　可编程控制器的工作方式

可编程控制器采用周期性循环扫描工作方式，这种工作方式是在系统软件控制下顺次扫描各输入点的状态，根据用户程序进行运算处理，然后向各输出点并行发出相应的控制信号。整个工作过程可分为三个阶段：读输入（输入现场信号）阶段、用户程序执行阶段、写输出（输出结果）阶段。其工作过程如图 3－3 所示。

1. 读输入（输入刷新）阶段

刚开始工作时，PLC 的 CPU 首先对各个输入端进行扫描，将输入端的状态送到输入暂存器的相应单元中，这部分存储区也叫输入映像区，这就是读输入（输入刷新）阶段。在读输入结束后，PLC 转入用户程序执行阶段。

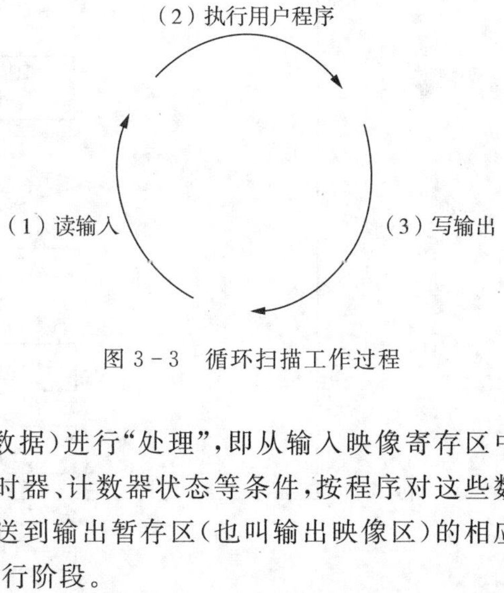

图 3－3　循环扫描工作过程

2. 用户程序执行阶段

在用户程序执行阶段，PLC 的 CPU 将按照先后次序将指令逐条调出并执行，以对原输入状态和原输出状态（这些状态统称为数据）进行“处理”，即从输入映像寄存区中读取输入状态、上一扫描周期的输入状态以及定时器、计数器状态等条件，按程序对这些数据进行逻辑运算或算术运算，再将处理后的结果送到输出暂存区（也叫输出映像区）的相应单元中，直到用户程序全部执行完，这就是程序执行阶段。

3. 写输出（输出刷新）阶段

当所有的程序执行完毕时，集中地把输出映像区中的对应状态刷新到所有的输出锁存电路，通过输出部件转换成被控设备所能接受的电信号，控制指示灯、电磁阀、接触器等生产现场的执行机构完成相应任务。

PLC 周而复始地重复执行上述三个阶段。每执行一遍所需的时间称为一个扫描周期。扫描周期是 PLC 的重要指标。它主要取决于程序的长短，通常为几十毫秒。为提高运行的稳定性和可靠性，并及时接收外来的控制命令，PLC 在每次扫描期间，除进行上述三个阶段的操作外，通常还要进行故障自诊断、通信等工作。整个扫描过程如图 3－4 所示。

实际上整个扫描周期分为：自诊断扫描阶段、网络通信扫描阶段、用户程序扫描阶段和 I/O 刷新扫描阶段。

PLC 上电后首先进行初始化，然后进入循环扫描工作过程。在每次扫描开始时，CPU

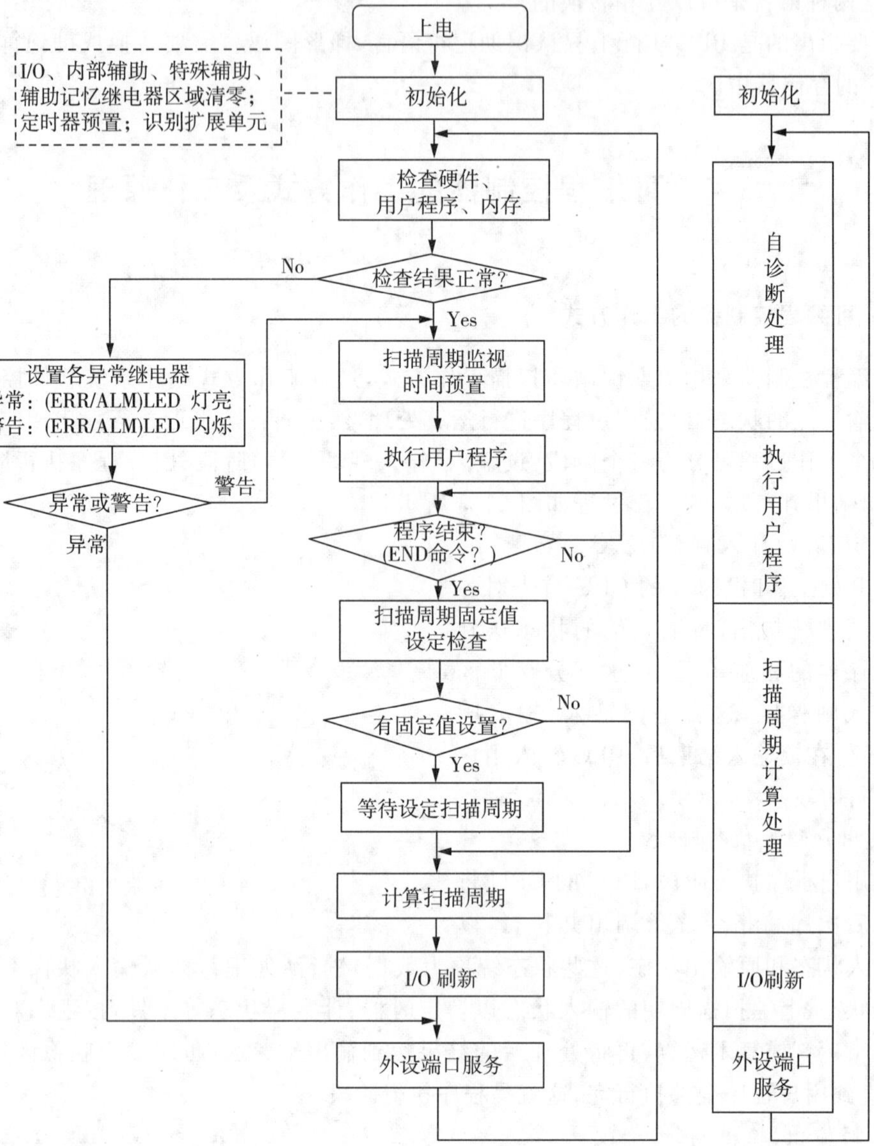

图 3-4　PLC 扫描工作过程

都要执行故障自诊断处理程序，也就是对各输入输出点、存储器和 CPU 等部分进行检查，复位监视定时器，硬件检查，用户内存检查等操作。如果发现异常情况，PLC 立即启动关机程序，保留现行工作状态，关断所有输出信号后停机，且发出报警信号和显示出错信号。自诊断处理阶段一般是固定的，不同机型的 PLC 之间有所差异。

自诊断结束后，如未发现故障，PLC 将继续向下扫描，检查 PLC 是否有通信请求。只有配有网络的 PLC 系统中，才有通信扫描阶段。在这一阶段，PLC 与 PLC 之间，PLC 与上位计算机之间进行信息交换。

完成与外界的通信以后，PLC 将继续往下扫描，按先左后右、先上后下的顺序执行用户程序，并将每一步的执行结果送入输出暂存区。

在 I/O 刷新阶段，CPU 将输入端的状态读入输入暂存区，将输出暂存区的状态写入输出状态锁存器。

如此完成一个扫描周期，然后 PLC 又从自诊断开始进行下一次扫描。PLC 就这样不断反复循环，实现对机器的连续控制，直到接收到停机命令，或因停电、出现故障等才停止工作。

图 3-5 描述了信号从输入端子到输出端子的传递过程。在输入(I/O)刷新阶段，CPU 从输入电路的输入端读出各输入信号的状态，并将其写入输入映像寄存器中。在紧接着的下一个扫描周期的用户程序执行阶段，CPU 从输入映像寄存器和元件映像寄存器中读出各继电器的状态，并根据此状态执行用户程序，再将执行结果写入元件映像寄存器中。在 I/O 刷新阶段，将输出映像寄存器的状态写入输出锁存电路，再经输出电路传递到输出端子。

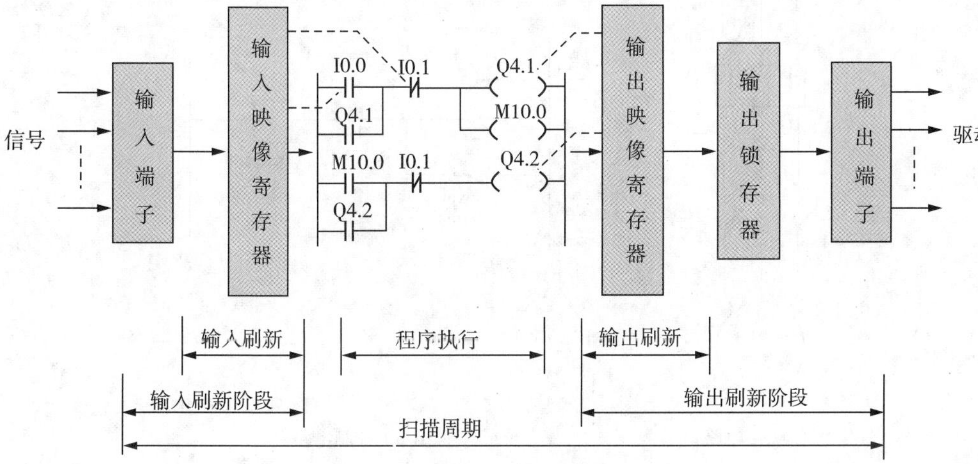

图 3-5　PLC 信号的扫描过程

在执行用户程序阶段，要注意所使用的输入和输出数据的问题。设输入数据为 X，输出数据为 Y。在第 n 次扫描执行用户程序时，所依据的输入数据是第 $n-1$ 次扫描 I/O 刷新阶段读取的 X_{n-1}；执行用户程序过程中，元件映像寄存器中的数据既有第 $n-1$ 次扫描存入的数据 Y_{n-1}，也有本次执行程序的中间结果。第 n 次扫描的 I/O 刷新时输出的数据是 Y_n。

如图 3-5 所示，在某一个扫描周期里执行用户程序的具体过程是：执行第一个梯级时，CPU 从输入映像寄存器中读出 I0.0 输入继电器的状态，将其设为 1；再读出 I0.1 输入继电器的状态，将其设为 0。由 I0.0 和 I0.1 的状态结算出 Q4.1 和 M10.1 继电器当前的状态是 1。若此前 Q4.1 的状态是 0，则 CPU 用当前的 1 去改写元件映像寄存器中 Q4.1 对应的位。下一步再执行第二个梯级，从元件映像寄存器中读出 M10.1 继电器的状态 1(即前一步存入的)，结算出 Q4.2 继电器的状态是 1。若此前 Q4.2 的状态是 0，则 CPU 用当前的 1 去改写元件映像寄存器中 Q4.2 对应的位。本次扫描 I/O 刷新的结果是：Q4.1 为 1，Q4.2 为 1。

由上述分析可得出执行用户程序的扫描阶段的特点：其一，在执行用户程序的过程中，输入映像寄存器的状态不变；其二，元件映像寄存器的内容随程序的执行在改变，前一步的结算结果随即作为下一步的结算条件，这一点与输映像寄存器完全不同；其三，程序的执行是由上而下进行的，所以各梯级中继电器线圈不可能同时改变状态；其四，执行用户程序的结果要保持到下一个扫描周期的用户程序执行阶段。在编写应用程序时，务必要注意 PLC 的这种循环扫描工作方式，不少应用程序的错误就是由于忽视了该问题而造成的。

3.4.2 可编程控制器的工作原理

现以简单的三相笼型异步电动机启动、停止控制电路为例，来认识用 PLC 构成控制系统的基本工作过程，以加深对 PLC 工作原理的理解。图 3-6 给出了电动机的继电-接触器控制电路，当按下启动按钮 SB1 时，交流接触器 KM 的线圈接通，其主触头闭合，电动机运行，同时 KM 的另一个辅助触头也闭合，使接触器自锁。当按下停止按钮 SB2 时，KM 线圈断电，电动机停转。

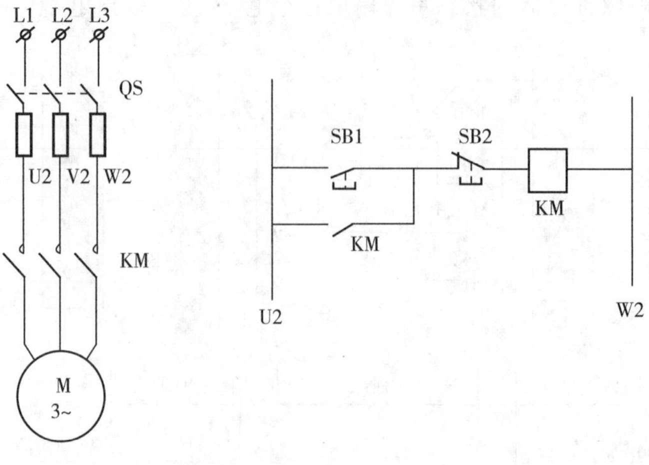

（a）主电路　　　　（b）控制电路

图 3-6　三相异步电动机启动、停止控制线路

图 3-7 所示是由 PLC 控制的电动机启动、停止控制系统的等效电路。其电气线路的主电路仍如图 3-6(a)所示。启动按钮 SB1 接在 PLC 的输入端 0.00，停止按钮 SB2 接在 0.01，接触器线圈 KM 接在 PLC 的输出端 2.00，输入输出公共端(COM)分别接电源。将图 3-6(b)所示的梯形图程序输入 PLC 内，PLC 即可按照这一控制程序工作。

其具体过程为：

(1)在读输入(输入刷新)阶段，当按下启动按钮 SB1 时，PLC 从输入端读取 SB1 按钮的接通状态(ON)，并将其写入输入状态寄存器中；

(2)在用户程序执行阶段，PLC 从输入暂存区中读出各继电器状态(此时输入继电器 0.00 为 ON——输入继电器 0.00 线圈得电，内部控制电路中 0.00 的常开触点闭合)，并根据梯形图(用户程序)，将执行结果(2.00 为 ON)写入到输出暂存区中(此时输出继电器线圈 2.00 得电，内部控制电路中的 2.00 闭合完成自锁)；

(3)在输出刷新阶段，PLC 将输出暂存区中的状态(2.00 为 ON)读出，驱动输出部分电路(输出继电器 2.00 输出端的外部硬件常开触点接通)，控制外部元器件工作(接触器 KM 得电动作，电动机运转)；

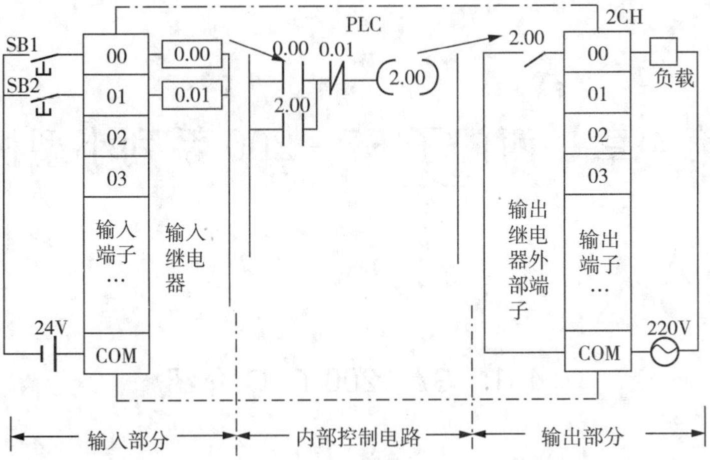

图 3-7　PLC 控制等效电路

(4)当按下停止按钮 SB2 时,其控制过程与前面类似,这里不再详述。

从此例可以看到,PLC 控制系统中,接在输入端向 PLC 输入信号的器件与继电-接触器控制系统基本相同,接在输出端接收 PLC 输出信号的器件也与继电-接触器控制系统基本相同。两者所不同的是:继电-接触器控制系统是将各自独立的器件及其触点以固定接线方式来实现控制要求的,而 PLC 的控制要求是由存储在 PLC 内的用户程序实现的,由于 PLC 采用软件建立输入和输出信号间的控制关系,因此就能灵活、方便地通过改变用户程序来实现控制功能的改变,而不需改变接线,从根本上解决了继电-接触器控制系统中固有的缺陷,增加了控制的灵活性和通用性。

习　题

1. PLC 由哪几个主要部分组成? 各部分的作用是什么?
2. 什么是 PLC 的系统程序? 什么是 PLC 的用户程序? 它们各有什么作用?
3. PLC 有哪些主要特点?
4. PLC 的输入、输出继电器分别有何作用?
5. PLC 有几种输出类型? 各适用于什么场合?
6. 在 I/O 电路中,光电隔离器的主要作用是什么?
7. 为什么称 PLC 的继电器是软继电器? 和物理继电器相比,软继电器在使用上有何特点?
8. 与继电-接触器控制系统相比较,PLC 的优点表现在哪些方面?
9. 继电器控制和 PLC 控制的梯形图有何区别?
10. PLC 的编程工具有哪几种? 各有何特点?
11. 何谓扫描周期? PLC 的一个扫描周期包括哪几个阶段? 各阶段分别完成什么任务?
12. PLC 处于运行状态时,输入端状态的变化将在何时存入输入映像寄存器?
13. PLC 处于运行状态时,输出锁存器中所存放的内容是否会随着用户程序的结算而变化? 为什么?
14. PLC 处于停止状态时,完成哪些工作?
15. PLC 控制与继电器控制的工作方式有何不同? 执行用户程序的扫描阶段的特点是什么?

第4章　西门子S7－200系列小型机

4.1　S7－200 PLC介绍

4.1.1　S7－200 PLC基本硬件组成

S7－200 PLC可提供4种不同型号的基本单元和6种不同型号的扩展单元。其系统构成包括基本单元、扩展单元、编程器、存储卡、写入器、文本显示器等。

1. 基本单元

S7－200 PLC中可提供4种不同型号的基本单元，共有5种CPU供选择使用，其输入输出点数的分配见表4－1。

表4－1　S7－200 PLC中CPU22X的基本单元

型号	输入点	输出点	可带扩展模块数
S7－200 CPU221	6	4	—
S7－200 CPU222	8	6	2个扩展模块 78个数字量I/O点或10个模拟量I/O点
S7－200 CPU224	14	10	7个扩展模块 168个数字量I/O点或35个模拟量I/O点
S7－200 CPU226	24	16	2个扩展模块 248个数字量I/O点或35个模拟量I/O点
S7－200 CPU226XM	24	16	2个扩展模块 248个数字量I/O点或35个模拟量I/O点

2. 扩展单元

S7－200 PLC主要有6种扩展单元，扩展单元本身没有CPU，只能与基本单元相连接使用，用于扩展I/O点数。S7－200系列PLC扩展单元的型号及输入输出点数的分配，见表4－2。

表 4 - 2　S7 - 200 PLC 扩展单元的型号及输入输出点数

类型	型号	输入点	输出点
数字量扩展模块	EM221	8	无
	EM222	无	8
	EM223	4/8/16	4/8/16
模拟量扩展模块	EM231	3	无
	EM232	无	2
	EM235	3	1

3. 编程器

PLC 在正式运行时，不需要编程器。编程器主要用于用户程序的编制、存储和管理等，并将用户程序送入 PLC 中，在调试过程中，进行监控和故障检测。S7 - 200 PLC 可采用多种编程器，一般可分为简易型和智能型。

简易型编程器是袖珍型的，简单实用，价格低廉，是一种很好的现场编程及检测工具，但显示功能较差，只能用指令表方式输入，使用起来不方便。智能型编程器采用计算机进行编程操作，将专用的编程软件装入计算机内，可直接采用梯形图语言编程，可实现在线检测，非常直观，且功能强大。S7 - 200 PLC 的专用编程软件为 STEP 7 - Micro/WIN。

4. 程序存储卡

为了保证程序及重要参数的安全，一般小型 PLC 设有外接 EEPROM 卡盒接口，通过该接口可以将卡盒的内容写入 PLC，也可将 PLC 内的程序及重要参数传到外接 EEPROM 卡盒内作为备份。程序存储卡 EEPROM 有 6ES 7291 - 8GC00 - 0XA0 和 6ES 7291 - 8GD00 - 0XA0 两种型号，其程序容量分别为 8K 和 16K 程序步。

5. 写入器

写入器的功能是实现 PLC 和 EEPROM 之间的程序传送，可将 PLC 中 RAM 区的程序通过写入器固化到程序存储卡中，或将 PLC 中程序存储卡中的程序通过写入器传送到 RAM 区。

6. 文本显示器

文本显示器 TD200 不仅是一个用于显示系统信息的显示设备，还可以作为控制单元对某个量的数值进行修改，或直接设置输入/输出量。文本信息的显示用选择/确认的方法，最多可显示 80 条信息，每条信息最多有 4 个变量状态。过程参数可在显示器上显示，并可以随时修改。TD200 面板上有 8 个可编程的功能键，每个功能键都分配了一个存储位，在启动和测试系统时，可以进行参数设置和诊断。

4.1.2　S7 - 200 PLC 组成原理

1. S7 - 200 PLC 简介

S7 - 200 PLC 是西门子公司新推出的一种小型 PLC。它以紧凑的结构、良好的扩展性、强大的指令功能、低廉的价格，已经成为当代各种小型控制工程的理想控制器。S7 - 200 PLC 包含了一个单独的 S7－200 CPU 和各种可选择的扩展模块，可以十分方便地组成不同规模的控制器。其控制规模可以从几点到几百点。S7－200 PLC 可以方便地组成 PLC－PLC 网络和计算机－PLC 网络，从而完成规模更大的工程。S7－200 PLC 的编程软件 STEP7－Micro/WIN 可以方便、快捷地在 Windows 环境下对 PLC 进行编程、调试、监控。可见，S7－200 PLC 可以完美地满足各种小规模控制系统的要求。S7－200 PLC 有四种 CPU，其性能差异很大。这些性能直接影响到 PLC 的控制规模和系统的配置。

2. S7－200 PLC 的技术指标

目前 S7－200 PLC 的 CPU 主要有 CPU221、CPU222、CPU224 和 CPU226 四种。档次最低的是 CPU221，其数字量输入点数为 6 点，数字量输出点数为 4 点，是控制规模最小的 PLC。档次最高的应属 CPU226，它集成了 24 点输入和 16 点输出，共有 40 个数字量 I/O，可连接 7 个扩展模块，最大可扩展至 248 点数字量 I/O 点或 35 路模拟量 I/O。S7－200 PLC 四种 CPU 的外部结构大体相同，LED 状态指示灯显示 CPU 所处的工作状态。存储卡接口可以插入存储卡。通信接口可以连接 RS－485 总线的通信电缆。顶部端子盖下边为输出端子和 PLC 供电电源端子。输出端子的运行状态可以由顶部端子盖下方一排指示灯显示，ON 状态对应的指示灯亮。底部端子盖下边为输入端子和传感器电源端子。输入端子的运行状态可以由底部端子盖上方一排指示灯显示，ON 状态对应的指示灯亮。

前盖下面有运行/停止开关和接口模块插座。将开关拨向停止位置时，可编程控制器处于停止状态，此时可以对其编写程序。将开关拨向运行位置时，可编程控制器处于运行状态，此时不能对其编写程序。将开关拨向监控状态，可以运行程序，同时还可以监视程序运行的状态。接口插座用于连接扩展模块实现 I/O 扩展。

3. 可编程控制器的应用范围

目前，可编程控制器在国内外已广泛应用于专用机床、普通机床、控制系统、自动化楼宇、钢铁、石油、化工、电力、建材、汽车、纺织机械、交通运输、环保以及文化娱乐等行业。随着 PLC 性价比的不断提高，其应用范围还将不断扩大，可以说是无处不在，具体应用大致可归纳为如下几类。

(1)顺序控制

这是 PLC 最基本、最广泛应用的领域。它取代传统的继电器顺序控制，用于单机控制、多机群控制、自动化生产线控制，例如数控机床、注塑机、印刷机械、电梯和纺织机械等的控制。

(2)计数和定时控制

PLC 为用户提供了足够多的定时器和计数器，并设置相关的定时和计数指令，PLC 的计数器和定时器精度高、使用方便，可以取代继电器系统中的时间继电器和计数器。

(3)位置控制

大多数的 PLC 制造商目前都提供拖动步进电动机或伺服电动机的单轴或多轴位置控制模块。位置控制功能广泛用于各种机械，如金属切削机床、装配机械等。

(4)模拟量处理

PLC 通过模拟量的输入/输出模块，实现模拟量与数字量的转换，并对模拟量进行控制，有的还具有 PID 控制(比例积分微分控制)功能，如用于锅炉的水位、压力和温度控制。

(5)数据处理

现代的 PLC 具有数学运算、数据传递、转换、排序和查表等功能，也能完成数据的采集、分析和处理。

(6)通信联网

PLC 的通信包括不同 PLC 之间、PLC 与上位计算机之间、PLC 和其他智能设备之间的通信。PLC 与通用计算机通过通信处理单元、通信转接器相连构成网络，以实现信息的交换，并可构成“集中管理、分散控制”的分布式控制系统，满足工厂自动化系统的需要。

4.1.3　可编程控制器数值的转换

在 PLC 编程中，对于一个整数，它的二进制、十进制或十六进制的数值形式会自动转换，不需人为干预。可是将一个整数转换为 BCD 码或 ASCII 码，就不能自动转换，有的 PLC 有这样的转换指令，如 S7－200，当有需要时，直接调用对应的转换指令就可以了。但是有的 PLC 没有这方面的转换指令，如需要这种数值制式转换，就得自己编写转换程序。要想编写转换程序，必须先了解两种数值制式之间的数学关系，只有了解了二者的转换关系才能编出合理的转换程序。

转换构思：以 4 位 BCD 码为例，它占一个字(16 个位)，千位上的 4 位分别代表十进制数的 8000、4000、2000、1000，而每位上的数字只能为 0 或 1 两种，百位、十位及个位都与之相似，我们就从千位数的最高位开始判断，如其值为“1”，说明此数含有 8000，将 8000 的 16 进制数值(1F40)加在转换为 16 进制数的存储区里(运算前该区清零)，如其值为“0”，说明此数不含有 8000，就不进行加 8000 的运算，将 BCD 码存储器左移一位，此时再判断千位上的最高位。

二进制数转换为格雷码数的转换原则是：将二进制数的最高位数“1”，直接送入格雷码数的最高位，将二进制数的次高位数与最高位数相异或，送入格雷码数的次高位，再将二进制数的次高位数与第三高位数相异或，送入格雷码数的第三高位。直到二进制数的次低位数与最低位数相异或，送入格雷码数的最低位为止。

4.1.4　数据类型

IEC1131－3 基本数据类型，如表 4－3 和表 4－4 所示。

表 4－3　IEC1131－3 基本数据类型

基本数据类型	内容	数据范围
BOOL(1 位)	布尔型	0～1
BYTE(8 位)	无符号型	0～255
WORD(16 位)	无符号整数	0～65535
INT(16 位)	有符号整数	－32768～＋32767
DWORD(32 位)	无符号双整数	$0 \sim 2^{32}-1$
DINT(32 位)	有符号双整数	$-2^{31} \sim 2^{31}-1$
REAL(32 位)	IEEE32 浮点数	$-10^{38} \sim 10^{38}$

表 4-4 IEC1131-3 复杂数据类型

复杂数据类型	内容	数据范围	
TON	接通延时定时器	1 ms	T32,T96
		10 ms	T33～T36,T97～T100
		100 ms	T37～T63,T101～T255
TOF	关断延时定时器	1 ms	T32,T96
		10 ms	T33～T36,T97～T100
		100 ms	T37～T63,T101～T255
TP	脉冲	1 ms	T32,T96
		10 ms	T33～T36,T97～T100
		100 ms	T37～T63,T101～T255
CTU	加计数器	0～255	
CTD	减计数器	0～255	
CTUD	加/减计数器	0～255	
SR	置位优先位触发器	—	
RS	复位优先位触发器	—	

在该方式下,参数的数据类型必须同符号或变量数据类型匹配。每个有效参数只有一个数据类型(多重指令除外)。例如,SRW(右移字)指令的输入(IN)参数的数据类型是WORD,只有给它分配 WORD 型的变量,才能编译成功。当设定为完全数据类型检查时,给 WORD 型指令分配整型(INT)变量是无效的。

完全数据类型检查只能在 IEC1131-3 方式下执行,如表 4-5 所示。

表 4-5 完全数据类型检查:用户选定和等价的数据类型

用户选定的数据类型	等价的数据类型
BOOL	BOOL
BYTE	BYTE
WORD	WORD
INT	INT
DWORD	DWORD
DINT	DINT
REAL	REAL

简单的数据类型检查:在简单数据类型方式下,当给一个符号或变量为某一数据类型时,也为其自动分配了和所选定数据类型相匹配的所有数据类型。例如,选择 DINT 作为数据类型,局部变量也自动分配 DWORD 数据类型,因为两者都是 32 位的数据类型。虽然 REAL 也是 32 位数据类型,但是它不是自动分配的。由于 REAL 数据类型没有等价的数据类型,它总

是单独定义的。简单数据类型检查只在 SIAMTIC 方式下使用局部变量时执行。见表 4－6。

表 4－6　简单数据类型检查:用户选定和等价的数据类型

用户选定的数据类型	等价的数据类型
BOOL	BOOL
BYTE	BYTE
WORD	WORD,INT
INT	WORD,INT
DWORD	DWORD,DINT
DINT	DWORD,DINT
REAL	REAL

无数据类型检查:无数据类型检查方式只在 SIMATIC 全局变量没有可选的数据类型时使用。在该方式下,所有相同大小的数据类型自动分配符号。例如,一个符号分配在地址 VD100 处。表 4－7 表示 STEP 7－Micro/WIN 32 自动为该符号分配了数据类型。

表 4－7　大小决定了 SIMATIC 全局符号的数据类型

用户选定的地址	分配的等价数据类型
V0.0	BOOL
VB0	BYTE
VW0	WORD,INT
VD0	DWORD,DINT,REAL

4.2　S7－200 PLC 指令系统

4.2.1　S7－200 PLC 指令基本格式

下面介绍 S7－200 PLC 编程中常用的梯形图(简称 LAD)和语句表(简称 STL)指令的表示方法。

1. LAD 指令

LAD(梯形图)指令使用类似于电气控制形式的符号来描述指令要执行的操作,以符号上的数据表示需要操作的数据。

例如:

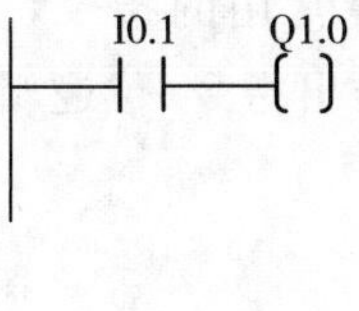

该指令表示当输入位(常开按钮控制)I0.1 闭合时,输出位(线圈驱动)Q1.0 为 ON(得电)。

2. STL 指令

STL(语句表)指令一般由助记符和操作数组成,其格式如下：

助记符	操作数

助记符表示指令要执行的功能操作,操作数表示指令要操作的数据。例如：

LDI0.1　//LD:取指令操作码；I0.1:输入位操作数。

＝Q1.0　//＝:输出操作码；Q1.0:输出位操作数。

3. 操作数的表示方法

指令中的操作数一般由两部分组成:标识符和参数。

- 标识符指出操作数的存储区域及操作数的位数；
- 参数则表示该操作数在存储区的具体位置。

例如：

操作数 I0.1 中的 I 表示输入映像寄存器,0.1 表示 I 寄存器 0 字节中的第 1 位输入点。

操作数 Q1.0 中的 Q 表示输出映像寄存器,1.0 表示 Q 寄存器 1 字节中的第 0 位输出位。

操作数：

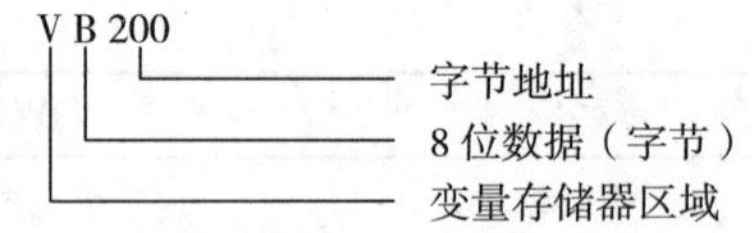

操作数：

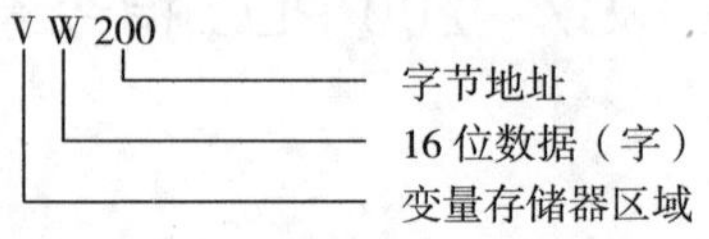

操作数：

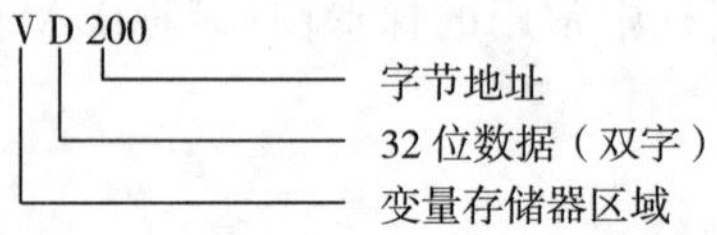

4.2.2 基本逻辑指令

基本逻辑指令是 PLC 中最基本最常用的指令,主要用来完成基本的位逻辑运算及控制。它主要包括触点输入/线圈驱动输出指令、位逻辑指令、置位/复位指令、立即指令、边沿触发指令及堆栈操作指令等。

1. 触点输入/线圈驱动输出指令

(1)LD、LDN 指令

① LD(Load):取指令。

指令格式:

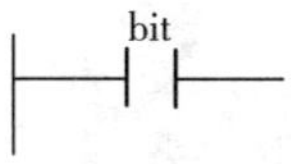

LD bit

梯形图　　　　语句表

bit:触点位地址(下同)。

指令功能:启动梯形图任何逻辑块的第一条指令时,对应输入端点连接开关导通,触点 bit 闭合;对应输入端点连接开关断开,触点 bit 断开。一般用于连接动合(常开)触点。

② LDN(Load Not):取反指令。

指令格式:

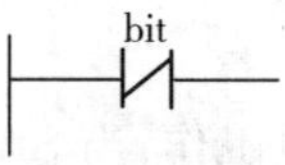

LDN bit

梯形图　　　　语句表

指令功能:启动梯形图任何逻辑块的第一条指令时,对应输入端点连接开关导通,触点 bit 断开;对应输入端点连接开关断开,触点 bit 闭合。

(2)＝(Out)指令

指令格式:

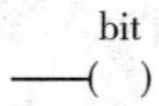

= bit

梯形图　　　　语句表

指令功能:线圈驱动指令(输出指令),在梯形图中必须放在最右端。

该类指令的梯形图及语句表示例,如图 4－1 所示。

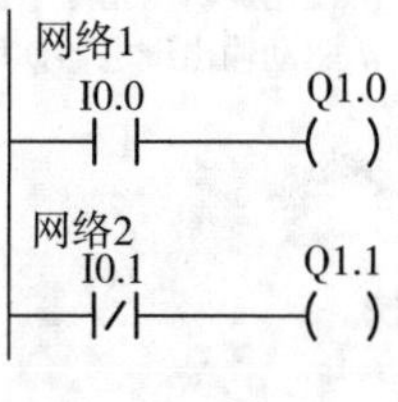

LD	I0.0	// I0.0连接常开触点
=	Q1.0	// 驱动输出线圈Q1.0
LDN	I0.1	// I0.1连接常闭触点
=	Q1.1	// 驱动输出线圈Q1.1

梯形图　　　　语句表

图 4－1　LD、LDN 及“＝”指令梯形图及语句表示例

注意:

● LD、LDN 指令操作数区域为 I、Q、M、T、C、SM、S、V;

- “=”指令的操作数区域为 M、Q、T、C、SM、S；
- 同一程序中，“=”指令后的线圈只能使用 1 次。

这里需要特别指出的是，PLC 不识别外部所连接的是常开按钮还是常闭按钮，而是只识别外部开关是接通状态还是断开状态。

例如，设程序中的 I0.0 由 PLC 外接常开按钮控制，I0.1 由外接常闭按钮控制，如图4-2所示。在执行指令后，图 4-2 电路工作过程如下：

- 当输入常开按钮 SB1 闭合时，执行 LD 指令，I0.0 为 ON，Q1.0 为 ON，输出线圈 KM1 得电；
- 当输入常闭触点 SB2 未按下（闭合）时，由于执行 LDN 指令，常闭位 I0.1 为 OFF，Q1.1 为 OFF，输出线圈 KM2 失电；
- 当输入常闭触点 SB2 按下（断开）时，则常闭位 I0.1 为 ON，Q1.1 为 ON，输出线圈 KM2 得电。

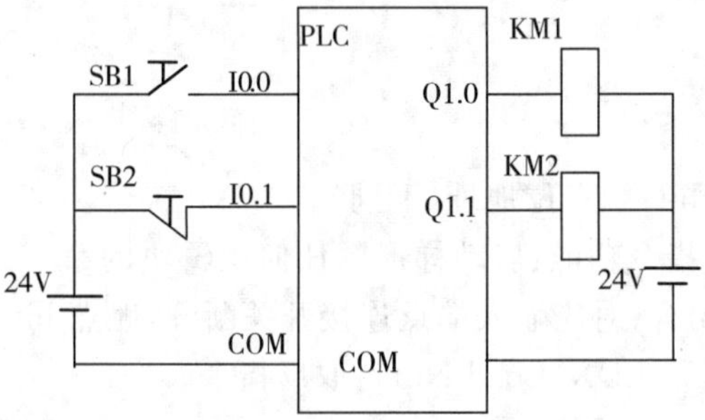

图 4-2　PLC 外接电路

由此可以看出：当 SB2 按下断开时，KM2 得电工作；当 SB2 未按下接通时，KM2 失电。

2. 逻辑与指令

(1)逻辑与指令 A

逻辑与指令 A(And)：用于动合触点的串联连接（串联在一起的所有触点全部闭合时输出才有效）。

(2)逻辑与非指令 AN

逻辑与非指令 AN(And Not)：用于动断触点的串联连接。

该类指令的梯形图及语句表示例，如图 4-3 所示。

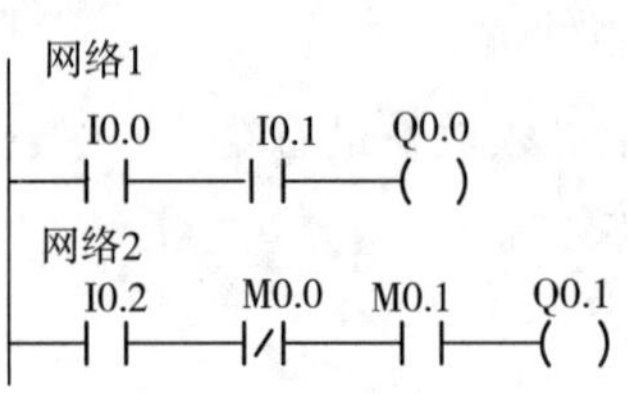


```
LD   I0.0
A    I0.1    // 使用逻辑与指令
=    Q0.0    // 驱动输出继电器Q0.0
LD   I0.2
AN   M0.0    // 使用逻辑与非指令
A    M0.1    // 使用逻辑与指令
=    Q1.1    // 驱动输出继电器Q0.1
```

图 4-3　A 和 AN 指令梯形图及语句表示例

注意：

- A 和 AN 指令的操作数区域为 I、Q、M、SM、T、C、S、V、L。
- 单个触点可以连续串联使用，最多为 11 个。

3. 逻辑或指令

(1)逻辑或指令 O

逻辑或指令 O(Or)：用于动合触点的并联连接（并联在一起的所有触点有一个闭合输出有效）。

(2)逻辑或非指令 ON

逻辑或非指令 ON(Or Not):用于动断触点的并联连接。

该类指令的梯形图及语句表示例,如图 4 - 4 所示。

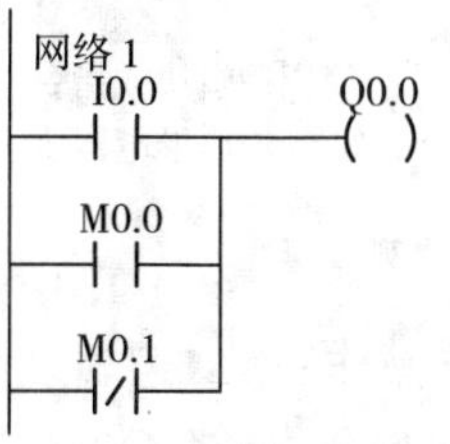


```
LD   I0.0
O    M0.0   // 使用逻辑或指令
ON   M0.1   // 使用逻辑或非指令
=    Q0.0   // 驱动输出继电器 Q0.0
```

图 4 - 4　O 和 ON 指令梯形图及语句表示例

注意:

- O 和 ON 指令的操作数区域为 I、Q、M、SM、T、C、S、V、L。
- 单个触点可以连续并联使用。

4. 逻辑块与指令

逻辑块与指令 ALD(And Load):用于并联电路块的串联连接。

逻辑块是指以 LD 或 LDN 起始的一段程序,两条以上支路并联形成的电路叫并联逻辑块。如果将两个并联逻辑块串联在一起则需要使用 ALD 指令。

该指令的梯形图及语句表示例,如图 4 - 5 所示。

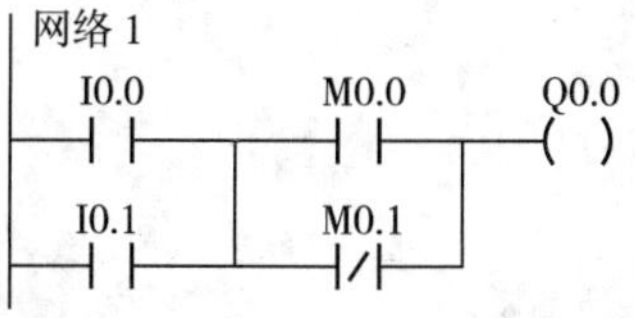


```
LD   I0.0   //第一个逻辑块开始
O    I0.1
LD   M0.0   //第二个逻辑块开始
ON   M0.1
ALD         //使用逻辑块与指令
=    Q0.0   //驱动输出继电器Q0.0
```

图 4 - 5　ALD 指令梯形图及语句表示例

在图 4 - 5 中,第一逻辑块实现 I0.0 与 I0.1 的逻辑或操作;第二逻辑块实现 M0.0 与 M0.1 的(常闭)逻辑或操作;然后实现这两个逻辑块的逻辑与操作,驱动 Q0.0。

注意:

- 逻辑块是以 LD 或 LDN 起始的一段程序,直至再次遇到 LD 或 LDN,则表示上一逻辑段结束,新的逻辑段开始。
- 该指令总是对其上方最近的两个逻辑块进行串联连接。
- 经连接的逻辑块仍为逻辑块,可以嵌套使用逻辑块指令。
- ALD 指令无操作数。

5. 逻辑块或指令

逻辑块或指令 OLD(Or Load):用于串联电路块的并联连接。

两个以上触点串联形成的电路叫串联逻辑块,如果将两个串联逻辑块并联在一起则需要使用 OLD 指令。

该指令的梯形图及语句表示例,如图 4 - 6 所示。

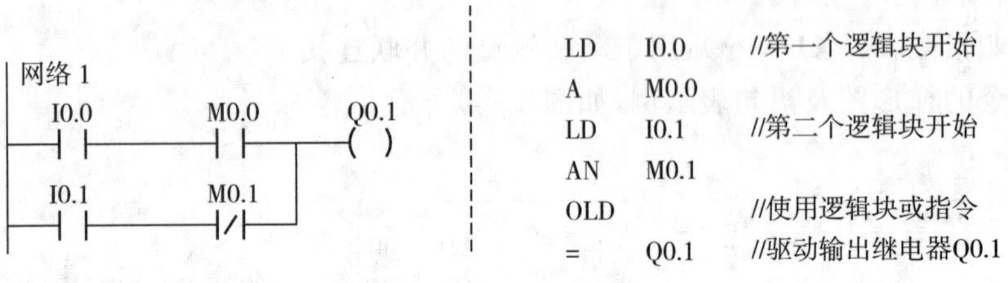

图 4-6 OLD 指令梯形图及语句表示例

在图 4-6 中，第一逻辑块实现 I0.0 和 M0.0 的逻辑与操作；第二逻辑块实现 I0.1 和 M0.1 的(常闭)逻辑与操作；然后实现这两个逻辑块的逻辑或操作，驱动 Q0.1。

注意：

- ALD 指令无操作数。
- 该指令总是对其上方最近的两个逻辑块进行并联连接。
- 经连接的逻辑块仍为逻辑块，可以嵌套使用逻辑块指令。

6. 置位指令和复位指令

(1)置位指令 S

置位指令 S(SET)的 STL 指令格式如下：

S bit ,N

功能：从 bit(位)开始的 N 个元件(位)置 1 并保持。其中，N 的取值为 1～255。

(2)复位指令 R

复位指令 R(RESET)的 STL 指令格式如下：

R bit,N

功能：从 bit(位)开始的 N 个元件(位)置 0 并保持。其中，N 的取值为 1～255。

置位指令和复位指令的梯形图及语句表示例，如图 4-7 所示。

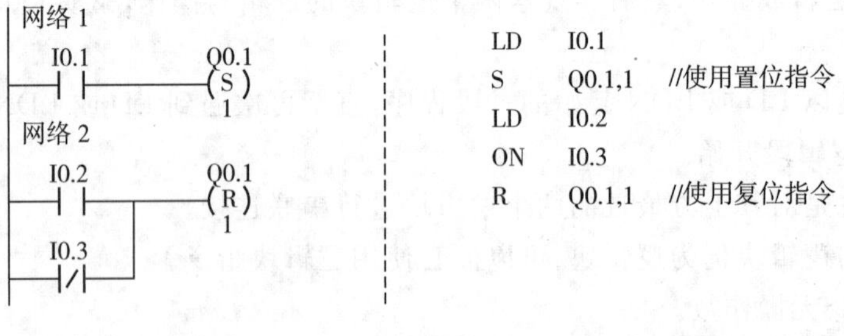

图 4-7 置位指令和复位指令梯形图及语句表示例

在图 4-7 程序中：当 I0.1 常开触点接通时，则 Q0.1 被置位“1”，之后即使 I0.1 触点断开，Q0.1 仍保持该状态不变；当 I0.2 接通或 I0.3 闭合，则 Q0.1 被复位“0”。

S 和 R 指令的操作数为 I、Q、M、SM、T、C、S、V 和 L。

7. 立即指令

立即指令(Immediate)不受 PLC 扫描工作方式的限制,可以对输入、输出点进行立即读写操作并产生相应逻辑作用。

立即指令又称加 I 指令,其格式为在 LAD 符号内或 STL 的操作码后加入“I”。

立即指令的 STL 指令格式如下:

LDI	bit	立即取
LDNI	bit	立即取非指令
OI	bit	立即或指令
ONI	bit	立即或非指令
AI	bit	立即与指令
ANI	bit	立即与非指令
＝I	bit	立即输出指令
SI	bit,N	立即置位指令
RI	bit,N	立即复位指令

立即指令的梯形图及语句表示例,如图 4－8 所示。

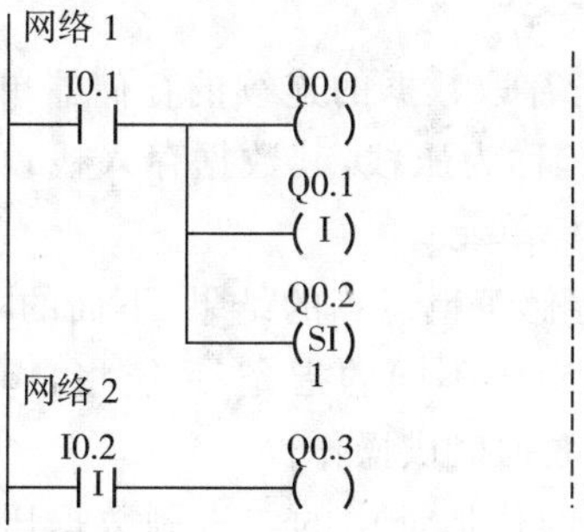


```
LD    I0.1
=     Q0.0
=I    Q0.1    //使用立即输出指令
SI    Q0.2    //使用立即置位指令
LDI   I0.2    //使用立即装载指令
=     Q0.3
```

图 4－8　立即指令梯形图及语句表示例

8. 边沿触发指令

边沿触发指令又称微分指令,分为上升沿微分指令和下降沿微分指令。

(1)上升沿微分指令

上升沿微分指令的 STL 指令格式:

EU　　//(Edge UP)

上升沿微分指令的 LAD 指令格式由常开触点中加入符号“P”构成。

指令功能:当其执行条件从 OFF 变为 ON 时,其作用是在上升沿产生一个扫描周期的脉冲。

(2)下降沿微分指令

下降沿微分指令的 STL 指令格式:

ED　　//(Edge Down)

下降沿微分指令的 LAD 指令格式由常开触点中加入符号“N”构成。

指令功能:当其执行条件从 ON 变成 OFF 时,其作用是在下降沿产生一个扫描周期的脉冲。

该类指令无操作数。

边沿触发指令的梯形图及语句表示例如图 4－9 所示，时序图如图 4－10 所示。

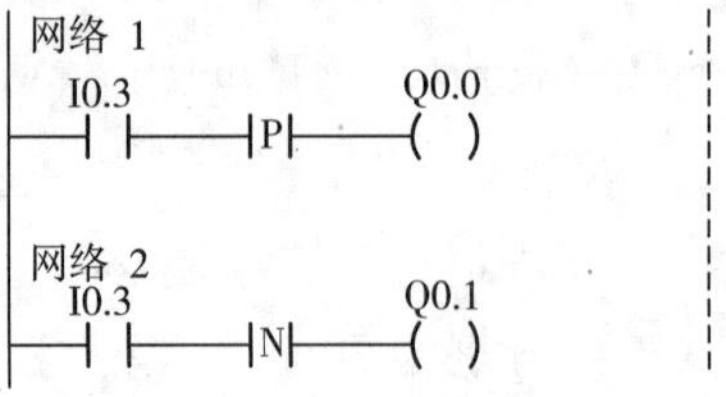


```
LD    I0.3
EU              // 检测I0.3 的上升沿
=     Q0.0
LD    I0.3
ED              // 检测I0.3 的下降沿
=     Q0.1
```

图 4－9　边沿触发指令梯形图及语句表示例

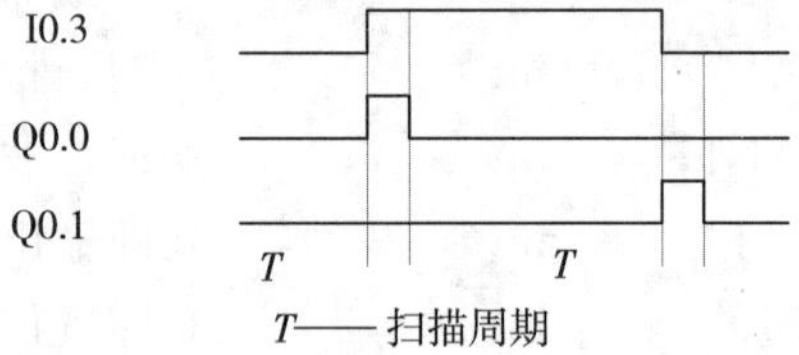

图 4－10　边沿触发指令时序图

9．堆栈操作指令

(1)堆栈及其操作

堆栈是一组能够按照先进后出、后进先出进行存取数据的连续的存储器单元，主要用来暂存一些需要临时保存的数据。把数据存入堆栈，称为压栈，其数据存入栈顶单元；把数据从栈顶取出，称为弹出，其数据从栈顶单元弹至目标单元。

S7－200 PLC 有一个 9 位的堆栈，栈顶用来存储逻辑运算的结果，下面的 8 位用来存储中间运算结果。应该注意到，在 S7－200 系统中，对于不同的指令，系统将自动对其执行堆栈操作，以暂存某些数据以备后用，或从栈顶弹出数据以供操作。

例如，执行 LD 指令时，系统自动将指令指定的位地址中的二进制数据压入栈顶，以备后续指令(如逻辑与、输出等指令)使用。

例如，执行 A 指令时，将指令指定的位地址中的二进制数和栈顶中的二进制数(自动弹出后)相“与”，结果自动压入栈顶。

例如，执行输出指令“＝”时，系统自动将栈顶值复制到对应的映像寄存器。

例如：执行 OLD 指令时，首先对栈顶第 1 层存放的逻辑块结果(S1)和第 2 层存放的另一逻辑块结果(S0)弹出进行逻辑块或操作，其结果 S2 存入栈顶，栈的深度减 1，堆栈操作如图 4－11 所示。

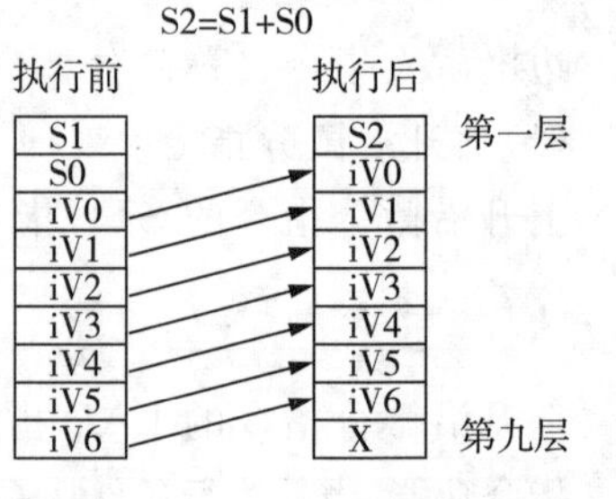

图 4－11　OLD 指令对堆栈的影响

(2)堆栈操作指令

堆栈操作指令包含 LPS、LRD、LPP、LDS。

各命令功能描述如下：

① 逻辑入栈指令(分支电路开始指令)LPS(Logic Push)

在梯形图中，该指令就是生成一条新的母线，该母线的左侧为原来的主逻辑块，右侧为新生成的从逻辑块。

② 逻辑读栈指令 LRD(Logic Read)

在梯形图中，当新母线生成后，LPS 开始右侧第一个从逻辑块的编程，LRD 则开始右边第二个及其后的从逻辑块的编程。该母线的左侧为原来的主逻辑块，右侧为新生成的逻辑块。

③ 逻辑出栈指令(分支电路结束指令)LPP(Logic Pop)

在梯形图中，该指令用于新母线右侧最后一个从逻辑块的编程。

④ 装入堆栈指令 LDS(Load Stack)

该指令复制堆栈中第 n(n 为 1～8)层的值到栈顶，栈中原来的数据依次向下一层推移，栈底推出丢失。

指令格式：

```
LDS   n      //n=(1～8)
```

注意：

- LPS、LPP 指令必须成对出现。
- LPS、LPP、LRD 无操作数。

例 4 - 1　利用堆栈指令建立多级从逻辑块，如图 4 - 12 所示。

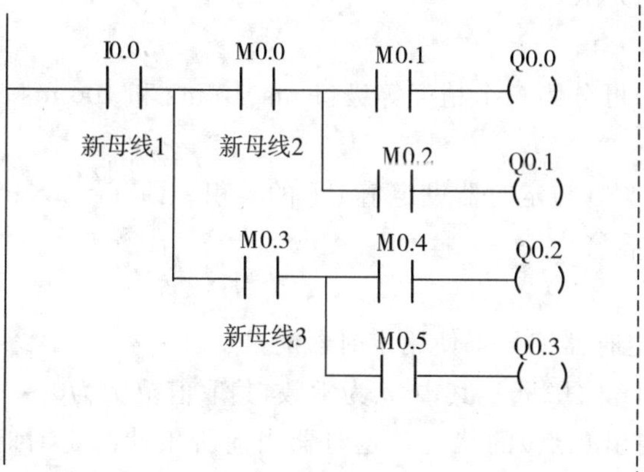

(a) 梯形图

```
LD I0.0
LPS          // 升成新母线 1
A  M0.0
LPS          // 新母线 2
A  M0.1
=  Q0.0
LPP          // 母线 2 右侧最后的从逻辑块
A  M0.2
=  Q0.1
LPP          // 母线 1 右侧最后的从逻辑块
A  M0.3
LPS          // 新母线 3
A  M0.4
=  Q0.02
LPP          // 母线 3 右侧最后的从逻辑块
A  M0.5
=  Q0.3
```

(b) 语句表

图 4 - 12　堆栈操作指令梯形图及语句表示例

10. 取反指令和空操作指令

(1)取反指令

NOT：取反指令，其功能为将其左边的逻辑运算结果取反，指令本身没有操作数。

取反指令的梯形图及语句表示例，如图 4 - 13 所示。

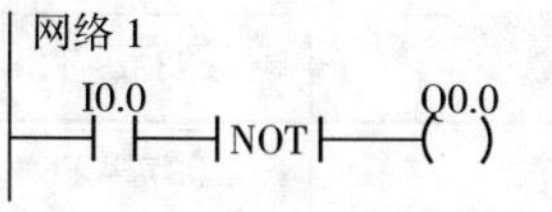


```
LD     I0.0
NOT              //对I0.0的状态取反
=      Q0.0
```

图 4 - 13　取反指令梯形图及语句表示例

(2)空操作指令

NOP:空操作指令,不影响程序的执行。

空操作指令的 STL 指令格式如下:

NOP N //N 为 0～255,为执行空操作的次数

4.3 定时器指令

4.3.1 定时器基本概念及编号

定时器是 PLC 常用的编程元件之一。在 PLC 系统中,定时器主要用于:在满足一定的输入控制条件后,从当前值按一定的时间单位进行增加操作,直至定时器的当前值达到由程序设定的定时值时,定时器位发生动作,以满足定时位控的需要。

1. 定时器种类

S7-200 系列 PLC 提供了三种类型的定时器,即通电延时定时器(TON)、断电延时定时器(TOF)和保持型通电延时定时器(TONR)。

2. 定时器分辨率

S7-200 系列 PLC 定时器分辨率(S)可分为三个精度等级:1 ms、10 ms 和 100 ms。

3. 定时时间

定时器定时时间 T 为定时器的分辨率 S 与定时器设定值 PT 的乘积。即 T=S×PT 其中,设定值 PT 为 INT 型,一般可设为常数。

4. 定时器类别编号

在 S7-200 系列 PLC 中,是通过对定时器编号来使用定时器的。

定时器的编号格式为 T*n*,例如 T0,T33,T255。其中,*n* 为常数,其取值范围为0～255。

定时器编号可提供用户定时器位(输出触点)的状态及定时器当前所累计的定时时间。定时器类别及编号见表 4-8。

表 4-8 定时器类别及编号

类型	分辨率(ms)	最大定时值(s)	编号
保持型通电延时定时器 TONR	1	32.767	T0,T64
	10	327.67	T1～T4,T65～T68
	100	3276.7	T5～T31,T69～T95
通电/断电延时定时器 TON/TOF	1	32.767	T32,T96
	10	327.67	T33～T36,T97～T100
	100	3276.7	T37～T63,T101～T255

4.3.2　接通延时定时器 TON(On-Delay Timer)

接通延时型定时器(TON)用于通电后单一时间间隔的计时。

指令格式如下：

TON——接通延时定时器指令助记符；

Tn——定时器编号；

IN——定时器定时输入控制端；

PT——定时器定时设定值输入端。

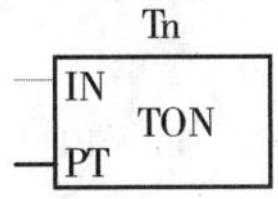

LAD指令

```
TON   Tn,  PT
```

STL指令

输入端(IN)接通时,定时器位为 OFF,定时器开始从当前值 0(加 1)开始计时,当前值大于或等于设定值时(PT 为 1～32767),定时器位变为 ON,定时器对应的常开触点闭合,长闭触点断开。达到设定值后,当前值仍继续计数,直到最大值 32767 为止。输入端断开时,定时器复位,即当前值被清零,定时器位为 OFF。

例 4－2　接通延时型定时器梯形图、语句表指令示例如图 4－14 所示,时序图如图 4－15 所示。

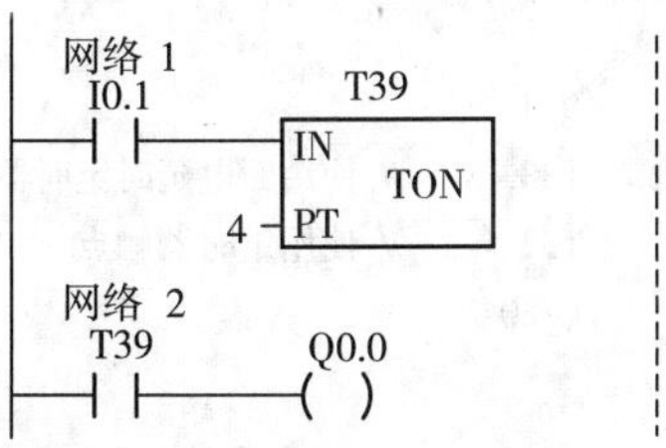

LAD指令

```
LD     I0.1
TON    T39, 4     // 使用接通延时定时器
LD     T39        // 使用定时器触点
=      Q0.0
```

STL指令

图 4－14　通电延时定时器指令梯形图及语句表示例

本例中,由表 4－8 可知编号 T39 为接通延时型定时器,其分辨率 S＝100 ms,指令中设定值 PT＝4,定时时间 T＝100 ms×4＝400 ms,其工作过程如下：

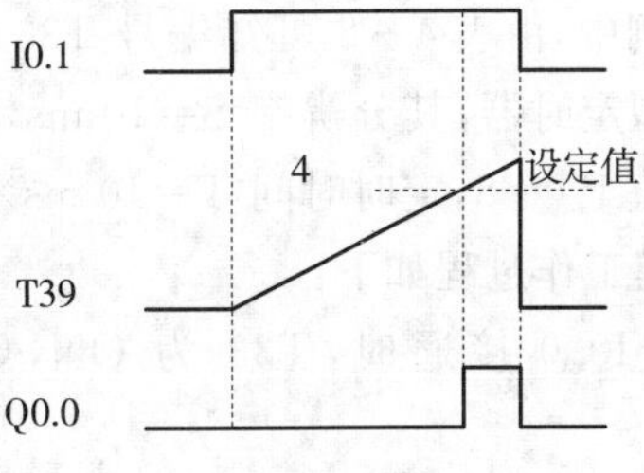

图 4－15　通电延时定时器指令时序图

(1)I0.1 接通时,T39 开始从当前值 0 开始(加 1)计时；

(2)当前值大于或等于设定值(PT＝4)时,T39 常开位触点闭合,Q0.0 为 ON；

(3)当前值达到设定值 4 后,当前值仍继续计数,直到最大值 32767 为止；

(4)I0.1 断开时,定时器 T39 复位,即当前值被清零,定时器位为 OFF,Q0.0 失电。

4.3.3 断开延时定时器 TOF(Off-Delay Timer)

断开电延时定时器(TOF)用于断电后的单一时间间隔计时。

指令格式如下:

TOF——断开延时定时器指令助记符;

Tn——定时器编号;

IN——定时器定时输入控制端;

PT——定时器定时设定值输入端。

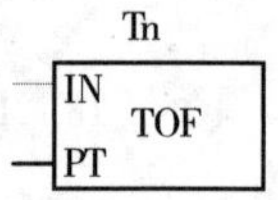


```
TOF   Tn,  PT
```

LAD指令　　　　STL指令

输入端(IN)接通时,定时器位为 ON,当前值为 0;当输入端由接通到断开时,定时器从当前值 0(加 1)开始计时,定时器位仍为 ON,只有在当前值等于设定值(PT)时,输出位变为 OFF,当前值保持不变,停止计时。

定时器可用复位指令 R 复位,复位后定时器位为 OFF,当前值为零。

例 4-3 断开延时型定时器梯形图、语句表指令示例如图 4-16 所示,时序图如图 4-17 所示。

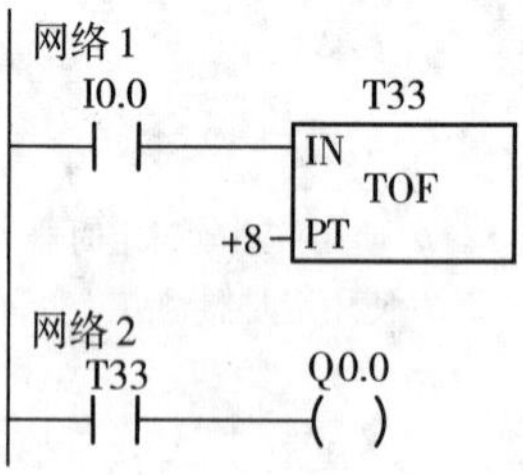


```
LD    I0.1
TOF   T33,+8    // 使用断电延时定时器
LD    T33       // 使用定时器触点
=     Q0.0
```

LAD指令　　　　STL指令

图 4-16 断开延时定时器梯形图及语句表示例

本例中,由表 4-8 可知编号 T33 为断开延时型定时器,其分辨率 S=10 ms,指令中设定值 PT=8,定时时间 T=10 ms×8=80 ms,其工作过程如下:

(1) I0.0 接通时,T33 为 ON,Q0.0 为 ON;

(2) I0.0 断开时,T33 仍为 ON 并开始从当前值 0 开始(加 1)计时;

(3)当前值等于设定值(PT=8)时,当

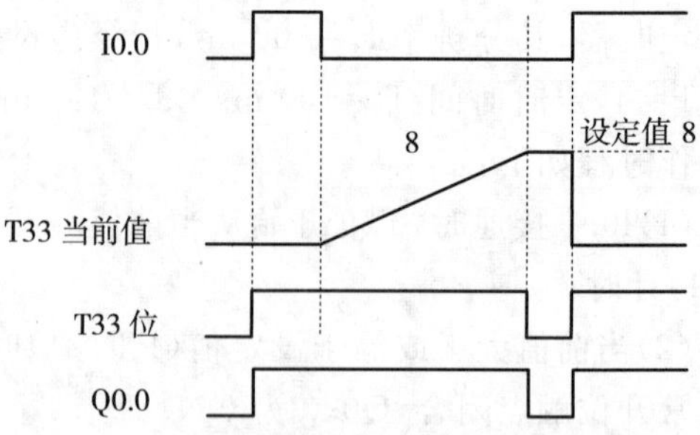

图 4-17 断开延时定时器示例工作时序

前值保持，T33 变为 OFF，常开位触点断开，Q0.0 为 OFF；

（4）I0.1 再次接通时，当前值复位清零，定时器位为 ON。

4.3.4　保持型接通延时定时器 TONR(Retentive On-Delay Timer)

保持型接通延时定时器 TONR 用于对许多间隔的累计定时，具有记忆功能。

指令格式如下：

TONR——保持型接通延时定时器指令助记符；

Tn——定时器编号；

IN——定时器定时输入控制端；

PT——定时器定时设定值输入端。

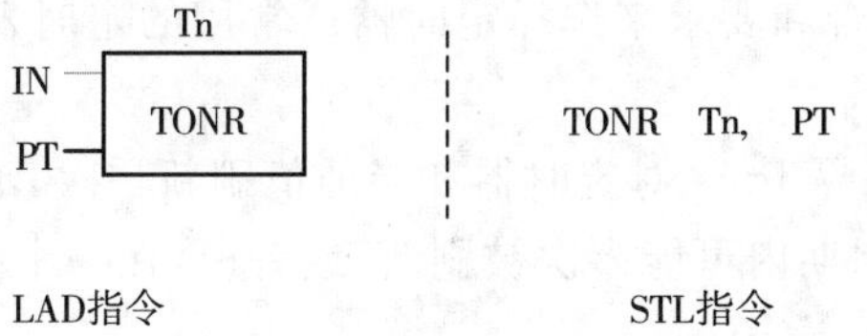

当输入端(IN)接通时，定时器当前值从 0 开始(加 1)计时，当输入 IN 无效时，当前值保持；IN 再次有效时，当前值在原保持值基础上继续计数；当累计当前值大于或等于设定值(PT)时，定时器位置 ON。

TONR 定时器可用复位指令 R 复位，复位后定时器位为 OFF，当前值清零。

例 4－4　保持型接通延时定时器梯形图、语句表指令示例如图 4－18 所示，时序图如图 4－19 所示。

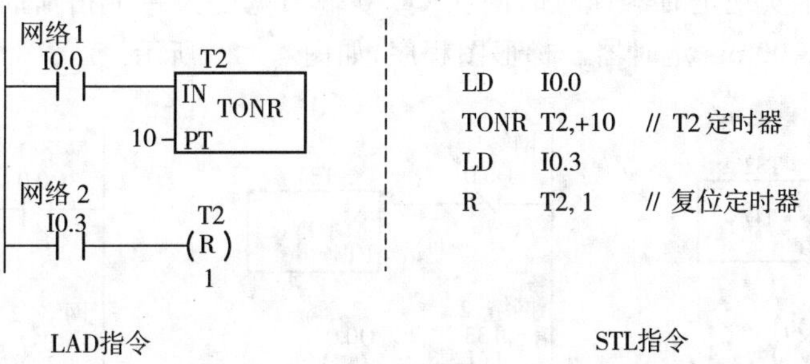

图 4－18　保持型接通延时定时器梯形图及语句表示例

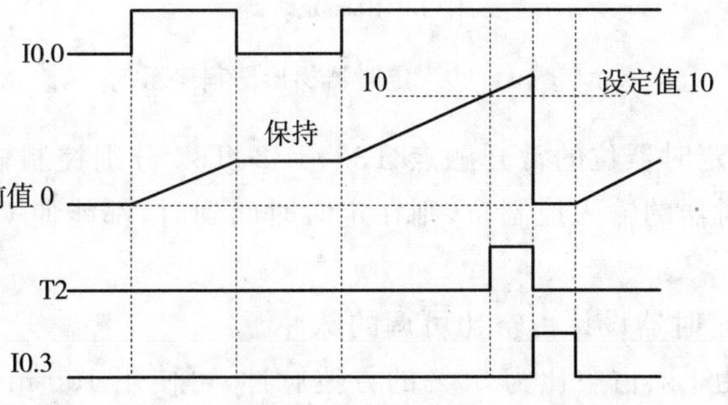

图 4－19　保持型接通延时定时器工作时序图

本例中，由表 4－8 可知编号 T2 为保持型接通延时型定时器，其分辨率 S＝10 ms，指令中设定值 PT＝10，定时时间 T＝10 ms×10＝100 ms，其工作过程如下：

(1)0.0 接通后，T33 开始从当前值 0 开始(加 1)计时；

(2)I0.0 断开后，T33 当前值保持不变；

(3)I0.0 再次接通，T33 继续计时，直至当前值大于或等于设定值(PT＝10)时，T2 为 ON。

(4)当 I0.3 接通时，执行 T2 复位指令，即当前值被清零，定时器位为 OFF。

4.3.5 定时器当前值刷新方式

在 S7－200 PLC 的定时器中，由于定时器的分辨率不同，其刷新方式是不同的，在使用时一定要注意根据使用场合和要求来选择定时器。常用的定时器的刷新时间间隔有 1 ms、10 ms、100 ms 三种。

1 ms 定时器由系统每隔 1 ms 对定时器和当前值刷新一次，不与扫描周期同步。扫描周期较长时，定时器在一个周期内可能多次被刷新，或者说，在一个扫描周期内，其定时器位及当前值可能要发生变化。

10 ms 定时器执行定时器指令时开始定时，在每一个扫描周期开始时刷新，每个扫描周期只刷新一次。在一个扫描周期内定时器位和定时器的当前值保持不变。

100 ms 定时器在执行定时器指令时，才对定时器的当前值进行刷新。因此，如果启动了 100 ms 定时器，但是没有在每一个扫描周期都执行定时器指令，将会造成时间的失准。如果在一个扫描周期内多次执行同一个 100 ms 定时器指令，将会多计时间。所以，应保证每一扫描周期内同一条 100 ms 定时器指令只执行一次。

例 4－5 为了实现定时器计时时间在 Q0.0 输出宽度为一个扫描周期的脉冲，则分别使用 1 ms、10 ms、100 ms 定时器。梯形图程序，如图 4－20 所示。

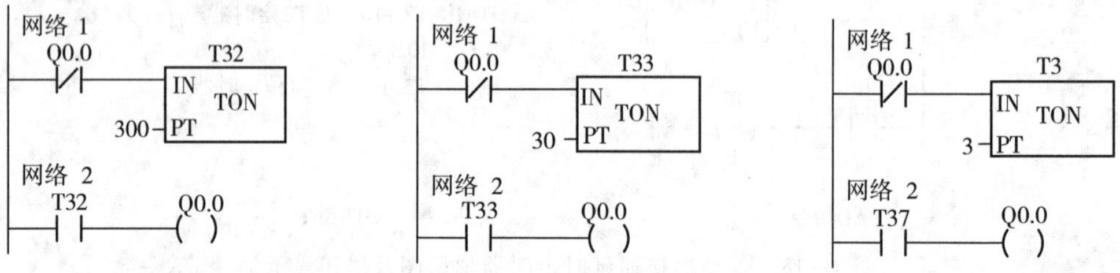

(a) 1 ms定时器　(b) 10 ms定时器　(c) 100 ms定时器

图 4－20　定时器梯形图程序示例

本例中，使用了定时器位的常开触点 T32、T33、T37 分别控制输出位 Q0.0，并将 Q0.0 的常闭触点作为定时器的输入控制位，则在定时时间到时，都能使 Q0.0 输出宽度为一个扫描周期的脉冲。

例 4－6 使用定时器设计占空比可调的脉冲源。

设计一周期约为 1 s、占空比为 50%的方波脉冲，可使用 100 ms 接通延时定时器 2 个，梯形图程序如图 4－21 所示。

该程序使用分辨率为 100 ms 的定时器 T37、T38，其工作过程如下：

(1)I0.1 为 ON 时，T37 启动开始计时，T37 状态为 OFF。当 T37 的当前值等于设定值 PT(500 ms)时，T37 状态变为 ON，T37 常开触点闭合，T38 被启动开始计时，同时 Q1.0 输出 1。

(2)T38 的当前值等于设定值 PT(500 ms)，T38 状态即变为 ON，T38 常闭触点断开，使 T37 复位为 0，T37 常开触点释放，使 T38 瞬时复位为 0，同时 Q1.0 输出 0。

(3)T38 的复位使 T38 常闭触点闭合，T37 又重新启动，开始下一个运行周期。

(4)如此周而复始，T37 状态位脉冲信号控制 Q1.0 输出周期为 1s 的方波。

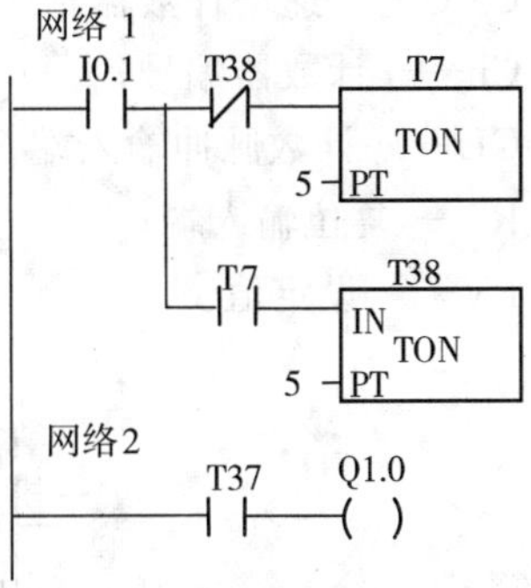

图 4－21　利用定时器输出脉冲梯形图程序

4.4　计数器指令

4.4.1　计数器基本概念及编号

在 PLC 系统中，计数器主要用于对计数脉冲个数的累计。当计数器所累计脉冲的个数(当前值)等于计数设定值时，计数器位发生动作(由 OFF 变为 ON)，以满足计数控制的需要。

1. 计数器种类

S7－200 PLC 提供了三种类型的计数器，即递增计数器 CTU、递减计数器 CTD、增减计数器 CTUD。

2. 计数器编号

在 S7－200 PLC 中，是通过对计数器的编号来使用计数器的。

计数器的编号格式为 C*n*(*n* 为常数)，如 C50。其中常数 *n* 的取值范围为 0～255。

计数器编号在程序中可作为计数器位(输出触点)的状态及计数器当前所累计的计数脉冲个数，其最大计数值为 32767。

注意：不同类型计数器不能共用同一计数器编号。

3. 计数器设定值

计数器设定值为 INT 型，寻址范围为 VW、IW、QW、MW、SW、SMW、LW、AIW、T、C、AC、＊VD、＊AC、＊LD 和常数，一般可设为常数。

4.4.2　递增计数器 CTU(Count Up)

递增计数器指令格式如下：

CTU——递增计数器指令助记符；

Cn——计数器编号；

CU——计数脉冲输入端；

R——复位输入端；

PV——设定值。

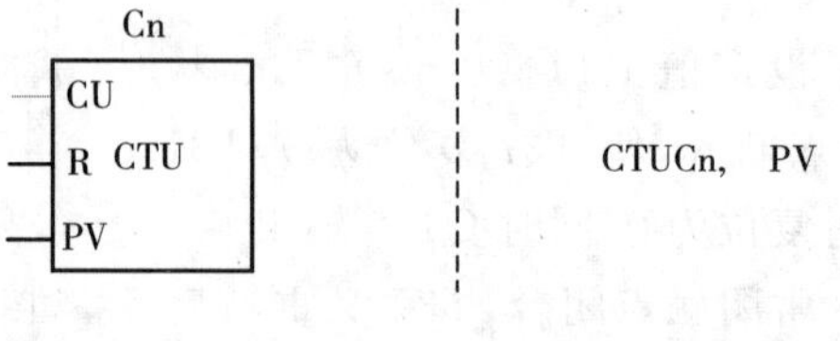

LAD指令　　　　STL指令

当复位输入(R)无效时，计数器开始对计数脉冲输入(CU)的上升沿进行加 1 计数，若计数当前值大于或等于设定值(PV)时，计数器位被置 ON，计数器继续计数直到 32767；当复位输入(R)有效时，计数器复位，计数器位变为 OFF，当前值清零。

例 4－7　递增计数器梯形图、语句表指令示例如图 4－22 所示，时序图如图 4－23 所示。

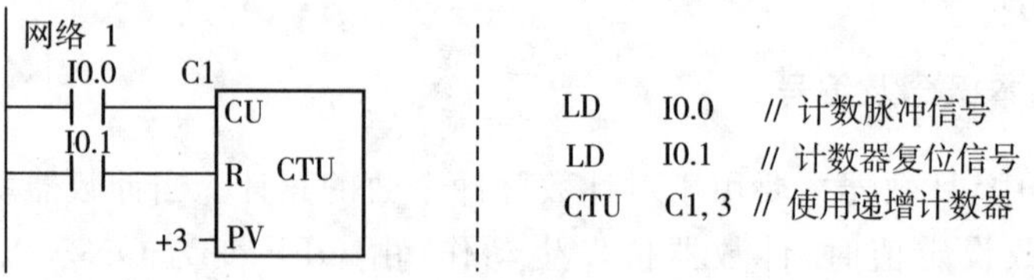

LAD指令　　　　STL指令

图 4－22　递增计数器梯形图及语句表示例

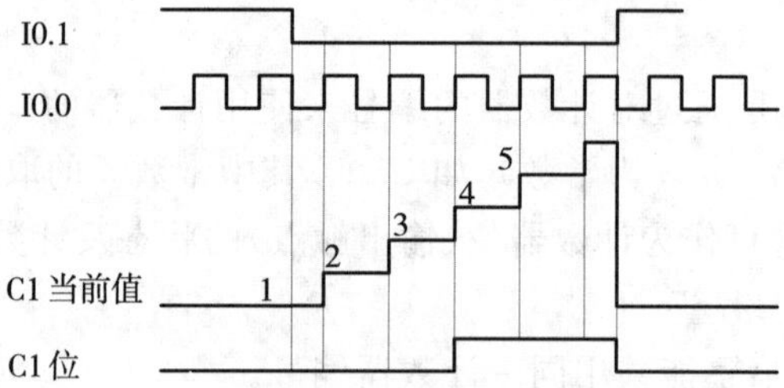

图 4－23　递增计数器时序图

本例中，由编号 C1 知其为递增计数器，指令中设定值 PV 为 3，其工作过程如下：

(1)当复位输入控制端 I0.1 接通为 ON 时，计数器复位，计数器位 C1 变为 OFF，C1 当前值清零；

(2)当复位输入(R)无效，即 I0.1 断开为 OFF 时，在计数脉冲输入端 I0.0 接通的上升沿，C1 开始从当前值(0)开始(加 1)计数；

(3)当前值等于 PV 时,计数器位 C1 由 OFF 变为 ON,计数器继续计数;

(4)当 I0.1 再次接通,C1 复位,即计数器位为 OFF,当前值被清零。

4.4.3　递减计数器 CTD(Count Down)

递减计数器指令格式如下:

CTD——递减计数器指令助记符;

Cn——计数器编号;

CD——减计数脉冲输入端;

LD——复位脉冲输入端;

PV——设定值。

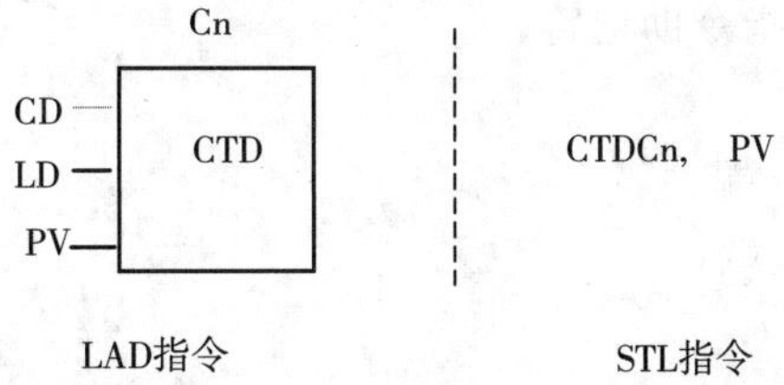

当复位端 LD 无效时,计数器对减计数脉冲输入端(CD)的上升沿从当前值开始减 1 计数,减到 0 时,停止计数,计数器位被置 ON。复位输入(LD)为 ON 时,计数器复位,计数器当前值被置为设定值 PV,计数器位为 OFF。

例 4－8　递减计数器梯形图、语句表指令示例如图 4－24 所示,时序图如图 4－25 所示。

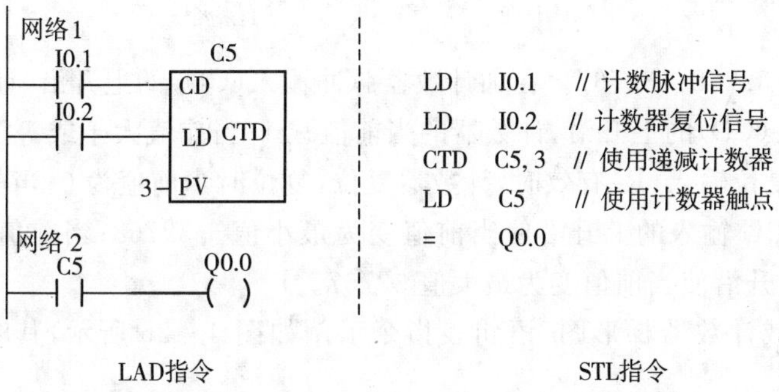

图 4－24　递减计数器梯形图及语句表示例

本例中,由编号 C5 知其为递增计数器,指令中设定值 PV 为 3,其工作过程如下:

(1)当复位输入控制信号 I0.2 接通为 ON 时,计数器复位,计数器位 C5 变为 OFF,C5 当前值被置为设定值 3;

(2)当复位输入(LD)无效,即 I0.2 断开为 OFF 时,在计数脉冲输入端 I0.1 接通的上升沿,C1 开始从当前值开始(减 1)计数;

(3)当前值等于 0 时,计数器位 C5 由 OFF 变为 ON,其 C5 常开触点闭合,Q0.0 为 1;

(4)当 I0.2 再次接通,C5 复位,即计数器位为 OFF,当前值被置为设定值 3。

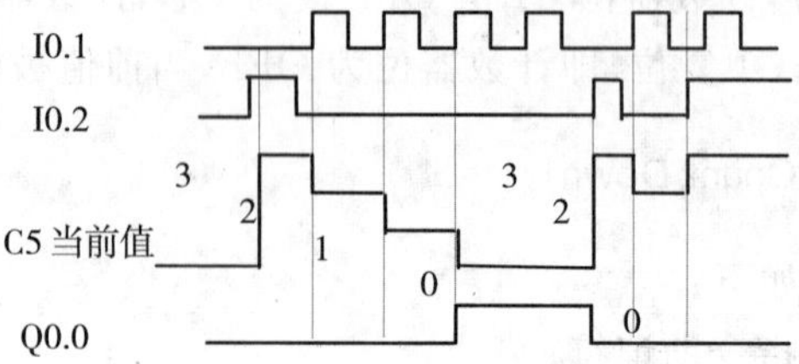

图 4-25　递减计数器时序图

4.4.4　增减计数器 CTUD(Count Up/Down)

指令格式如下：

CTUD——增减计数器指令助记符；

Cn——计数器编号；

CU——加计数脉冲输入端；

CD——减计数脉冲输入端；

R——复位输入端；

PV——设定值。

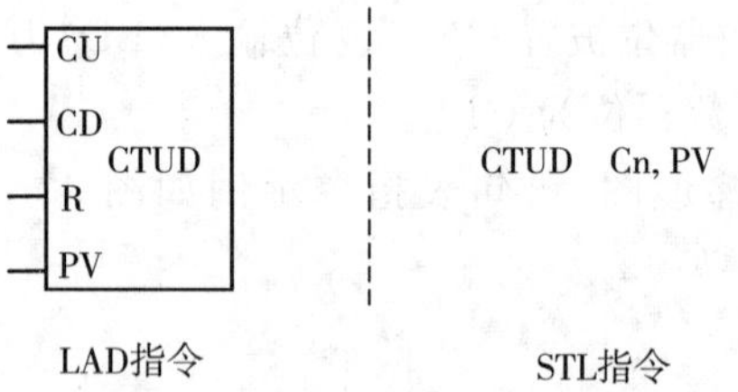

计数范围为－32768～32767。在加计数器脉冲输入(CU)的上升沿，计数器当前值加 1；在减计数脉冲输入(CD)的上升沿，计数器的当前值减 1；当前值大于或等于设定值(PV)时，计数器置位 ON；复位输入(R)有效时，计数器复位，复位时当前值为 0；当前值 PV 为最大值 32767 时，下一个 CU 输入的上升沿使当前值变为最小值－32768；当前值为－32768 时，下一个 CD 输入的上升沿使当前值变为最大值 32767。

例 4-9　增减计数器梯形图、语句表指令示例如图 4-26 所示，其时序图如图 4-27 所示。

本例中，由编号 C50 知其为增减计数器，指令中设定值 PV 为 4，其工作过程如下：

(1)当复位输入(R)无效，即 I0.2 断开为 OFF 时，在加计数脉冲输入端 I0.1 接通的上升沿，C50 开始从当前值(0)开始(加 1)计数；

(2)当前值等于设定值 4 时，计数器位 C50 由 OFF 变为 ON，其 C50 常开触点闭合，线圈 Q1.0 通电，计数器继续计数，C50 保持 ON 状态；

(3)在减计数脉冲输入端 I0.1 接通的上升沿，C50 开始从当前值(5)开始(减 1)计数，当前值小于设定值 4 时，计数器位 C50 由 ON 变为 OFF，其 C50 常开触点断开，线圈 Q1.0 失电；

(4)当 I0.2 接通,C50 复位,即计数器位为 OFF,当前值清零。

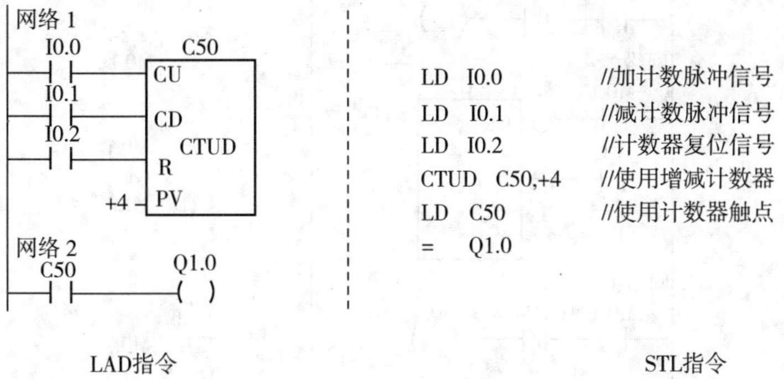

图 4 - 26　增减计数器梯形图及语句表示例

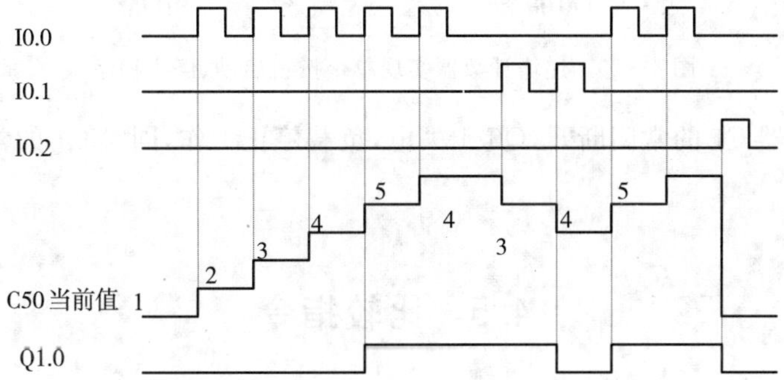

图 4 - 27　增减计数器时序图

例 4 - 10　利用递增计数器实现单个按钮启动、停止功能,其 PLC 连接原理图如图 4 - 28 所示;梯形图、语句表指令如图 4 - 29 所示。

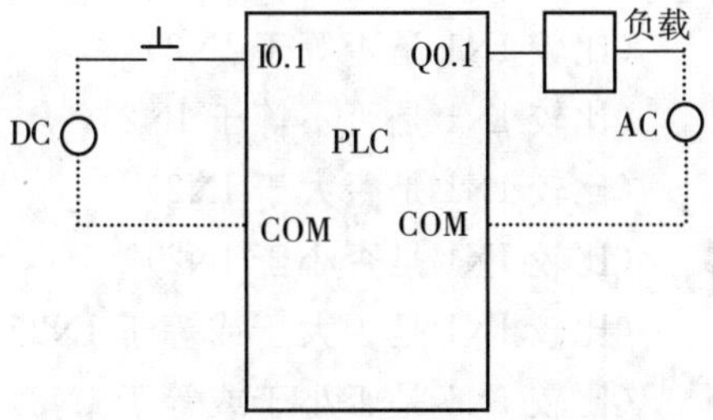

图 4 - 28　单个按钮启动、停止连接图

本例中,由编号 C1 知其为递增计数器,指令中设定值 PV 为 2,其工作过程如下:

(1)当控制按钮按下 I0.1 接通为 ON 时,Q0.1 产生通电(ON)脉冲,该脉冲使其常开触点闭合,一方面置 Q0.1 通电(ON)且自锁,启动负载工作,另一方面作为计数器的计数输入控制信号,使计数器计 1;

(2)当再次按下控制按钮时,M0.1 再次产生通电(ON)脉冲,计数器计数为 2,达到计数

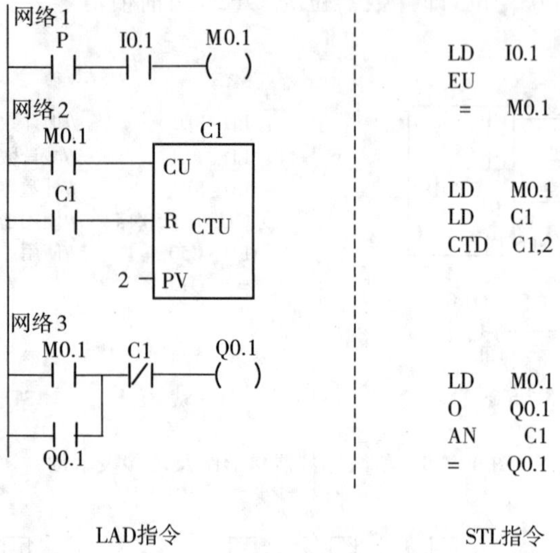

图 4-29　递增计数器实现单个按钮启动、停止程序

器设定值 2，计数器 C1 的常闭断开，Q0.1 失电，负载停止工作，同时 C1 的常开位闭合，使计数器复位。

4.5　比较指令

4.5.1　比较指令运算符

比较指令用来比较两个数 IN1 和 IN2 的大小。在梯形图中，满足比较关系式给出的条件时，触点接通。

比较运算符有：＝　　(比较 IN1 是否等于 IN2)
＜＞　(比较 IN1 是否不等于 IN2)
＞　　(比较 IN1 是否大于 IN2)
＜　　(比较 IN1 是否小于 IN2)
＞＝　(比较 IN1 是否大于或等于 IN2)
＜＝　(比较 IN1 是否小于或等于 IN2)

4.5.2　比较数据类型

在比较指令应用时，被比较的两个数的数据类型要相同，数据类型可以是字节、整数、双整数或浮点数(即实数)。

字节比较指令用来比较两个字节(无符号)的大小，指令助记符中用 B 表示字节；整数比较指令用来比较两个整数字的大小，LAD 指令助记符中用 I 表示整数，STL 指令助记符中用 W 表示整数；双整数比较指令用来比较两个双字的大小，指令助记符中用 D 表示双整数；

实数比较指令用来比较两个实数的大小，指令助记符中用 R 表示实数。

有符号整数比较的数据范围为：

16＃8000～16＃7FFF

有符号双字比较的数据范围为：

16＃80000000～16＃7FFFFFF

实数(32 位浮点数)比较的数据范围：

负实数为－1.175495E－38～－3.402823E＋38

正实数为＋1.175495E－38～＋3.402823E＋38

4.5.3　比较指令格式

比较指令是通过取指令 LD、逻辑与指令 A、逻辑或指令 O 操作码分别加上数据类型符号 B、I(W)、D、R 进行组合实现编程的。

表 4-9 列出的是两实数大于或等于比较指令的一般格式。

表 4-9　比较指令格式

LAD	STL	功能
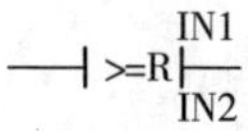	LDR＞＝ IN1,IN2	实现操作数 IN1 和 IN2(实数)的比较，当 IN1 大于或等于 IN2 时，该比较指令触点接通

(1)字节比较 STL 指令格式：

LDB＝ IN1,IN2　　//字节比较相等输入指令(该触点直接与左母线连接)；

AB ＝ IN1,IN2　　//字节比较相等逻辑与指令(该触点串联实现逻辑与)；

OB＝IN1,IN2　　//字节比较相等或指令(该触点并联实现逻辑或)。

字节比较 LAD 指令格式：

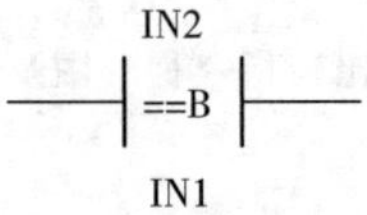

(2)整数比较 STL 指令格式：

LDW＜＝IN1,IN2　　//整数比较小于或等于输入指令；

AW＜＝IN1,IN2　　//整数比较小于或等于逻辑与指令；

OW＜＝IN1,IN2　　//整数比较小于或等于逻辑或指令。

整数比较 LAD 指令格式：

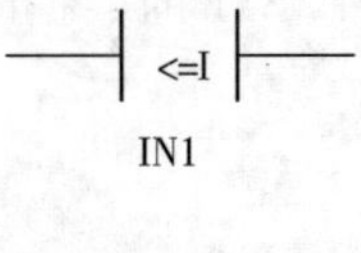

(3)双整数比较 STL 指令格式：

LDD<>IN1,IN2　　　　//整数比较不等于输入指令；

AD<>IN1,IN2　　　　//整数比较不等于逻辑与指令；

OD<>IN1,IN2　　　　//整数比较不等于逻辑或指令。

双整数比较 LAD 指令格式：

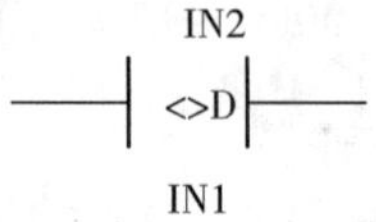

(4)实数比较 STL 指令格式：

LDR=IN1,IN2　　　　//实数比较相等输入指令；

AR=IN1,IN2　　　　//实数比较相等逻辑与指令；

OR=IN1,IN2　　　　//实数比较相等逻辑或指令。

实数比较 LAD 指令格式：

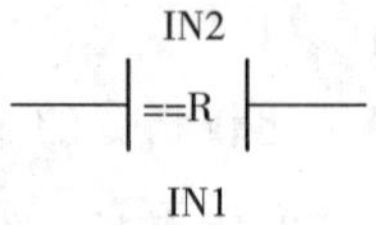

例 4-11 比较指令梯形图、语句表示例，如图 4-30 所示。

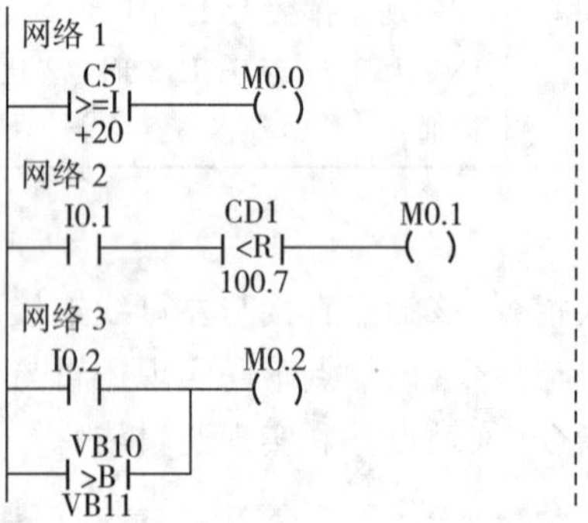


```
LDW>=   C5,+20        //整数比较
=       M0.0
LD      I0.1
AR<     VD1,100.7     //实数比较
=       M0.1
LD      I0.2
OB>     VB10,VB11     //字节比较
=       M0.2
```

图 4-30　比较指令梯形图及语句表示例

本例工作过程如下。

网络 1：整数比较取指令。IN1 为计数器 C5 的当前值，IN2 为常数 20，当 C5 的当前值大于或等于 20 时，比较指令触点闭合，M0.0 为 1。

网络 2：实数比较逻辑与指令。IN1 为双字存储单元 VD1 的数据，IN2 为常数 100.7，当 VD1 小于 100.7 时，比较指令触点闭合，该触点和 I0.1 逻辑与，置 M0.1 为 1。

网络 3：字节比较逻辑或指令。IN1 为字节存储单元 VB10 的数据，IN2 为字节存储单元 VB11 的数据，当 VB10 的数据大于 VB11 的数据时，比较指令触点闭合，该触点和 I0.2 逻辑或，置 M0.2 为 1。

4.6　程序控制指令

本章前面所介绍的指令可以实现简单顺序控制逻辑功能的编程，但对于一些较复杂的程序，如程序转移、循环执行等，则需要使用程序控制指令。程序控制指令不仅可以控制程序的流程，而且可以用来优化程序结构，提供编程效率。程序控制指令包括跳转、循环、看门狗、停止、结束及子程序调用等指令。

4.6.1　跳转指令

跳转指令又称转移指令，程序中使用跳转指令可以根据对不同条件的判断，选择不同的程序段执行程序。

跳转指令由跳转指令 JMP 和标号指令 LBL 组成，JMP 指令在梯形图中以线圈形式编程。

跳转指令格式：

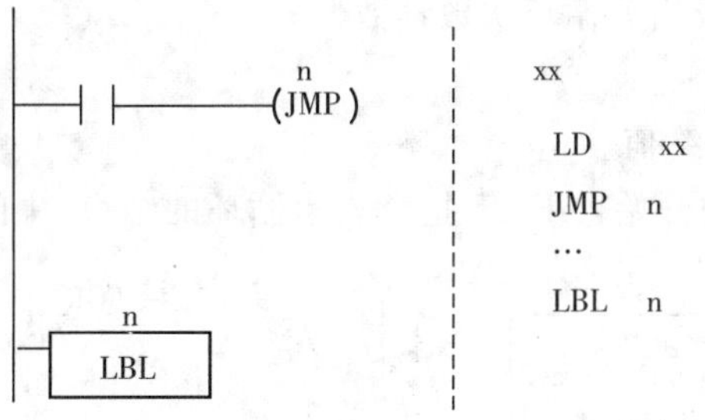

LAD指令　　STL指令

功能：当控制条件满足时，执行跳转指令 JMP n，程序转移到标号 n 指定的目的位置执行，该位置由标号指令 LBL n 确定。n 的取值范围为 0～255。

使用跳转指令时注意：

(1)JMP 指令和 LBL 指令必须在同一程序段中，如同一主程序、子程序或中断程序等，即不能从一个程序段跳到另一个程序段；

(2)执行跳转指令后，在 JMP 和 LBL 之间程序段中的计数器停止计数，其计数值及计数器位状态不变；

(3)执行跳转指令后，在 JMP 和 LBL 之间程序段中的输出 Q、位存储器 M 及顺序控制继电器 S 的状态不变；

(4)执行跳转指令后，在 JMP 和 LBL 之间程序段中，分辨率为 1 ms、10 ms 的定时器，保持原来的工作状态及功能，分辨率为 100 ms 的定时器则停止工作，当前值保持在跳转时的值不变。

例 4－12　跳转指令梯形图、语句表示例，如图 4－31 所示。

本例中工作过程如下：

(1)当输入端 I0.1 接通时，执行跳转指令 JMP，程序跳过网络 2，转移至标号 6 位置执行；

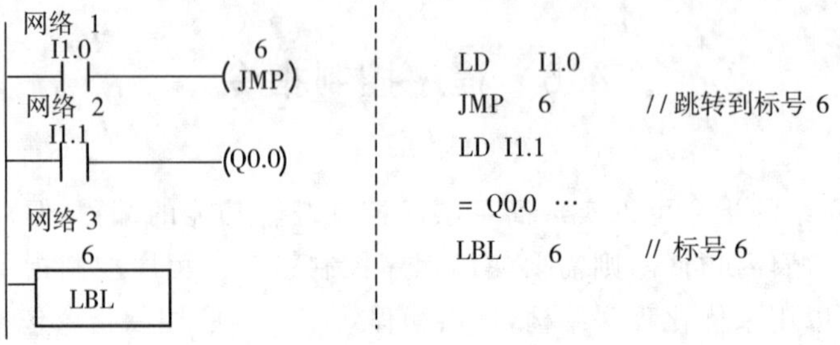

图 4－31　跳转指令梯形图及语句表示例

(2)被跳过的网络 2,其输出 Q0.0 状态保持跳转前的状态不变。

4.6.2　循环指令

在需要反复执行若干次相同功能的程序时,可以使用循环指令,以提高编程效率。

循环指令由循环开始指令 FOR、循环体和循环结束指令 NEXT 组成。

指令格式如下：

EN——循环控制输入端；

INDX——设置指针或当前循环次数计数器；

INIT——计数初始值；

FINAL——循环计数终值。

FOR 指令表示循环的开始,NEXT 指令表示循环的结束,中间为循环体。

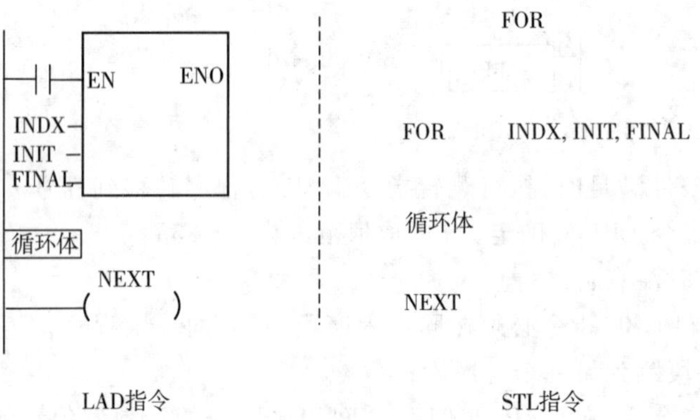

功能:在循环控制输入端有效且逻辑条件 INDX 小于 FINAL 满足时,反复执行 FOR 和 NEXT 之间的循环体程序,每执行一次循环体,INDX 自增加 1,直至当前循环计数器值大于终值时,退出循环。

INDX 操作数为 VW、IW、QW、MW、SW、SMW、LW、T、C、AC、＊VD、＊AC、和＊CD,属 INT 型。

INIT 和 FINAL 操作数除上面外,也可为 INT 常数。

使用循环指令时注意：

(1)FOR 和 NEXT 必须成对出现；

(2)FOR 和 NEXT 可以形成嵌套型循环,嵌套最多为 8 层；

(3)当输入控制端 EN 重新有效时，各参数自动复位。

例 4－13　循环指令梯形图、语句表示例，如图 4－32 所示。

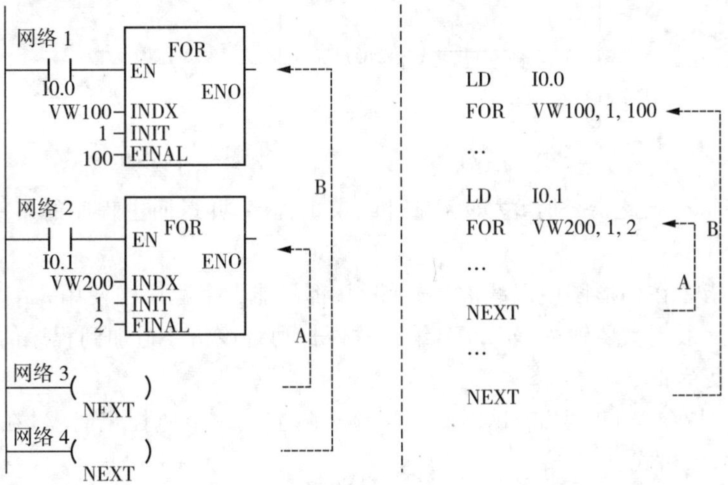

图 4－32　循环指令梯形图及语句表示例

本例中工作过程如下：

(1)网络 1 和网络 4 构成外循环(虚线 B)，其循环体为网络 2 和网络 3；网络 2 和网络 3 为内循环(虚线 A)，故为 2 级循环嵌套；

(2)外循环计数初始值为 1，终值为 100，循环计数器为字变量存储器 VW100。当 I0.0 接通时，其循环体被执行 100 次；

(3)当 I0.0 和 I0.1 同时接通后，外循环每执行一次，内循环执行两次，程序共执行 2×100 次内循环。

4.6.3　停止、结束及看门狗复位指令

1. 停止指令

停止指令 STOP 可使 PLC 从运行模式进入停止模式，立即停止程序的执行。如果在中断程序中执行停止指令，中断程序立即终止，并忽略全部等待执行的中断，继续执行主程序的剩余部分，并在主程序的结束处完成从运行方式至停止方式的转换。

2. 结束指令

结束指令包括两种：条件结束指令 END 和无条件结束指令 MEND。

(1)条件结束指令 END

条件结束指令 END 不能直接连接母线。指令格式：

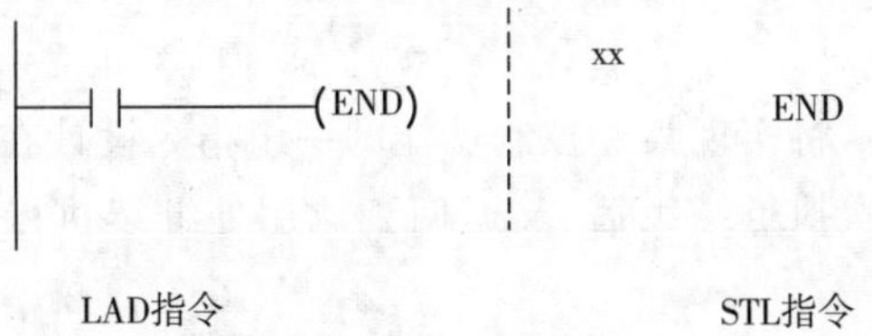

功能：当输入条件 xx 有效时，结束主程序，并返回主程序的第一条指令执行。

(2)无条件结束指令 MEND

无条件结束指令 MEND 直接连接母线。指令格式：

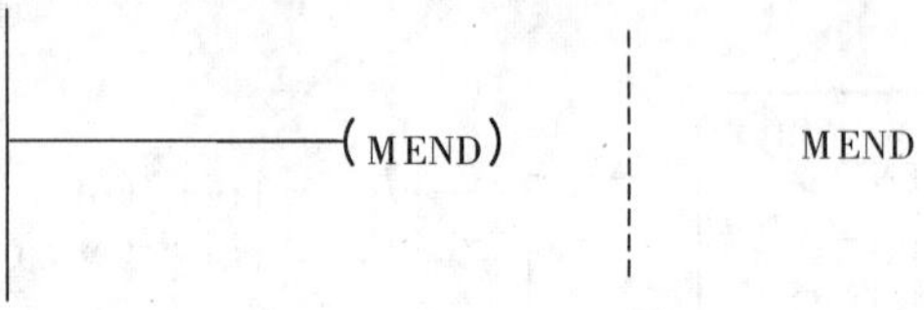

LAD指令　　STL指令

功能：程序执行到此指令时，立即无条件结束主程序，并返回主程序的第一条指令执行。

注意：

① 这两条指令在梯形图中以线圈形式编程，都只能在主程序中使用；

② 编程时一般不需要输入 MEND，编程软件自动将该指令追加到程序的结尾。

3. 看门狗复位指令

看门狗复位指令 WDR(Watch Dog Reset)实际上是一个监控定时器，在梯形图中以线圈形式编程。指令格式：

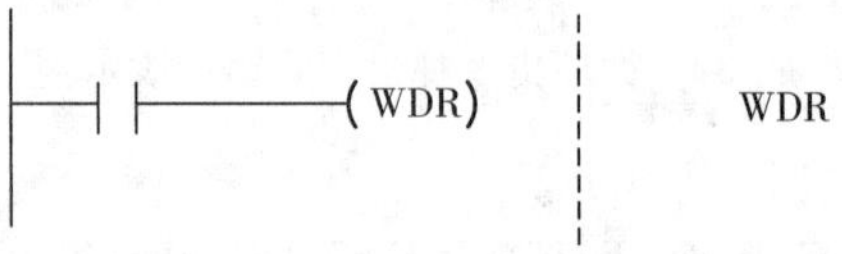

LAD指令　　STL指令

功能：定时时间为 300 ms(由系统设置)。CPU 每次扫描到该指令，则延时 300 ms 后 PLC 被自动复位一次。

WDR 指令执行过程：

(1)如果 PLC 正常工作时扫描周期小于 300 ms，在 WDR 定时器未到定时时间，系统开始下一扫描周期，WDR 定时器不起作用；

(2)如果外界干扰使程序死机或运行时间超过 300 ms，则监控定时器不再被复位，定时时间到后，PLC 将停止运行，重新启动，返回到第一条指令重新执行。

因此，如果希望延长程序的扫描周期，或者在中断事件发生时有可能使程序超过扫描周期时，为了使程序正常执行，应该使用看门狗复位指令来重新触发看门狗定时器。

例 4-14　停止指令、结束指令及看门狗复位指令的示例，如图 4-33 所示。

本例中工作过程如下：

(1)网络 1 为或逻辑使用停止指令；

(2)网络 2 中的 I0.4 接通时，执行条件结束指令，返回主程序的第一条指令执行；

(3)网络 3 中的 M0.1 为 ON 时，执行看门狗指令触发看门狗定时器，延长本次扫描周期。

4.6.4 子程序

在结构化程序设计中，将实现某一控制功能的一组指令设计在一个模块中，该模块可以被随机多次调用执行，每次执行结束后，又返回到调用处继续执行原来的程序，这一模块称为子程序。

S7-200 PLC 的指令系统可以方便、灵活地实现子程序建立、调用和返回操作。

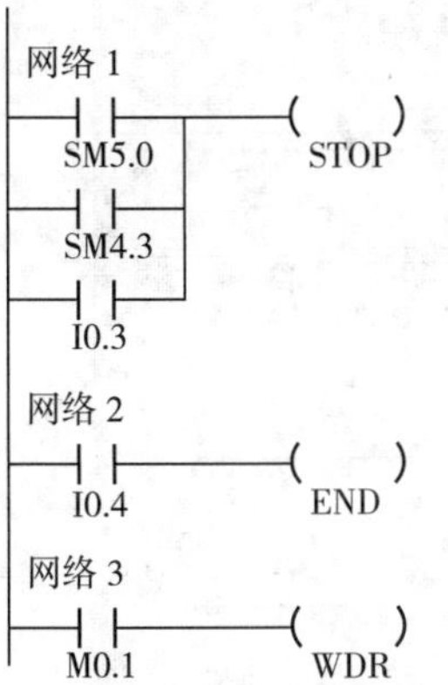


```
LD      SW5.0
O       SM4.3
O       I0.3
STOP                //使用停止指令
LD      I0.4
END                 //使用结束指令
LD      M0.1
WDR                 //使用看门狗指令
```

图 4－33　停止、结束、看门狗指令示例

1. 建立子程序

可以通过 S7－200 编程软件建立子程序。其操作步骤为：

(1)运行编程软件→在“编辑”(Edit)菜单中选择“插入”(Insert)选项→选择“子程序”(Subroutine)，如图 4－34 所示；

(2)在指令树窗口可以看到新建的子程序图标，默认的程序名是 SBR_N，编号 N 从 0 开始按递增顺序生成，可以在图标上直接更改子程序的程序名，如图 4－35 所示；

(3)在指令树窗口双击子程序的图标就可以进入子程序编辑窗口，如图 4－36 所示为子程序 SBR_0 编辑窗口(双击主程序图标 MAIN 可切换到主程序编辑窗口)；

(4)若子程序需要接收(传入)调用程序传递的参数，或者需要输出(传出)参数给调用程序，则子程序可以设参变量，子程序参变量应在编辑子程序梯形图窗口的上方的子程序局部变量表中定义，如图 4－36 所示。

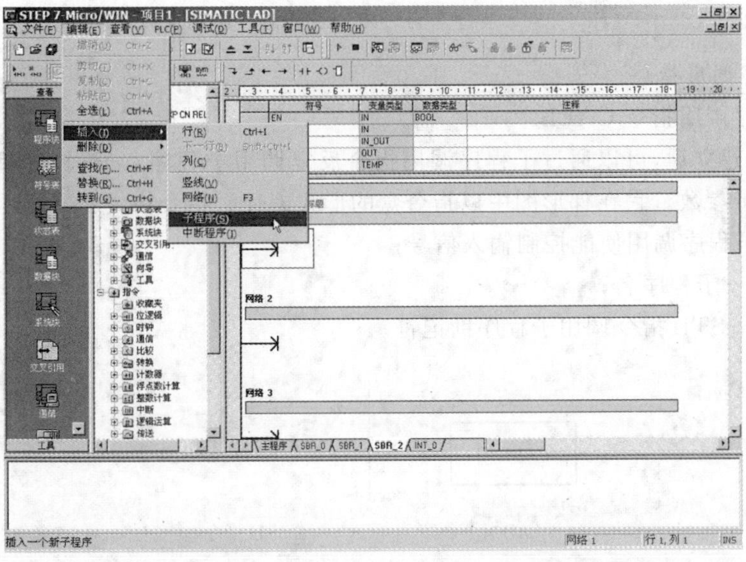

图 4－34　STEP 7－Micro/WIN V4.0 环境下建立子程序

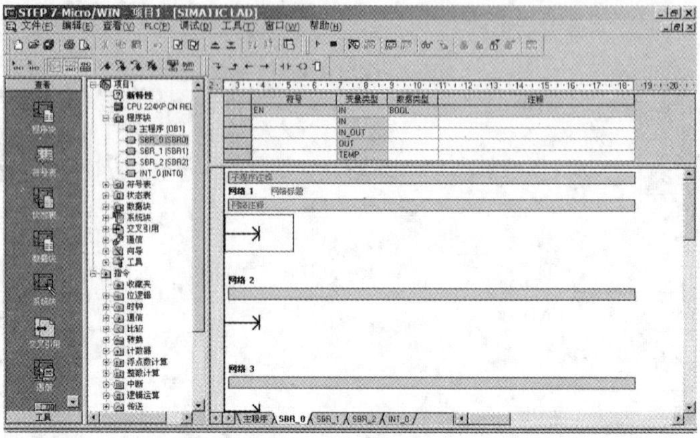

图 4 - 35　在指令树窗口显示新建的子程序图标及默认的程序名 SBR_0

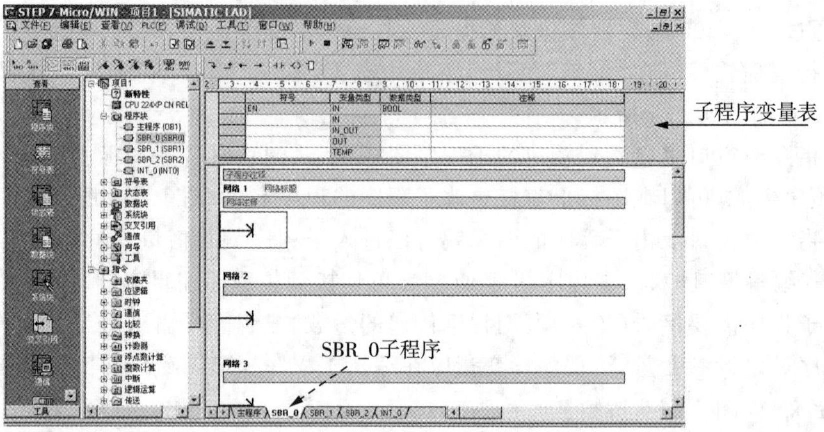

图 4 - 36　程序名为 SBR_0 的子程序编辑窗口

2. 子程序调用指令

(1)子程序调用指令 CALL

在子程序建立后,可以通过子程序调用指令反复调用子程序。子程序的调用可以带参数,也可以不带参数。它在梯形图中以指令盒的形式编程。指令格式:

EN——子程序调用使能控制输入信号;

SBR_0——子程序名;

CALL——STL 指令调用子程序助记符。

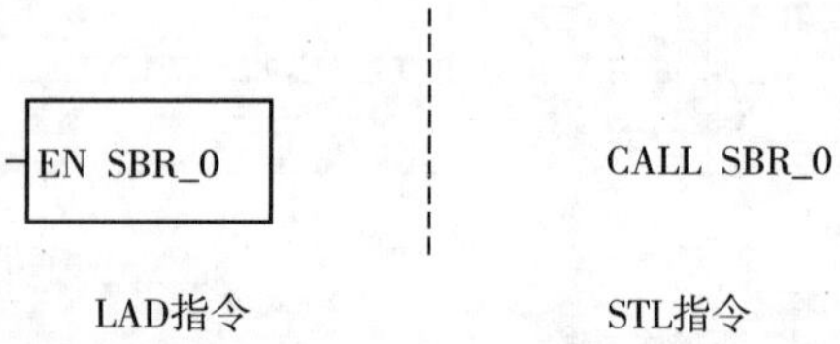

功能:在子程序调用使能(EN)控制输入信号接通时,主程序转向子程序入口执行子程序。

注意：

① 子程序名可以修改，为便于阅读，一般将其定义为该子程序功能英文单词的缩写；

② 该指令应用在主程序或调用程序中，可以实现嵌套调用；

③ 当子程序在一个周期内被多次调用时，不能使用上升沿、下降沿、定时器和计数器指令；

④ 累加器可以在调用程序和被调用程序之间传递参数，所以累加器的值在子程序调用时不需要保护。

(2)子程序条件返回指令 CRET

CRET 指令在梯形图中以线圈形式编程，指令不带参数。指令格式：

—(RET)	CRET
LAD指令	STL指令

功能：在控制输入信号接通(即条件满足)时，执行 CRET 指令，结束子程序的执行，返回主程序或调用程序中继续执行原来的程序。

注意：

① CRET 指令应用在子程序内部；

② CRET 指令不能直接接在左母线上，必须在其左边设置条件控制输入信号；

③ 子程序的自动返回(结束)STL 指令形式为 CRET；

④ 在用 STEP 7 - Micro/WIN V4.0 编程时，不需要输入 RET 返回指令，该软件自动将 RET 指令加在每个子程序结尾。

3. *子程序嵌套*

如果在子程序的内部又对另一个子程序执行调用指令，这种调用称为子程序的嵌套。子程序的嵌套深度最多为 8 级。

当一个子程序被调用时，系统自动保存当前的堆栈数据，并把栈顶置 1，堆栈中的其他位则置 0，子程序占有控制权。子程序执行结束，通过返回指令自动恢复原来的逻辑堆栈值，调用程序又重新取得控制权。

注意：在中断服务程序调用的子程序中不能再出现子程序嵌套调用。

例 4 - 15　子程序调用指令示例，如图 4 - 37 所示。

本例用外部控制条件分别调用两个子程序，要求如下：

建立子程序 SBR_0，其功能为：Q1.0 控制一个每 2 s 交间的闪光灯。该子程序由主程序中 I0.0 控制直接调用，也可由子程序 SBR_1 嵌套调用。

建立子程序 SBR_1，其功能为：对 I1.0 计数脉冲计数，计数值为 10 时，嵌套调用子程序 SBR_0，驱动 Q1.0 闪亮。该子程序由主程序 I0.1 控制调用。

工作过程如下：

(1)主程序网络 1 中，当输入控制 I0.0 接通时调用子程序 SBR_0；

(2)主程序网络 2 中，当输入控制 I0.1 接通时调用子程序 SBR_1，计数器 C1 开始对 I1.0 脉冲计数，当计数值为 10 时，触点 C1 导通，调用子程序 SBR_0。

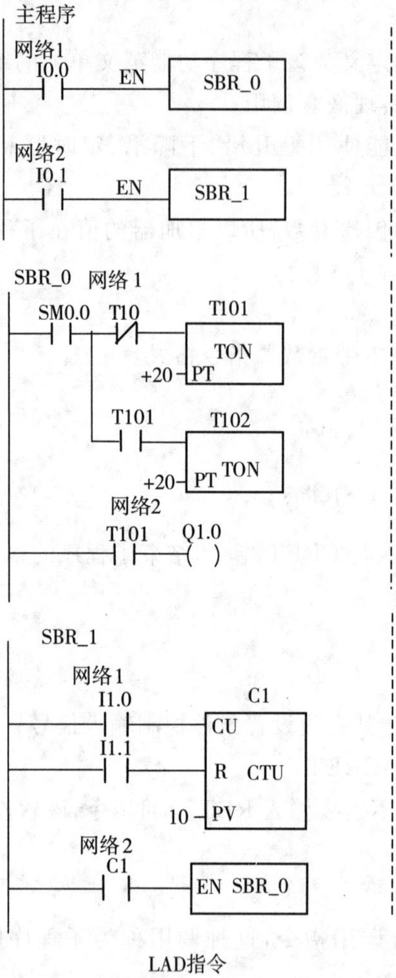


```
LD    I0.0
CALL  SBR_0    // 调用子程序“SBR_0”
LD    I0.1
CALL  SBR_1    // 调用子程序“SBR_1”

LD  SM0.0
LPS
AN  T102
TON T101,+20
LPP
A  T101
TON  T102,+20

LD  T101
=  Q1.0

LD    I1.0   // 计数脉冲信号I1.0
LD    I1.1   // 计数器复位信号I1.1
CTU   C1,10  // 使用递增计数器C1
LD  C1
CALL   SBR_1
```

STL指令

图 4－37　子程序调用指令示例

4. 带参数的子程序调用

子程序中可以根据需要设置参变量，该参变量接收调用程序传递的实际参数，并且只能在子程序内部使用。带参数的子程序调用扩大了子程序的使用范围，增加了调用的灵活性。

(1)带参数子程序调用指令格式

带参数子程序调用指令格式为：

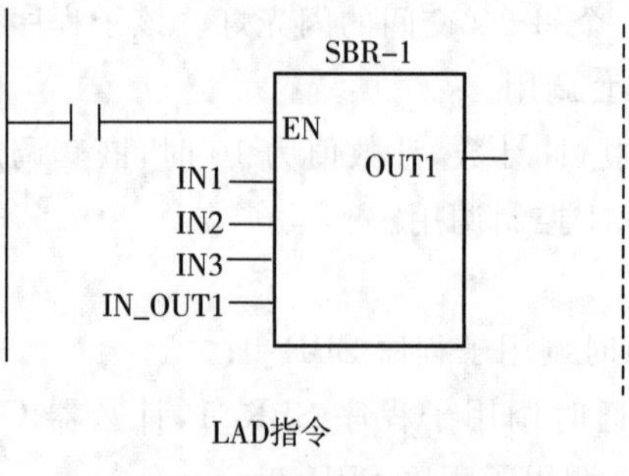


```
CALL 子程序, 参数 1, 参数 2, …, 参数 n
```

STL指令

其中，LAD 指令中：

EN——子程序调用使能控制输入信号；

SBR_1——子程序名；

CALL——STL 指令调用子程序助记符；

IN1、IN2、IN3——子程序输入参数；

IN1_OUT1——子程序输入/输出参数；

OUT1——子程序输出参数。

STL 指令中的各参数按规定的顺序与 LAD 指令对应。

功能：在子程序调用使能(EN)控制输入信号接通时，主程序转向子程序入口执行子程序，同时将 IN 参数传递给子程序，在子程序返回时，将 OUT 参数返回给指定参数。

(2)子程序参数定义

一个子程序最多可以传递 16 个参数，参数应在编辑子程序窗口的局部变量表中加以定义。

子程序参数必须确定其变量名、变量类型和数据类型。

① 变量名：变量名最多用 23 个字符表示，有效字符为前 8 个，第一个字符不能是数字。

② 变量类型：变量类型是按变量对应数据的传递方向来划分的，有传入子程序(IN)、传入和传出子程序(IN_OUT)、传出子程序(OUT)和暂时子程序(TEMP)4 种类型。

在图 4－38 的子程序变量表中，各类型的参数在变量表中的位置是按以下先后顺序排列的。

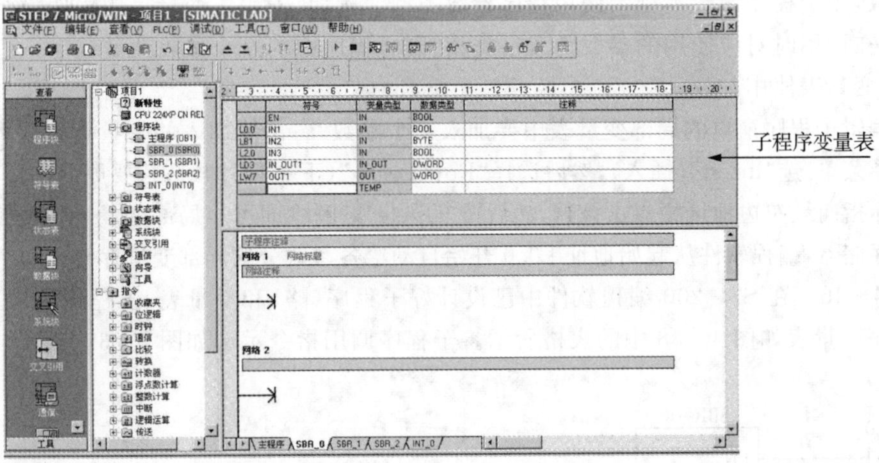

图 4－38　子程序变量表

a. 最前面为能流：仅允许对位输入 EN 操作，是位逻辑运算的结果，在局部变量表中布尔能流输入处于所有类型的最前面。

b. 其次为输入参数 IN 类型：传入子程序参数。由调用程序所传入的参数可以是直接寻址数据(如 VB10)、间接寻址数据(如 *AC1)、立即数(如 16＃2344)和数据存储单元的地址值(如 &VB106)。

c. 紧接着为输入输出参数 IN_OUT 类型：传入传出子程序参数。在调用子程序时将指定参数位置的值传到子程序；在子程序返回时从子程序得到的结果值被回传到同一地址。参数可以采用直接寻址和间接寻址，但立即数（如 16＃1234）和地址值（如 &VB100）不能作为参数。

d. 然后子程序返回（输出）参数 OUT 类型：传出子程序参数。它将从子程序返回的结果值送到指定的参数位置。输出参数可以采用直接寻址和间接寻址，但不能是立即数或地址编号。

e. 最后为 TEMP 类型：暂时变量类型。在子程序内部暂时存储数据，不能用来与主程序传递参数数据。

③ 数据类型：在子程序变量表中还要对数据类型进行声明。

数据类型可以是：能流（位输入操作）、布尔型、无符号数（字节型、字型、双字型）、有符号数（整数型、双整数）和实型。

（3）参数子程序调用的规则

在使用带参数的子程序进行子程序调用指令时应遵循以下规则：

① 常数参数必须声明其数据类型，同一常数可以解释为不同的数据类型，为此，在使用常数作为子程序调用参数时，必须声明常数所属数据类型。例如，常数 200000 为无符号双字，在作为调用子程序的参数传递时，必须用 DW＃200000 表示。

② 调用参数必须按照一定的顺序排列：输入参数（IN）→输入/输出参数（IN/OUT）→输出参数（OUT）。

③ 一般来说，子程序变量表中的参数应与调用程序传递的参数类型一致，在传递时如果不一致，则子程序参数类型为调用程序参数类型。例如，子程序变量表中声明一个参数为实型，而在调用时对应使用的参数为双字类型，则子程序中的这个参数就是双字类型。

（4）变量表使用

在编辑子程序窗口的局部变量表中要加入一个参数，右击要加入的变量类型区可以得到一个选择菜单，选“Insert”（插入），然后选择“Row Below”（下一行）即可；若要删除一个参数，可以将鼠标指向最左边地址栏点击该行，然后按“Delete”键删除即可。局部变量表的变量使用局部变量存储器，编程软件从起始地址 L0.0 开始自动给各参数分配局部变量存储空间。

例 4－16 在 S7－200 编程软件中已设计好子程序（略）和变量表，子程序名为 SBR_0，其子程序变量表如图 4－38 中的表格所示。子程序调用指令示例如图 4－39 所示。

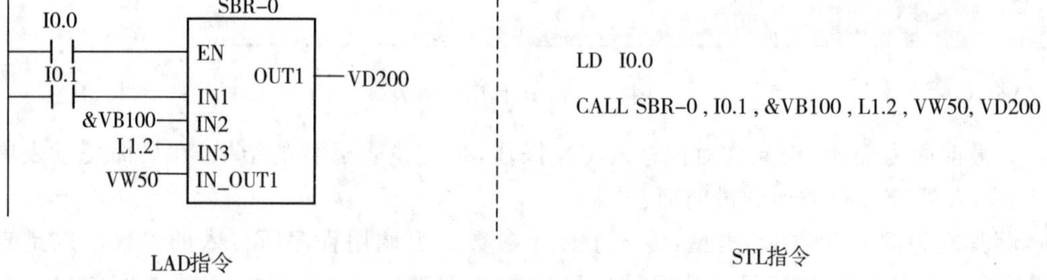

图 4－39 带参数子程序调用示例

本例中各类型参数如下。

子程序名：SBR_0；

子程序输入局部变量参数 IN1、IN2、IN3 分别对应调用程序传递的实际参数：I0.1、&VB100、L1.2；

子程序输入/输出参数：VW50；

子程序输出参数：VD200。

工作过程如下：

(1)调用程序中 I0.0 接通时，EN 有效，程序转移至子程序 SBR_0 执行；同时将调用程序的参数 I0.1 的状态、存储器 VB100 单元的地址、局部存储器位数据 L1.2 及存储器 VW50 单元的字数据按序分别传递给子程序中的变量 IN1、IN2、IN3 及 IN_OUT1。

(2)执行子程序。

(3)子程序 SBR_0 返回时，将子程序中的局部变量 IN_OUT1 及 OUT1 的值分别传给调用程序的 VW50 和 VD200，继续执行原来的调用程序。

4.6.5　与指令

ENO(Enable Output)是 LAD 中指令盒的布尔能流位输出端。在指令盒的能流输入 EN 有效且执行指令盒操作没有出现错误时，ENO 置位，表示指令成功执行。

由于 STL 指令没有相应的 EN 输入指令，可用与指令 ENO(AENO)来产生和指令盒中的 ENO 位相同的功能。

在应用程序中，可以将 ENO 作为允许位，作为后续使能控制的位信号，使能流向下传递执行。

指令格式如下：

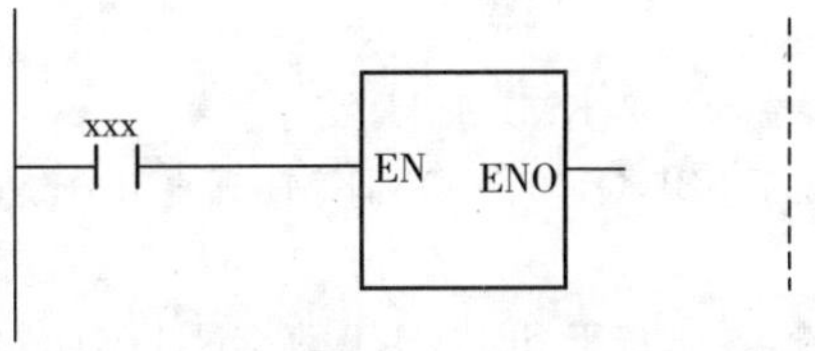

AENO(And ENO)指令仅在 STL 中使用，它将栈顶值(必须为 1)和 ENO 位进行逻辑运算，运算结果保存到栈顶。

AENO 指令示例如图 4－40 所示，其功能是在执行整数加法指令 ADD_I 没有发生错误时，ENO 置 1，作为中断连接指令 ATCH(第 5 章介绍)的使能控制位信号，调用中断子程序 INT_0。

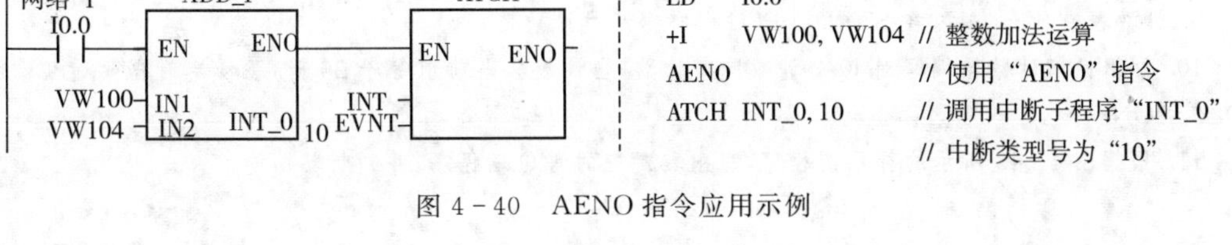

图 4－40　AENO 指令应用示例

习　题

1. 指出 S7 - 200 语句表指令和梯形图指令的基本格式。

2. 指出操作数 I0.1、Q0.1、VB 100、VD 100、VW100、SM0.1 各表示什么含义？

3. PLC 控制电路如图 4 - 41 所示，SB1 为常开按钮、SB2 为常闭按钮、KM1 为中间继电器。

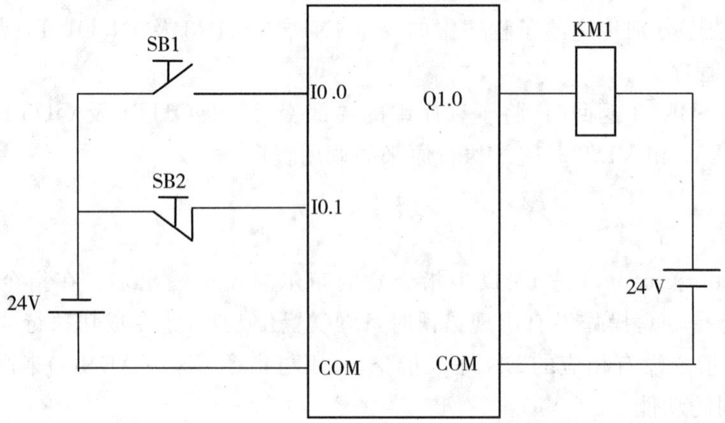

图 4 - 41　PLC 开关电路控制接线

(1)指出电路中哪些是输入/输出点？哪些是输入/输出映像寄存器？它们之间是什么关系？

(2)编程实现按下 SB1,KM1 得电。

(3)编程实现按下 SB2,KM1 得电。

(4)编程实现未按下 SB2,KM1 得电，按下 SB2,KM1 失电。

(5)编程实现某电机控制电路，要求按下 SB1,Q1.0 为 ON,KM1 通电且自锁；按下 SB2,Q1.0 为 OFF,KM1 失电。

(6)若将 SB2 改为常开按钮，其他不变，要求按下 SB1,Q1.0 为 ON,KM1 通电且自锁；按下 SB2 仍使 KM1 失电。梯形图程序是否改变？如何改变？为什么？

4. 常用的逻辑指令有哪几类，各包含哪些指令？

5. 常用的程序控制指令有哪几类？简述它们的作用。

6. 解释定时器的位状态、当前值、分辨率的含义。S7 - 200 PLC 定时器中共有几种分辨率？它们的刷新方式有何不同？对它们执行复位操作后，它们的当前值和位的状态是什么？

7. 利用定时器编写实现通电延时 30 s 的梯形图程序(使用 I0.1 为输入控制、Q0.1 为延时输出)。

8. 利用定时器编写实现断电延时 30 s 的梯形图程序(使用 I0.1 为输入控制、Q0.1 为延时输出)。

9. 计数器有什么作用，在 S7 - 200 PLC 中有哪几类计数器？

10. 利用递增计数器编写对 I0.2 计数脉冲计数，当计数器当前值等于 20 时，驱动定时器延时 1 s 后置 Q0.2 为 ON。

11. 根据图 4 - 42 所示的梯形图程序，写出其对应的语句表程序，并判断其功能。

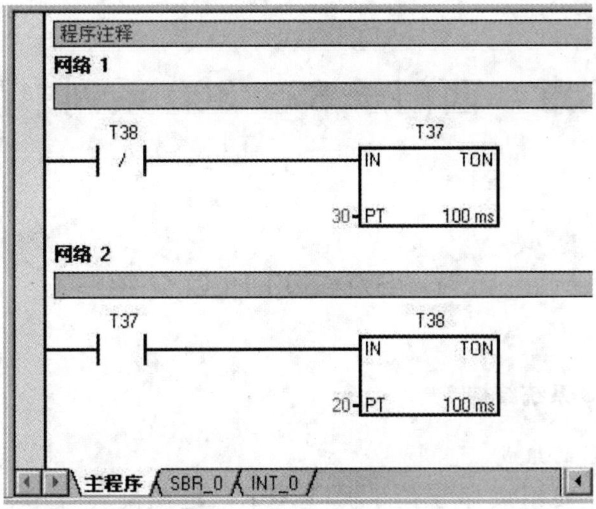

图 4-42　PLC 梯形图程序

12. 根据本题中的语句表程序,写出其对应的梯形图程序,并判断其功能。

```
Network 1
LD      I0.0
LD      I0.1
LD      I0.2
CTUD    C1,6
Network 2
LD      C1
=       Q0.0
```

13. 设计一子程序实现第 10 题的功能,在 I0.1 的控制下,调用该子程序。

第5章　西门子S7－300系列中型机

5.1　S7－300 PLC介绍

5.1.1　S7－300 PLC系统结构

1. S7－300 PLC的组成

S7－300 PLC主要组成部分有导轨(RACK)、电源模块(PS)、中央处理单元模块(CPU)、接口模块(IM)、信号模块(SM)、功能模块(FM)等，通过多点接口(MPI)的接口直接与编程器(PG)、操作员面板(OP)和其他S7 PLC相连。

2. S7－300 PLC的扩展能力

CPU314一个机架上最多只能安装8个信号模块或功能模块，最多可以扩展为4个机架。中央处理单元总是在0机架的2号槽位上，1号槽安装电源模块，3号槽总是安装接口模块，4～11号槽，可自由分配信号模块或功能模块。

5.1.2　S7－300 PLC模块地址

数字I/O模块每个槽划分为4 Byte(32个I/O点)，模拟I/O模块每个槽划分为16 Byte(8个模拟量通道)，每个模拟量输入或输出通道的地址总是占一个字地址，见表5－1所列。

表5－1　S7－300 PLC模块地址的确定

机架	模板起始地址	槽号										
		1	2	3	4	5	6	7	8	9	10	11
0	数字量	PS	CPU	IM	0	4	8	12	16	20	24	28
	模拟量				256	272	288	304	320	336	352	368
1	数字量			IM	32	36	40	44	48	52	56	60
	模拟量				384	400	416	432	448	464	480	496
2	数字量			IM	64	68	72	76	80	84	88	92
	模拟量				512	528	544	560	576	592	608	624
3	数字量			IM	96	100	104	108	112	116	120	124
	模拟量				640	656	672	688	704	720	736	752

怎样确定信号模板的地址？

确定数字量模板的地址：一个数字量模板的输入或输出地址由字节地址和位地址组成。字节地址取决于其模板起始地址。

例如：如果一块数字量模板插在第4槽里，其地址分配如图5－1所示。

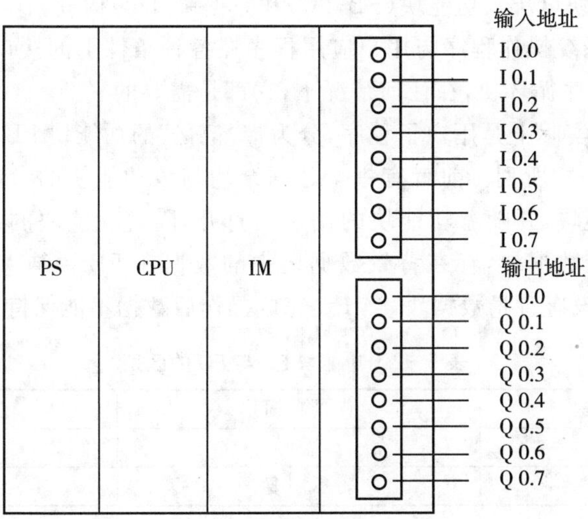

图 5－1　确定数字量模板的地址

确定模拟量模板的地址:模拟量输入或输出通道的地址总是一个字地址。通道地址取决于模板的起始地址。

例如:如果第一块模拟量模板插在第 4 号槽,其地址分配如图 5－2 所示。

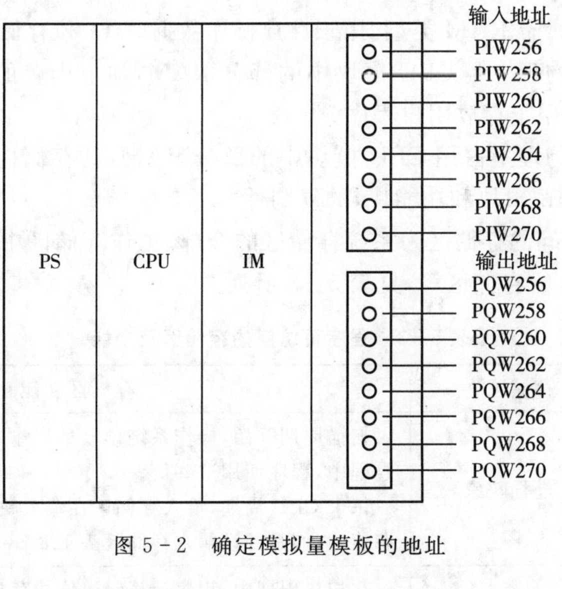

图 5－2　确定模拟量模板的地址

5.2　S7－300 PLC 存储区

5.2.1　S7－300 PLC 编程方式

S7－300 PLC 的编程软件是 STEP 7-Micro/WIN。

用户程序由组织块(OB)、功能块(FB,FC)和数据块(DB)构成。

组织块(OB)是系统操作程序与用户应用程序在各种条件下的接口界面,用于控制程序的运行。OB1 是主程序循环块,在任何情况下,它都是需要的。

功能块(FB,FC)实际上是用户子程序,分为带"记忆"的功能块 FB 和不带"记忆"的功能块 FC,其区别见表 5-2 所列。前者有一个数据结构与该功能块的参数表完全相同的数据块(DB)附属于该功能块,并随着功能块的调用而打开,随着功能块的结束而关闭。该附属数据块(DB)叫作背景数据块,存在背景数据块中的数据在 FB 块结束时继续保持,也即被"记忆"。功能块 FC 没有背景数据块,当 FC 完成操作后数据不能保持。

表 5-2 功能块 FB 与 FC 的区别

名称	背景数据块	定义静态变量
功能块 FB	需要	可以
功能块 FC	不需要	不可以

数据块(DB)是用户定义的用于存放数据的存储区。

S7 CPU 还提供标准系统功能块(SFB,SFC)。

5.2.2 S7-300 PLC 存储区

S7-300 PLC 的 CPU 有三个基本存储区。

(1)系统存储区:属于 RAM 类型,用于存放操作数据(I/O、位存储、定时器、计数器等)。

(2)装载存储区:物理上是 CPU 模块中的部分 RAM,加上内置的 EEPROM 或选用的可拆卸 FEPROM 卡,用于存放用户程序。

(3)工作存储区:物理上占用 CPU 模块中的部分 RAM,其存储内容是,CPU 运行时所执行的用户程序单元(逻辑块和功能块)的复制件。

CPU 程序所能访问的存储区为系统存储区的全部、工作存储区中的数据块 DB、暂时局部数据存储区、外设 I/O 存储区等,见表 5-3 所列。

表 5-3 程序可访问的存储区及功能

名称	存储区	存储区功能
输入(I)	输入过程映象表	扫描周期开始,操作系统读取过程输入值并录入表中,在处理过程中,程序使用这些值。 每个 CPU 周期,输入存储区在输入映象表中所存放的输入状态值,它们是外设输入存储区头 128 Byte 的映象
输出(Q)	输出过程映象表	在扫描周期中,程序计算输出值并存放该表中,在扫描周期结束后,操作系统从表中读取输出值,并传送到过程输出口,过程输出映象表是外设输出存储区的头 128 Byte 的映象
位存储区(M)	存储位	存放程序运算的中间结果
外设输入(PI) 外设输出(PQ)	I/O:外设输入 I/O:外设输出	外设存储区允许直接访问现场设备(物理的或外部的输入和输出),外设存储区可以字节、字和双字格式访问,但不可以位方式访问

（续表）

名称	存储区	存储区功能
定时器(T)	定时器	为定时器提供存储区； 计时时钟访问该存储区中的计时单元，并以减法更新计时值； 定时器指令可以访问该存储区和计时单元
计数器(C)	计数器	为计数器提供存储区，计数指令访问该存储区
临时本地数据(L)	本地数据堆栈 (L 堆栈)	在 FB、FC 可 OB 运行时设定。在块变量声明表中声明的暂时变量存在该存储区中，提供空间以传送某些类型参数和存放梯形图中间结果。块结束执行时，临时本地存储区再行分配。不同的 CPU 提供不同数量的临时本地存储区
数据块(DB)	数据块	DB 块存放程序数据信息，可被所有逻辑块公用（"共享"数据块）或被 FB 特定占用（"背景"数据块）

5.3　S7－300 PLC 中央处理单元模块

5.3.1　CPU 模块概述

中央处理单元 CPU 的主要特性，包括存储器容量、指令执行时间、最大 I/O 点数、各类编程元件（位存储器、计数器、定时器、可调用块）数量等。S7－300 PLC 的中央处理单元 CPU314 的技术数据，见表 5－4 所列。

表 5－4　S7－300 可编程控制器 CPU314 的技术数据

程序存储量	24 KB
1K 语句执行时间	0.3 ms
计数器	64 个(C0～C63) 计数范围：0～999
定时器	128 个(T0～T127) 定时范围：10 ms～9990 s
通信接口	MPI
编程软件	STEP7
位存储器	2048 个(MB0～MB255)
数据块	最多 127(DB0 保留) 大小：最大 8 KB 嵌套深度：8 层
机架	最多 4 个 每个机架的信号模块数：最多 8 个
应用场合	对编程范围和操作处理速度有高要求的大型设备

5.3.2 CPU 模块的工作方式

S7－300 PLC 的 CPU 有四种工作方式，通过可卸的专用钥匙控制。

RUN－P：可编程运行方式。

RUN：运行方式。

STOP：停机方式。

MRES：CPU 清零。

用钥匙开关进行程序的清除，在开始一个新的编程工作时，我们需要将中央处理器进行清零处理。它将很容易地通过操作 CPU 上的钥匙开关来实现。为此我们必须进行以下的操作步骤：

(1)接通 PLC 工作电源并等待至 CPU 的自检测运行完成；

(2)转动钥匙开关至 MRES 位置，并保持这个状态，直至 STOP 发光二极管从闪动转为常亮状态；

(3)钥匙开关转至 STOP 位置并迅速转回 MRES 位置，保持这个状态，STOP 发光二极管开始快速闪动；

(4)STOP 发光二极管快速闪动，表示 CPU 已被清零；

(5)松开钥匙开关，这时钥匙会自动返回至 STOP 位置；

(6)可编程控制器已被清零，并可以传输新的控制程序。

程序的下传只有当钥匙开关在 STOP 或 RUN－P 位置时才能进行。

5.3.3 CPU 单元的参数设置

(1)时钟存储器参数设置，如图 5－3 所示。S7－300 PLC 有 8 个时钟存储器，频率都各不相同，可以在 0～255 范围内定义任一字节为时钟存储器字节。

A period duration/frequency is assigned to each bit of the clock memory byte.

Bit	7	6	5	4	3	2	1	0
Period duration(s)	2	1.6	1	0.8	0.5	0.4	0.2	0.1
Frequency(Hz)	0.5	0.625	1	1.25	2	2.5	5	10

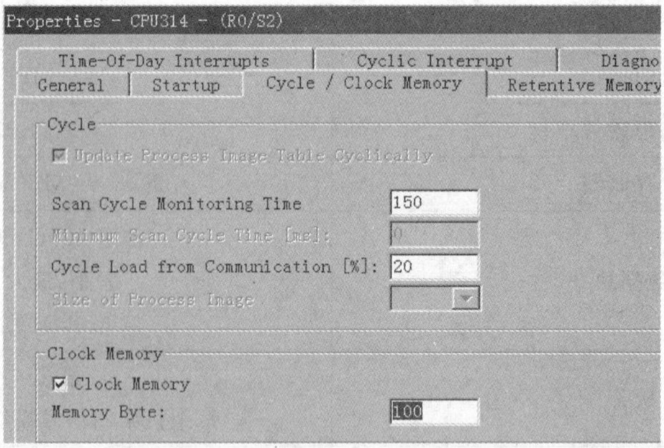

图 5－3　时钟存储器参数设置

(2)循环中断参数设置,如图 5－4 所示。

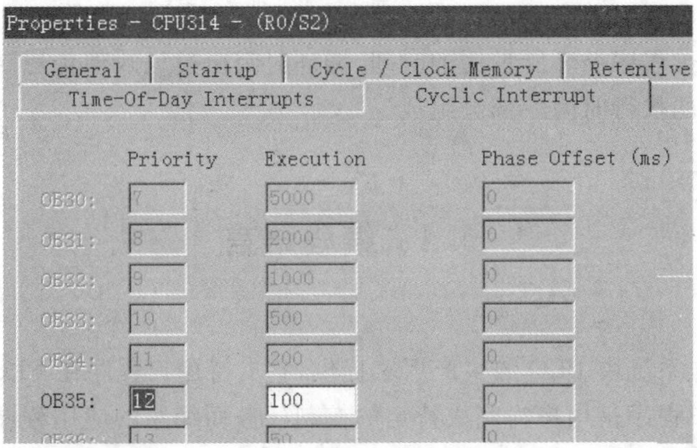

图 5－4　循环中断参数设置

(3)最长循环时间参数设置,如图 5－5 所示。

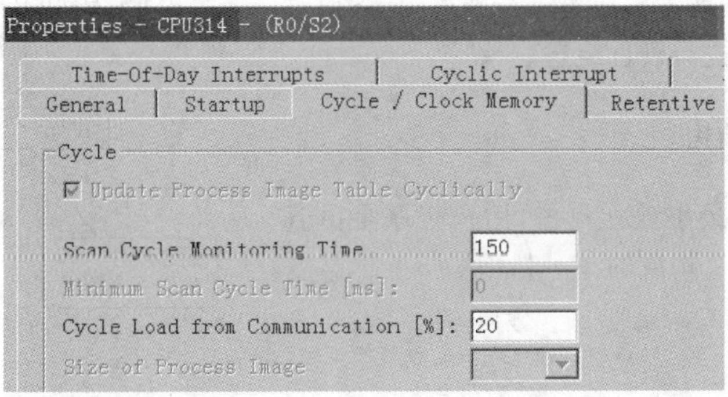

图 5－5　最长循环时间参数设置

(4)MPI 参数设置,如图 5－6 所示。

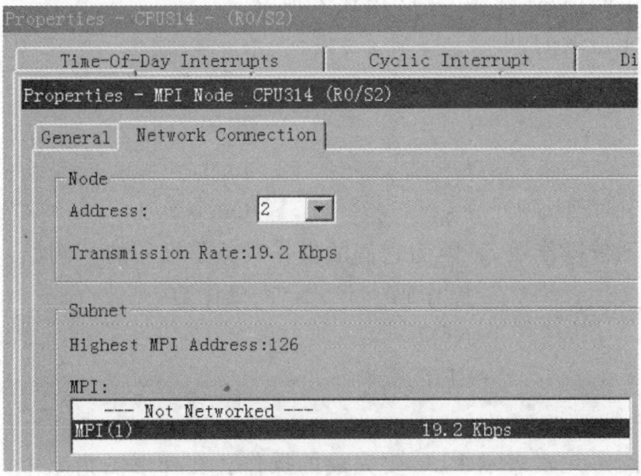

图 5－6　MPI 参数设置

5.3.4 CPU 单元的循环时间

循环时间是一个程序循环所占用的时间，循环时间由过程映像传送时间、操作系统的执行时间和用户程序的执行时间三部分组成。

5.4 编程语言

操作系统：操作系统由 PLC 的生产厂家提供，它支持用户程序在 PLC 中的运行。

用户程序：用户程序是用户为完成特定的控制任务而编写的应用程序，二者的关系如图 5－7 所示。

PLC 常用的编程语言：梯形图编程（LAD）；语句表编程（STL）；功能图编程（FBD）。

注：对数字量模块不一定要进行硬件组态，而对模拟量模块一定要进行硬件组态。

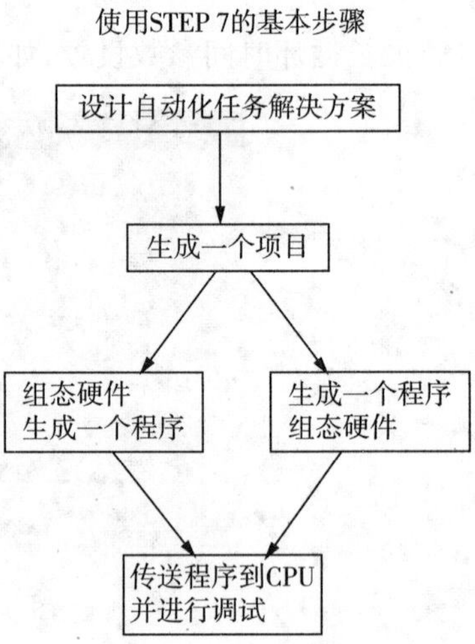

图 5－7 用户程序与控制任务的关系

5.4.1 指令及其结构

指令是程序的最小独立单位，用户程序是由若干条顺序排列的指令构成的。

1. 指令的组成

(1)语句指令

语句指令用助记符表示 PLC 要完成的操作。

指令：操作码＋操作数。操作码用来指定要执行的功能，控制 CPU 该进行什么操作；操作数内包含为执行该操作必需的信息，控制 CPU 用什么地方的数据来执行此操作。例如：

操作码	操作数
0	I0.0
O	I0.1
=	Q0.0

有些语句指令不带操作数，是因为它们的操作对象是唯一的。例如：

操作码	操作数
NOT	
SET	

(2)梯形图指令

梯形图指令用图形元素表示 PLC 要完成的操作。在梯形图指令中，操作码是用图素表示的，该图素形象地表明 CPU 进行什么操作，其操作数的表示方法与语句指令相同。例如：

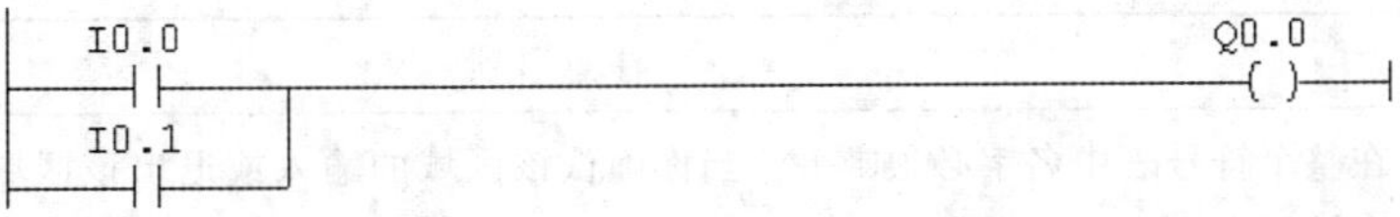

梯形图指令也可不带操作数。例如：

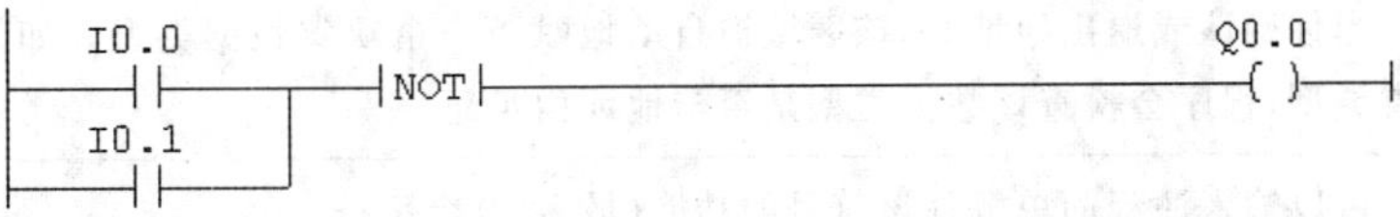

2. 操作数

(1)标识符及标识参数

操作数分为标识符和标识参数，如图 5 - 8 所示。

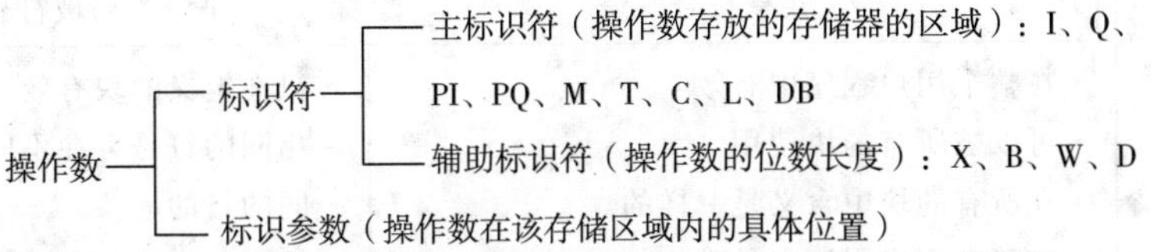

图 5 - 8　操作数

操作数标识符各字母的含义如下：I 输入过程映像存储区；Q 输出过程映像存储区；PI 外部输入；PQ 外部输出；M 位存储区；T 定时器；C 计数器；L 本地数据；DB 数据块；X 位；B 字节；W 字；D 双字。

注意：

① PLC 物理存储器是以字节为单位的。

② 当操作数长度是字或双字时，标识符后给出的标识参数是字或双字内的最低字节单元号。

③ 当使用宽度是字或双字的地址时，应保证没有生成任何重叠的字节分配，以免造成数据读写错误。

(2)操作数的表示法

操作数的表示法，如图 5 - 9 所示。

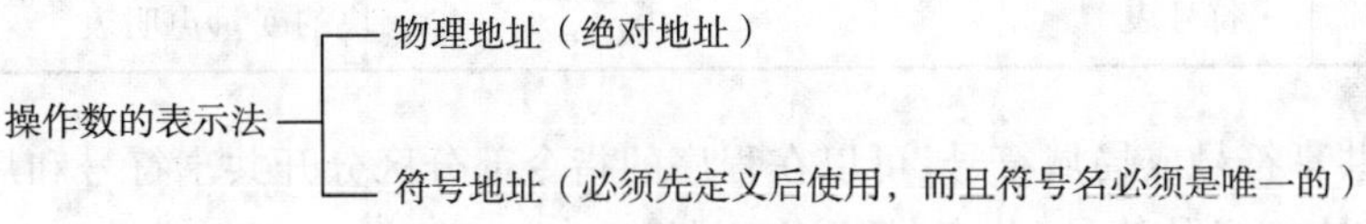

图 5 - 9　操作数的表示方法

关于定义符号地址的几点说明：

① 当在表中输入符号地址时，相关注意事项见表 5 - 5。

表 5-5　输入符号地址注意事项

项目	注意事项
符号	在整个符号表中名字必须唯一。当你确认该区域的输入或退出该区域时，不唯一的符号则被标定出来。符号名最长可达 24 个字符。引号不允许使用
地址	当你确认该区域的输入或退出该区域时，程序会自动检查该地址输入是否是允许的
数据类型	当你确认或退出地址时，该区域被自动地赋予一个缺省数据类型。如果要修改这个缺省类型，程序会检查该数据类型是否与地址相匹配
注释	可以输入注释简单解释该符号的功能(最多 80 个字符)

② 必须区分局域(块定义)符号和共享符号，见表 5-6。

表 5-6　局域符号和共享符号

项目	共享符号	局域符号
有效性	· 在整个用户程序中有效 · 可以被所有的块使用 · 在所有的块中含义是一样的 · 在整个用户程序中是唯一的	· 只在定义的块有效 · 相同的符号可在不同的块中用于不同的目的
允许使用的字符	· 字母、数字及特殊字符 · 除 0X00，0XFF 及引号以外的强调号 · 如使用特殊字符，则符号须写出在引号内	· 字母 · 数字 · 下划线(_)(注意：不允许使用两个连续的下划线)
使用	可以为以下各项定义共享符号： · I/O 信号(I，IB，IW，ID，Q，QB，QW，QD) · I/O 输入与输出(PI，PQ) · 存储位(M，MB，MW，MD) · 定时器(T)/计数器(C) · 逻辑块(FB，FC，SFB，SFC) · 数据块(DB) · 用户定义数据类型(UDT) · 变量表(VAT)	可以为以下各项定义局域符号： · 块参数(输入、输出和输入/输出参数) · 块的静态数据 · 块的临时数据
定义的位置	· 符号表	· 块的变量声明表

③ 显示共享符号或局域符号：可以在程序的指令部分区分开共享符号和局域符号。

· 符号表中定义的符号(共享)显示在引号内。

· 块变量声明表中的符号(局域)显示时前面加上“#”。

提示：

使用菜单命令 View→Display→Symbolic Representation，可以在所有声明的符号地址和绝对地址之间进行切换。

3. 寻址方式

寻址方式是指令得到操作数的方式，如图 5－10 所示。指令的操作对象，如图 5－11 所示。

S7寻址方式
- 立即寻址：操作数本身直接包含在指令中
- 直接寻址：指令中直接给出操作数的存储单元地址
- 存储器间接寻址
- 寄存器间接寻址

图 5－10　寻址方式

S7指令的操作对象
- 常数
- S7状态字中的状态位
- S7的各种寄存器
- 数据块
- 功能块FB、FC和系统功能块SFB、SFC
- S7的各存储区中的单元

图 5－11　指令的操作对象

4. 数据类型

数据类型决定了以什么方式或格式理解或访问存储区中的数据，如图 5－12 所示。

数据类型
- 基本数据类型：定义不超过32位的数据
- 复式数据类型：定义超过32位或由其他数据类型组成的数据
- 参数类型：定义传给FB块和FC块的参数

图 5－12　数据类型

5. 状态字

状态字用于表示 CPU 执行指令时所具有的状态，如图 5－13 所示。

15 · · · · · · 9	8	7	6	5	4	3	2	1	0
	BR	CC1	CC0	OS	OV	OR	STA	RLO	$\overline{FC}$
	二进制结果位	条件码1	条件码0	溢出状态保持位	溢出位	或位	状态位	逻辑操作结果位	首次检测位

图 5－13　状态字

输入梯形图组件的操作方法：

(1)在段中选择一点，在该点后面插入一个梯形图组件；

(2)用下列方法之一，在段中插入所需的组件。

① 在菜单“Insert”中选择合适的菜单命令，例如：Insert→LAD Element→Normally Open Contact。

② 用功能键 F2、F3 或 F7 输入一个常开触点、常闭触点或输出线圈。

③ 选择菜单命令 Insert→Program Elements ，打开“Program Elements”(编程组件)对话框并在目录中选择所需的组件。所选的梯形图组件被插入，问号被用来表示地址和参数。

输入语句表语句的操作方法：

(1)通过点击灰色注释框下面的任意区域就可打开正文框(若不显示段注释则点击段标题的下面)。

(2)输入指令，按空格键，然后输入地址(直接地址或间接地址)。

(3)按空格键并输入以双斜线“//”开始的注释(可选)。

(4)在完成一条(一行)带注释或不带注释的语句后按 RETURN。一行完成后，运行语法检查，这条语句形成并显示，指令或绝对地址中的任何小写字母都转换为大写。任何查到的语法错误都显示为红色斜体，在存储该逻辑块之前必须修改所有错误。

5.4.2 位逻辑运算指令

位逻辑指令如图 5 - 14 所示。

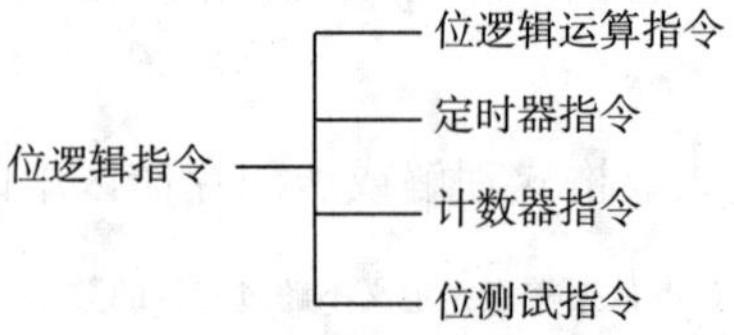

图 5 - 14 位逻辑指令

1.“与”“或”“异或”指令

(1)语句指令

布尔逻辑串内的真值表见表 5 - 7(根据表 5 - 7 可以确定第二条布尔位操作后的 RLO)。

表 5 - 7 布尔逻辑串内的真值表

助记符	指令	指令前 RLO	地址状态	RLO 结果
A	与	0	0	0
		0	1	0
		1	0	0
		1	1	1
AN	与非	0	0	0
		0	1	0
		1	0	1
		1	1	0

（续表）

助记符	指令	指令前 RLO	地址状态	RLO 结果
O	或	0 0 1 1	0 1 0 1	0 1 1 1
ON	或非	0 0 1 1	0 1 0 1	1 0 1 1
X	异或	0 0 1 1	0 1 0 1	0 1 1 0
XN	异或非	0 0 1 1	0 1 0 1	1 0 0 1

布尔逻辑串开始的真值表见表 5-8。

表 5-8　布尔逻辑串开始的真值表

助记符	指令	地址状态	RLO 结果
A	与	0 1	0 1
AN	与非	0 1	1 0
O	或	0 1	0 1
ON	或非	0 1	1 0
X	异或	0 1	0 1
XN	异或非	0 1	1 0

(2)梯形图逻辑指令

① 常开接点(动合触点)元素和参数见表 5-9。

表 5-9　常开接点元素和参数

LAD 元素	参数	数据类型	存储区	说明
地址 -|/|-	地址	BOOL,TIMER, COUNTER	I,Q,M,T,C,L,D	地址指明要检查 信号状态的位

② 常闭接点(动断触点)元素和参数见表 5-10。

表 5-10　常闭接点元素和参数

LAD 元素	参数	数据类型	存储区	说明
地址 -| |-	地址	BOOL,TIMER, COUNTER	I,Q,M,T,C,L,D	地址指明要检查 信号状态的位

(3)输出指令

输出指令把状态字中 RLO 的值赋给指定的操作数,见表 5-11。

表 5-11　输出指令对操作数赋值

STL 指令	LAD 指令	功能	操作数	数据类型	存储区
=＜地址＞	＜地址＞ ---( )	逻辑串赋值输出	＜位地址＞	BOOL	I,Q,M, D,L
	＜地址＞ --(#)--	中间结果 赋值输出	＜位地址＞	BOOL	I,Q,M, D,L

例 5-1　二分频器。

二分频器是一种具有一个输入端和一个输出端的功能单元,输出频率为输入频率的一半。如图 5-15 所示,输入为 I0.0,输出为 Q4.0。

梯形图程序如图 5-16 所示。

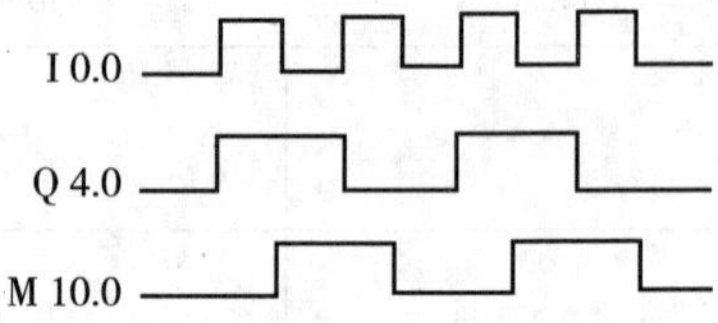

图 5-15　二分频时序图

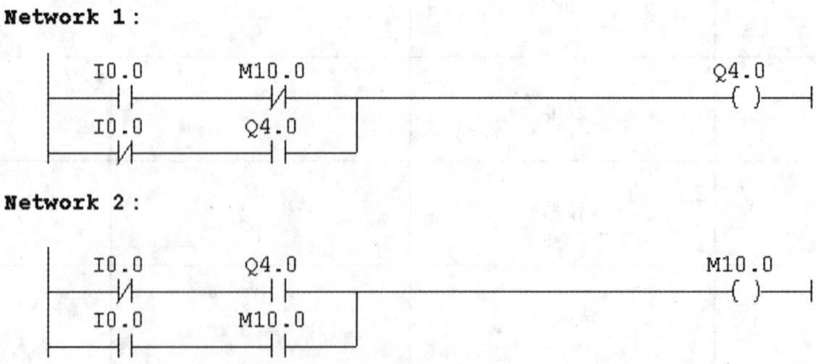

图 5-16　梯形图程序

语句表程序如图 5-17 所示。

Network 1:

```
A     I     0.0
AN    M     10.0
O
AN    I     0.0
A     Q     4.0
=     Q     4.0
```

Network 2:

```
AN    I     0.0
A     Q     4.0
O
A     I     0.0
A     M     10.0
=     M     10.0
```

图 5－17　语句表程序

(4)置位/复位指令

置位/复位指令见表 5－12。

表 5－12　置位/复位指令

STL 指令	LAD 指令	功能	操作数	数据类型	存储区
S＜位地址＞	＜位地址＞ －－－(S)	置位输出	＜位地址＞	BOOL	I,Q,M, D,L
R＜位地址＞	＜位地址＞ －－(R)	复位输出	＜位地址＞	BOOL,TIMER, COUNTER	I,Q,M,D, L,T,C

复位/置位指令根据 RLO 的值来决定被寻址位的信号状态是否需要改变。

若 RLO 的值为 1,被寻地址位的信号状态被置 1 或清 0;若 RLO 的值为 0,被寻址位的信号保持原状态不变。这一特性又称为静态的置位/复位。相应地,赋值输出被称为动态赋值输出。在 LAD 中置位/复位指令要放在逻辑串最右端,而不能放在逻辑串中间。

(5) RS 触发器

RS 触发器见表 5－13。

表 5－13　RS 触发器

置位复位触发器	复位置位触发器	参数	数据类型	存储区
＜位地址＞ 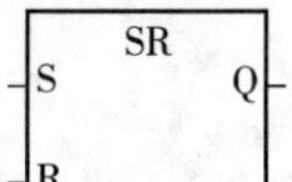 	＜位地址＞ 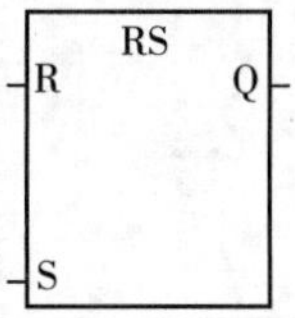 	＜位地址＞需要置位、复位的位	BOOL	I,Q,M,D,L
		S 允许置位输入		
		R 允许复位输入		
		Q 地址的状态		

置位复位触发器真值表见表 5－14。

表 5－14　置位复位触发器真值表

S	R	Q
0	0	—
0	1	0
1	0	1
1	1	0

复位置位触发器真值表见表 5－15。

表 5－15　复位置位触发器真值表

R	S	Q
0	0	—
0	1	1
1	0	0
1	1	1

在 LAD 指令中，RS 触发器可以用在逻辑串最右端，结束一个逻辑串；也可用在逻辑串中，影响右边的逻辑操作结果。

例 5－2　控制传送带。

本例为一个由电气控制的传送带，在传送带的起点有两个按钮开关：用于 START 的 S1 和 STOP 的 S2。在传送带的尾部也有两个按钮开关：用于 START 的 S3 和 STOP 的 S4。可以从任何一端启动或停止传送带。另外，当传送带上的物件到达末端时，传感器 S5 使传送带停机。

① PLC 接线方式如图 5－18 所示。

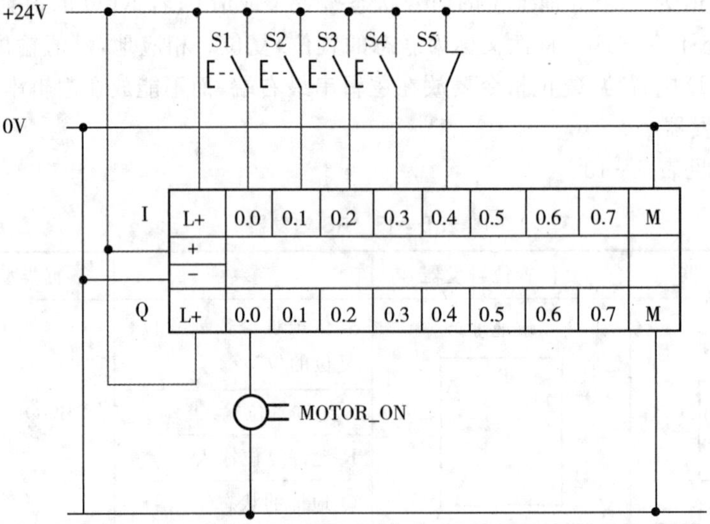

图 5－18　PLC 接线方式

② 定义符号地址见表 5－16。

表 5－16　定义符号地址

符号地址	绝对地址	类据类型	说明
S1	I0.0	BOOL	起点启动按钮
S2	I0.1	BOOL	起点停机按钮

（续表）

符号地址	绝对地址	类据类型	说明
S3	I0.2	BOOL	尾部启动按钮
S4	I0.3	BOOL	尾部停机按钮
S5	I0.4	BOOL	末端传感器
MOTOR_ON	Q0.0	BOOL	电机

③ 梯形图程序如图 5－19 所示。

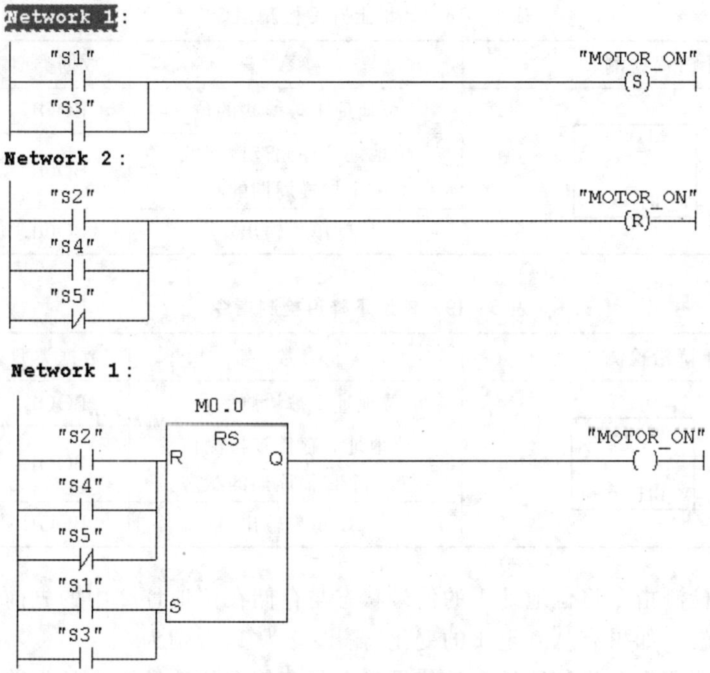

图 5－19　梯形图程序

(6)RLO 上升沿、下降沿检测指令见表 5－17。

表 5－17　RLO 上升沿、下降沿指令

LAD 指令	STL 指令	功能	操作数	数据类型	存储区
＜位地址＞ －(P)－	FP＜位地址＞	RLO 上升沿检测	＜位地址＞ 存储旧 RLO 的边沿存储位	BOOL	I,Q,M,D,L
＜位地址＞ －(N)－	FN＜位地址＞	RLO 下降沿检测		BOOL	I,Q,M,D,L

RLO 上升沿检测指令识别 RLO 从 0 至 1(上升沿)的信号变化，并且在操作之后以 RLO＝1 表示这一变化。用边沿存储位比较 RLO 现在的信号状态与该地址上周期的信号

状态，如果操作之前地址的信号状态是 0，并且现在 RLO=1，那么操作之后，RLO 将为 1(脉冲)，所有其他情况为 0。在该操作之前，RLO 存储于地址中。RLO 下降沿检测指令识别 RLO 从 1 至 0(下降沿)的信号变化，并且在操作之后以 RLO=1 表示这一变化。用边沿存储位比较 RLO 现在的信号状态与该地址上周期的信号状态，如果操作之前地址的信号状态是 1，并且现在 RLO=0，那么操作之后，RLO 将为 1(脉冲)，所有其他情况为 0。在该操作之前，RLO 存储于地址中。

如果 RLO 在相邻的两个扫描周期中相同(全为 1 或 0)，那么 FP 或 FN 语句把 RLO 位清 0。

(7)地址上升沿、下降沿检测指令见表 5-18 和表 5-19。

表 5-18　地址上升沿检测指令

地址上升沿检测	参数	数据类型	存储区
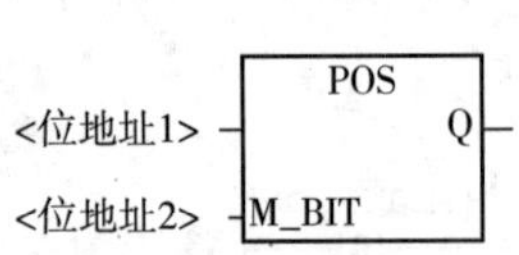	位地址 1 被检测的位	BOOL	I,Q,M,D,L
	位地址 2 存储被检测位上一个扫描周期的状态	BOOL	Q,M,D
	Q 单稳输出	BOOL	I,Q,M,D,L

表 5-19　地址下降沿检测指令

地址下降沿检测	参数	数据类型	存储区
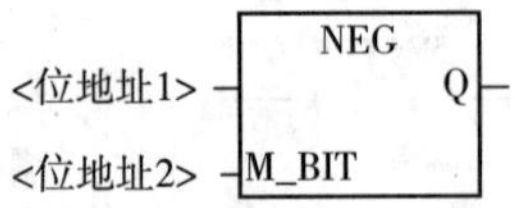	位地址 1 被检测的位	BOOL	I,Q,M,D,L
	位地址 2 存储被检测位上一个扫描周期的状态	BOOL	Q,M,D
	Q 单稳输出	BOOL	I,Q,M,D,L

地址上升沿检测指令将位地址 1 的信号状态与存储在位地址 2 中的先前信号状态检查时的信号状态比较。如果有从 0 至 1 的变化，输出 Q 为 1，否则为 0。

地址下降沿检测指令将位地址 1 的信号状态与存储在位地址 2 中的先前信号状态检查时的信号状态比较。如果有从 1 至 0 的变化，输出 Q 为 1，否则为 0。

在梯形图中，地址跳变沿检测方块和 RS 触发器方块可被看作一个特殊常开触点。该常开触点的特性是：若方块的 Q 为 1，触点闭合；若 Q 为 0，则触点断开。

(8)对 RLO 的直接操作指令见表 5-20。

表 5-20　对 RLO 的直接操作指令

LAD 指令	STL 指令	功能	说明
—|NOT|—	NOT	取反 RLO	在逻辑串中，对当前的 RLO 取反；取反指令或置位 STA
— — — — —	SET	置位 RLO	把 RLO 无条件置 1 并结束逻辑串；使 STA 置 1，OR FC 清 0
— — — — —	CLR	复位 RLO	把 RLO 无条件清 0 并结束逻辑串；清 0 STA，OR FC
—(SAVE)	SAVE	保存 RLO	把 RLO 存入状态字的 BR 位，该指令不影响其他状态位

例 5－3　检测传送带的方向。

如图 5－20 所示，为装备有两个光电传感器(PEB1 和 PEB2)的传送带，该设计能够检测传送带上物件的运动方向，并通过左右两端的指示灯(LEFT 灯和 RIGHT 灯)显示。

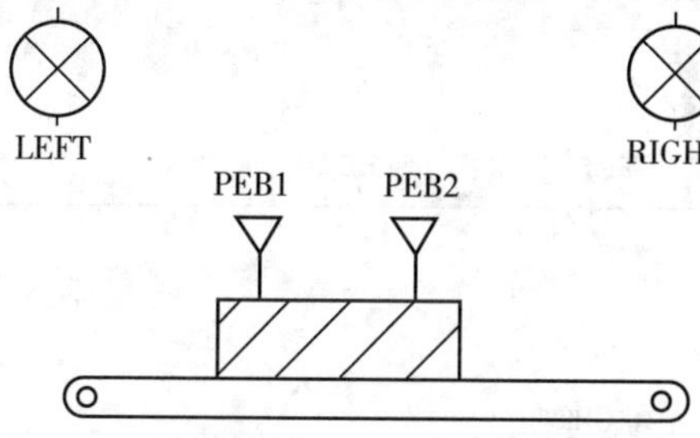

图 5－20　检测传递带方向

① PLC 接线方式如图 5－21 所示。

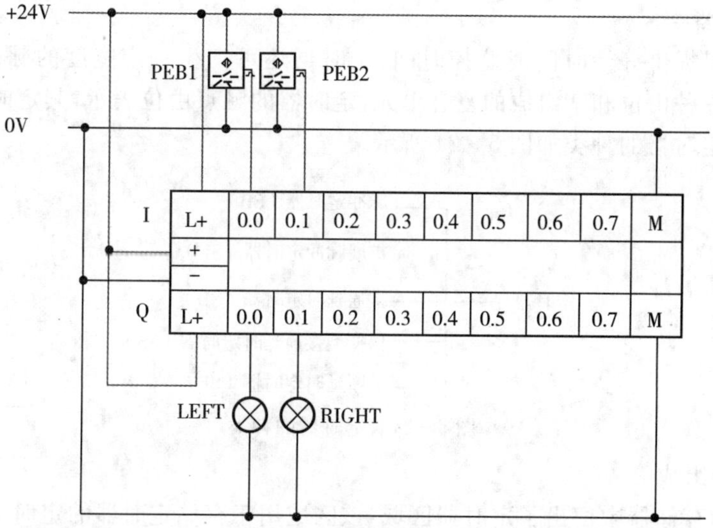

图 5－21　PLC 接线方式

② 定义符号地址如图 5－22 所示。

	Symbol	Address	Data Type
1	PEB1	I　0.0	BOOL
2	PEB2	I　0.1	BOOL
3	LEFT	Q　0.0	BOOL
4	RIGHT	Q　0.1	BOOL
5	PMB1	M　0.0	BOOL
6	PMB2	M　0.1	BOOL

图 5－22　定义符号地址

③ 梯形图程序如图 5-23 所示。

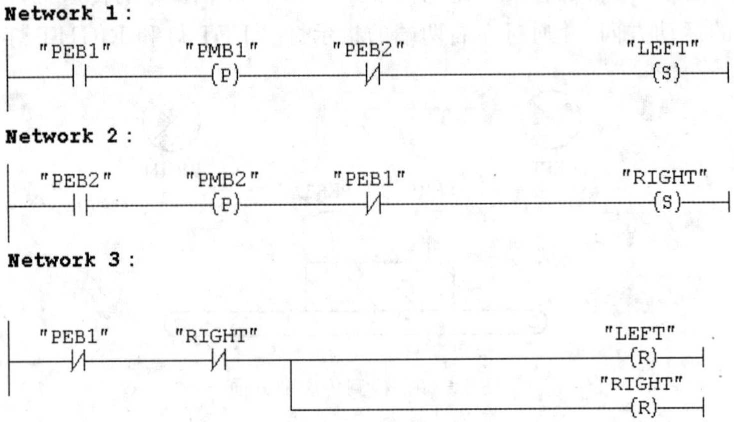

图 5-23　梯形图程序

2. 定时器指令

定时器可以提供等待时间或监控时间,定时器还可产生一定宽度的脉冲,亦可测量时间。定时器是一种由位和字组成的复合单元,定时器的触点由位表示,其定时时间值存储在字存储器中。定时器的种类如图 5-24 所示。

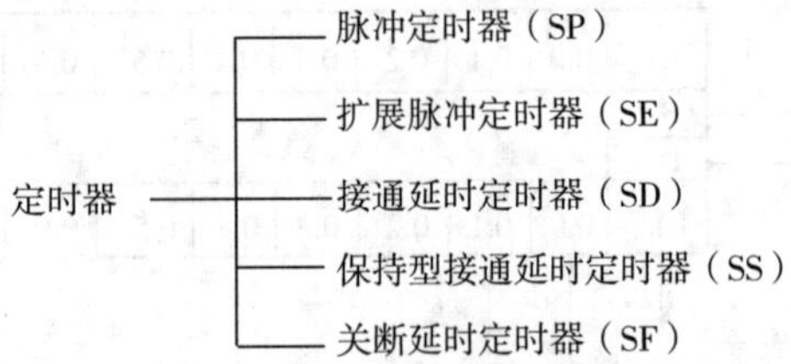

图 5-24　定时器的种类

(1)定时器组成

在 CPU 的存储器中留出了定时器区域,该区域用于存储定时器的定时时间值。每个定时器为 2 Byte,称为定时字。在 S7-300 PLC 中,定时器区为 512 Byte,因此最多允许使用 256 个定时器。S7 中定时时间由时基和定时值两部分组成,定时时间等于时基与定时值的乘积。当定时器运行时,定时值不断减 1,直至减到 0,减到 0 表示定时时间到。定时时间到后会引起定时器触点的动作。定时器的第 0 到第 11 位存放二进制格式的定时值,第 12、第 13 位存放二进制格式的时基。如图 5-25 所示。

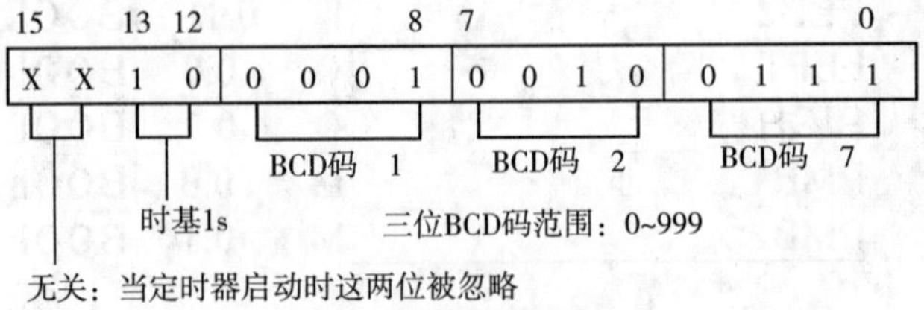

图 5-25　定时器时基

(2)定时器启动指令

定时器启动指令,见表 5－21。

表 5－21　定时器启动指令

LAD 指令	STL 指令	功能
T no. ———(SP) 时间值	SP T no.	启动脉冲定时器
T no. ———(SE) 时间值	SE T no.	启动扩展脉冲定时器
T no. ———(SD) 时间值	SD T no.	启动接通延时定时器
T no. ———(SS) 时间值	SS T no.	启动保持型接通延时定时器
T no. ———(SF) 时间值	SF T no.	启动关断延时定时器
	FR T no.	允许再启动定时器

各种定时器的工作特点如图 5－28 所示。

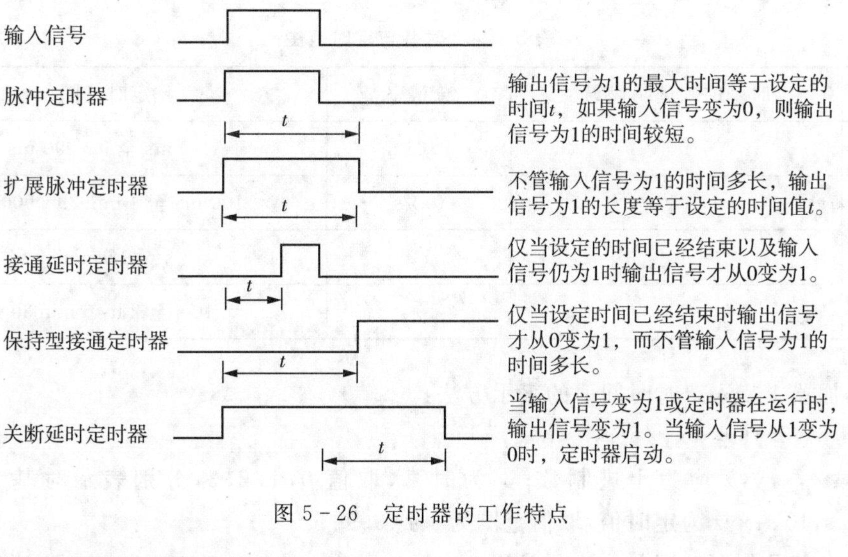

图 5－26　定时器的工作特点

(3)定时器的梯形图方块指令

定时器的梯形图方块指令,见表 5－22 和表 5－23。

表 5-22　定时器的梯形图方块

<table>
<tr><th>脉冲定时器</th><th>扩展脉冲定时器</th><th>接通延时定时器</th><th>保持接通定时器</th><th>关断延时定时器</th></tr>
<tr>
<td>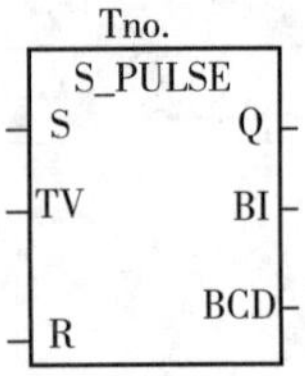
</td>
<td>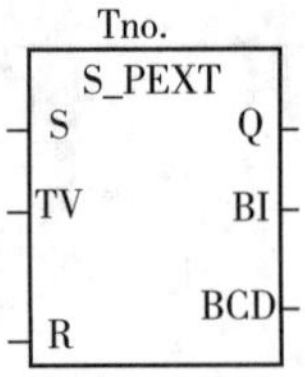
</td>
<td>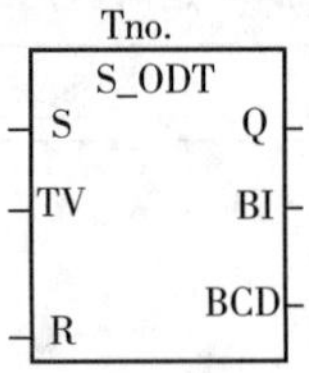
</td>
<td>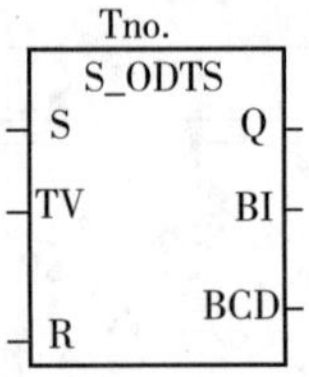
</td>
<td>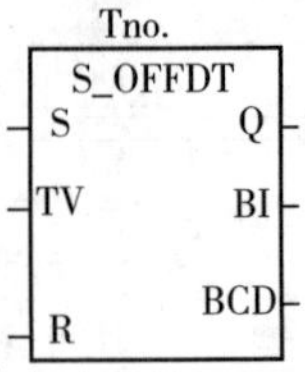
</td>
</tr>
</table>

表 5-23　定时器的梯形图方块指令

参数	数据类型	存储区	说明
no.	TIMER	T	定时器标识号,与 CPU 有关
S	BOOL	I,Q,M,D,L	启动输入
TV	S5TIME	I,Q,M,D,L	设定时间(S5TIME 格式)
R	BOOL	I,Q,M,D,L	复位输入
Q	BOOL	I,Q,M,D,L	定时器状态输出
BI	WORD	I,Q,M,D,L	剩余时间输出(二进制格式)
BCD	WORD	I,Q,M,D,L	剩余时间输出(BCD 码格式)

时基与定时范围见表 5-24。

表 5-24　时基与定时范围

时基	时基的二进制代码	分辨率	定时范围
10 ms	00	0.01 s	10 ms 至 9 s 990 ms
100 ms	01	0.1 s	100 ms 至 1 min 39 s 900 ms
1 s	10	1 s	1 s 至 16 min 39 s
10 s	11	10 s	10 s 至 2 h 46 min 30 s

为累加器 1 装入定时时间值的表示方法:

① L　W#16#wxyz

其中:w,x,y,z 均为十进制数;w 为时基,取值 0,1,2,3,分别表示时基为 10 ms,100 ms,1 s,10 s;xyz 为定时值,取值范围为 1 到 999。

② L　S5T#aH_bbM_ccS_dddMS

(4)定时器启动与运行

PLC 中的定时器相当于时间继电器。在使用时间继电器时,要为其设置定时时间,当时间继电器的线圈通电后，时间继电器被启动。若定时时间到，继电器的触点动作。当时间继电器的线圈断电时，也将引起其触点的动作。该触点可以在控制线路中，控制其他继电器。

(5)定时器应用举例

例 5－4　脉冲发生器。

用定时器可构成脉冲发生器，这里用了两个定时器产生频率占空比均可设置的脉冲信号。如图 5－27 所示为脉冲发生器的时序图，当输入 I0.0 为 1 时，输出 Q0.0 为 1 和 0 交替进行，脉冲信号的周期为 3 s，脉冲宽度为 1 s。

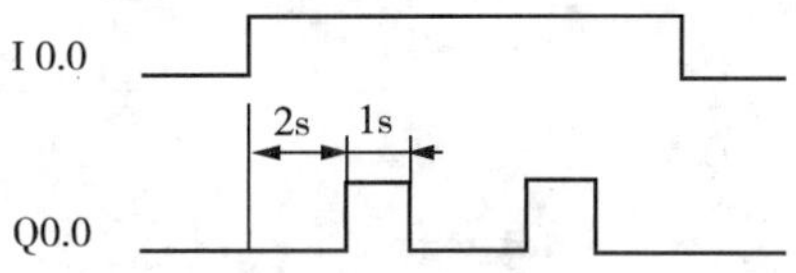

图 5－27　脉冲发生器时序

梯形图程序如图 5－28 所示。

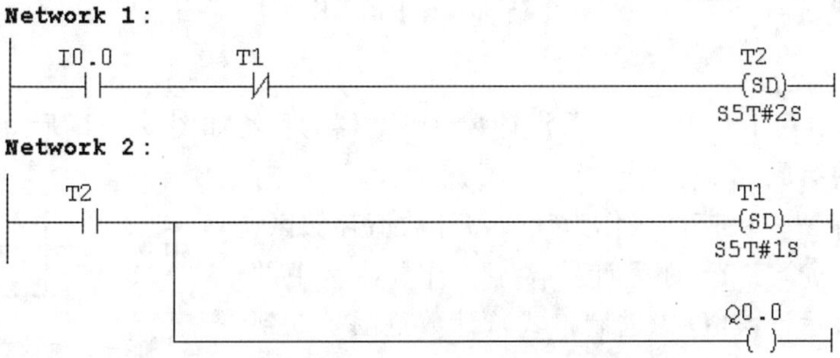

图 5－28　梯形图程序

例 5－5　频率监测器。

如图 5－29 所示，频率监测器用于监测脉冲信号的频率，若其低于下限，则指示灯亮，“确认”按键能使指示灯复位。为此，使用了一个扩展脉冲定时器，每当频率信号有一个上升沿就启动一次定时器。如果超过了定时时间没有启动定时器，则表明两个脉冲之间的时间间隔太长，即频率太低了。

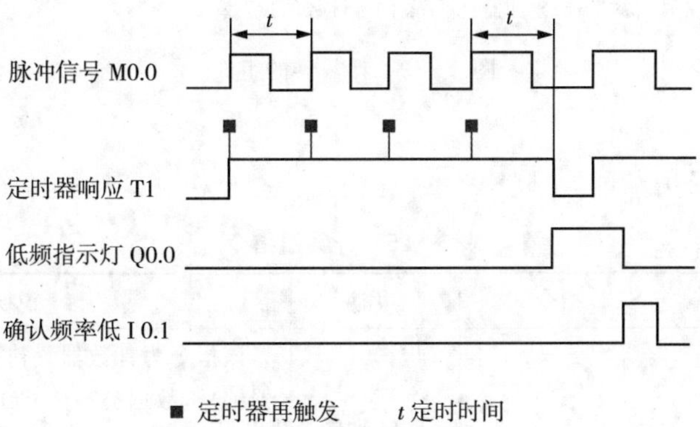

图 5－29　频率监测器时序

梯形图程序如图 5－30 所示。

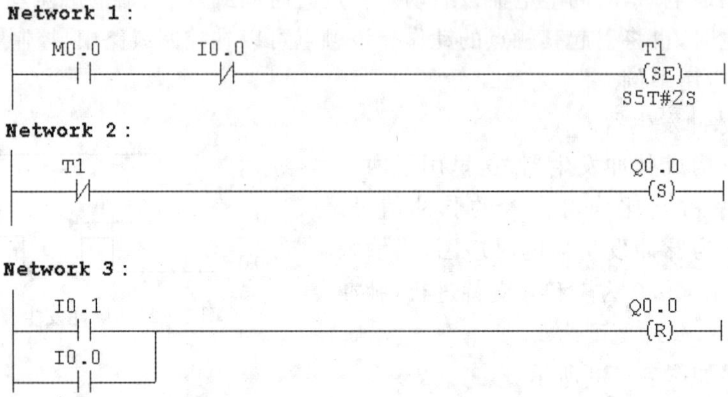

图 5－30　梯形图程序

3. 计数器指令

S7 中的计数器用于对 RLO 正跳沿计数。计数器的种类如图 5－31 所示。

(1)计数器的组成

在 CPU 中保留一块存储区作为计数器计数值存储区，每个计数器占用两个字节，称为计数器字。计数器字中的第 0 至第 11 位表示计数值(二进制格式)，计数范围是 0 到 999。当计数值达到上限 999 时，累加停止。计数值到达下限 0 时，将不再减小。如图 5－32 所示。

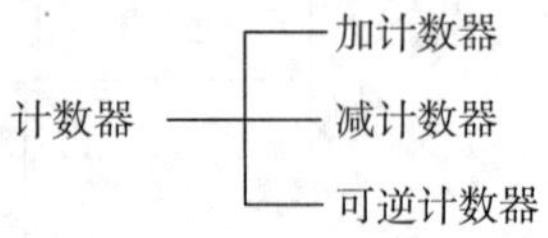

图 5－31　计数器的种类

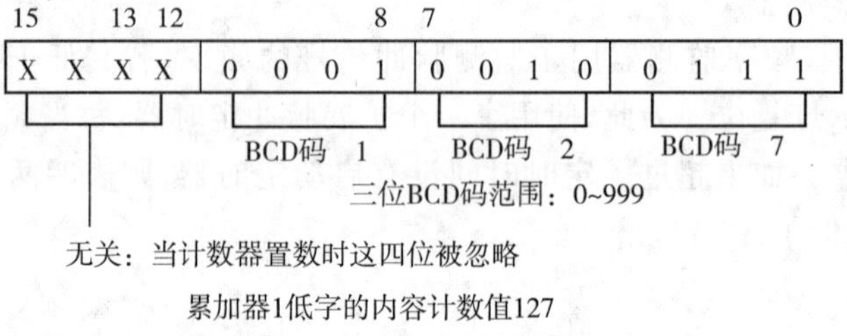

图 5－32　计数器的组成

(2)计数器指令

计数器指令见表 5－25。

表 5－25　计数器指令

LAD 指令	STL 指令	功能	说明
C no. —(SC) ＜预置值＞	SC C no.	计数器置初始值	该指令为计数器置初始值，其中 no. 为计数器编号，数据类型为 COUNTER；＜预置值＞的数据类型为 WORD，可用存储区为 I、Q、M、D、L，也可为常数；STL 指令的初始值在累加器 1 中

（续表）

LAD 指令	STL 指令	功能	说明
C no. －－(CU)	CU C no.	加计数	执行指令时，RLO 每有一个正跳沿计数值加 1；若达上限 999，则停止累加
C no. －－(CD)	CD C no.	减计数	执行指令时，RLO 每有一个正跳沿计数值减 1；若达下限 0，则停止减
	FR C no.	允许计数器再启动	若 RLO 为 1，则初始值再次装入，它不是计数器正常运行的必要条件

当计数大于 0 时在输出 Q 上的 1 信号状态检查产生结果 1；当计数等于 0 时，信号状态检查产生结果 0。

(3)计数器的梯形图方块指令

计数器的梯形图方块指令，见表 5－26 和表 5－27。

表 5－26　计数器的梯形图方块

加计数器	减计数器	可逆计数器
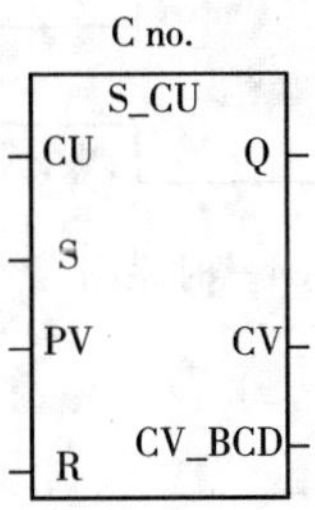 	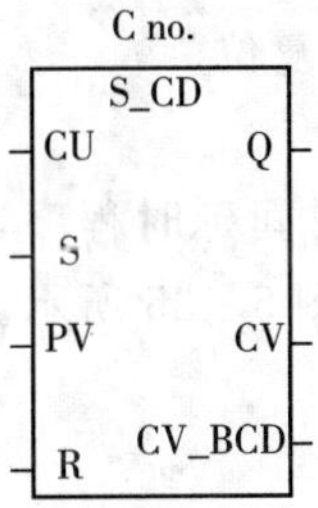 	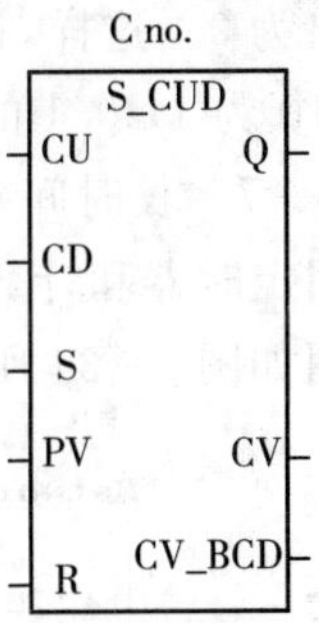

表 5－27　计数器的梯形图方块指令

参数	数据类型	存储区	说明
no.	COUNTER		计数器标识号
CU	BOOL	I,Q,M,D,L	加计数输入
CD	BOOL	I,Q,M,D,L	减计数输入
S	BOOL	I,Q,M,D,L	计数器预置输入
PV	WORD	I,Q,M,D,L	计数初始值(0 至 999)
R	BOOL	I,Q,M,D,L	复位计数器输入
Q	BOOL	I,Q,M,D,L	计数器状态输出
CV	WORD	I,Q,M,D,L	当前计数值输出(整数格式)
CV_BCD	WORD	I,Q,M,D,L	当前计数值输出(BCD 格式)

(4)计数器应用举例

例 5－6 计数器扩展为定时器。

如图 5－33 所示，当定时器不够用时，可以用计数器扩展为定时器。程序中使用了 CPU 的时钟存储器，设置 MB100 为时钟存储器，则 M100.0 的变化周期为 0.1 s。

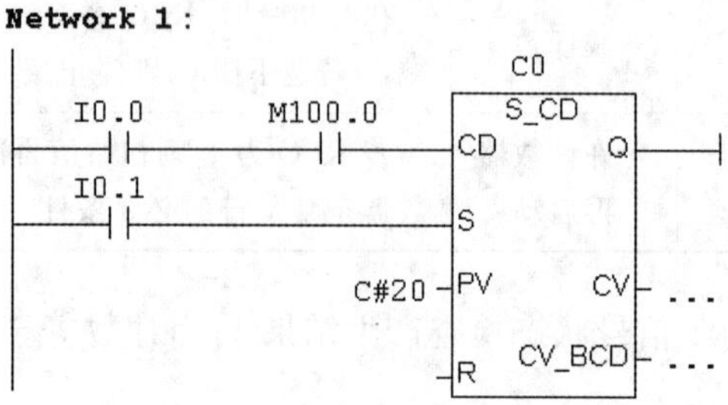

图 5－33 梯形图程序

在程序中，如果 I0.1 的正跳沿为减计数器 C0 置数。若 I0.0 为 1，则 C0 每 0.1 s 减 1。当 C0 减到 0 后，输出 Q0.0 为 1，I0.1 的又一个正跳沿使 C0 置数并使输出为 0。这样，在 I0.0 为 1 后 2 s(20×0.1 s＝2 s)，Q0.0 为 1，I0.1 的正跳沿使 Q0.0 复位。

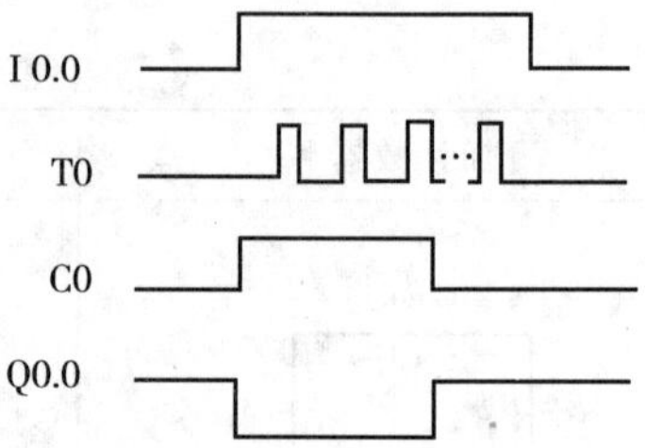

图 5－34 时序图

例 5－7 长时间延时程序。

采用定时器和计数器可以组成长时间延时程序，其时序图如图 5－34 所示，梯形图程序图 5－35 所示。

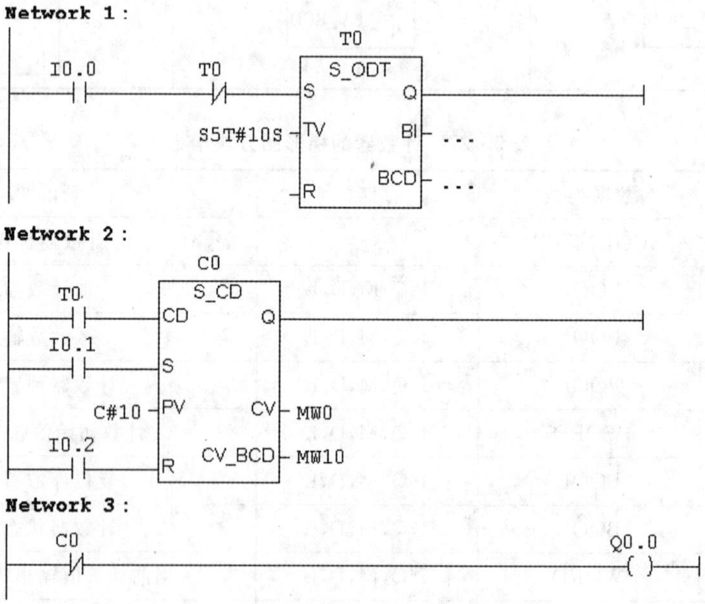

图 5－35 梯形程序图

当输入 I0.0 接通时，定时器 T0 经过 10s 时间延时后，其动合触点 T0 闭合，计数器 C0 开始递减运算，与此同时 T0 的动断触点是断开的，造成 T0 线圈断电，使 T0 的动合触点断开，C0 仅计数一次，而后 T0 线圈又接通，如此循环。当 C0 经过 10s×10＝100s 时间后，计数器 C0 输出为 0，输出 Q0.0 接通，具有长时间延时的功能。

5.5　数字指令

数字指令的分类，如图 5－36 所示。

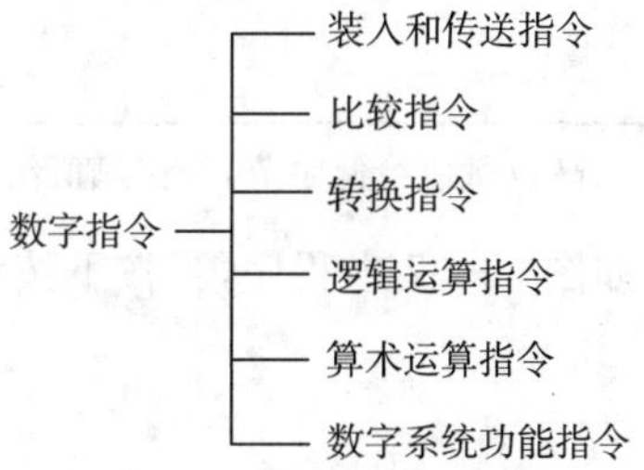

图 5－36　数字指令的分类

5.5.1　装入和传送指令

装入(L)和传送(T)指令可以在存储区之间或存储区与过程输入、输出之间交换数据。CPU 执行这些指令不受逻辑操作结果 RLO 的影响。L 指令将源操作数装入累加器 1 中，而累加器原有的数据移入累加器 2 中，累加器 2 中原有的内容被覆盖。T 指令将累加器 1 中的内容写入目的存储区中，累加器的内容保持不变。L 指令和 T 指令可对字节、字、双字数据进行操作，当数据长度小于 32 位时，数据在累加器右对齐，其余各位填 0。

(1)对累加器 1 的装入和传送指令

```
L +5
T MW0
```

(2)读取或传送状态字

```
L STW      //将状态字中 0～8 位装入累加器 1 中，累加器 9～31 位被清 0
T STW      //装累加器 1 中的内容传送到状态字中
```

(3) 装入时间值或计数值

```
L  T1      //将定时器 T1 中二进制格式的时间值直接装入累加器 1 的低字中
LC T1      //将定时器 T1 中的时间值和时基以 BCD 格式装入累加器 1 的低字中
L  C1      //将计数器 C1 中二进制格式的计数值直接装入累加器 1 的低字中
LC C1      //将计数器 C1 中的计数值以 BCD 格式装入累加器 1 的低字中
```

(4) 地址寄存器装入和传送

```
LAR1       //将操作数的内容装入地址寄存器 AR1
LAR2       //将操作数的内容装入地址寄存器 AR2
TAR1       //将 AR1 的内容传送给存储区或 AR2
TAR2       //将 AR2 的内容传送给存储区
CAR        //交换 AR1 和 AR2 的内容
```

对于地址寄存器，可以不经过累加器 1 而直接将操作数装入或传出，或将两个地址寄存器的内容直接交换。

(5)梯形图方块传送指令

梯形图方块传送指令见表 5－28。

表 5－28　梯形图方块传送指令

LAD 指令	参数	数据类型	存储区	说明
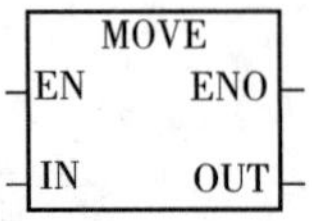	EN ENO	BOOL BOOL	I,Q,M,D,L	允许输入允许输出
	IN	8,16,32 位长的所有数据类型		源数据,可为常数
	OUT	8,16,32 位长的所有数据类型		目的操作数

注:高位赋值给低字节,低位赋值给高字节。

如图 5－37 中程序,当按下按钮 I0.0,输出 Q0.0 为 1。

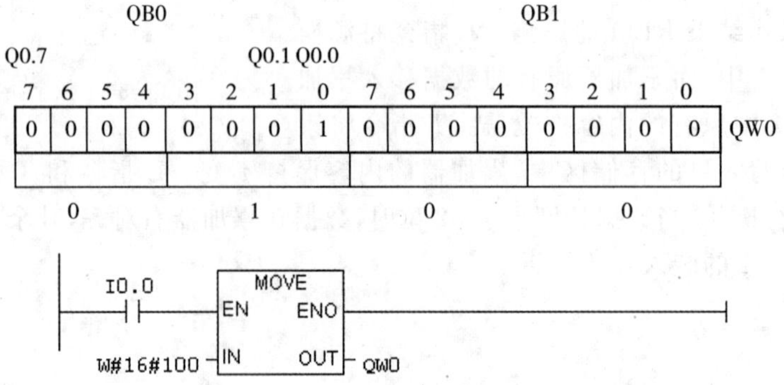

图 5－37　程序图

5.5.2　比较指令

比较指令用于比较累加器 2 与累加器 1 中的数据大小。比较时应确保两个数的类型相同,数据类型可以是整数、长整数或实数。若比较的结果为真,则 RLO 为 1,反之则为 0。

(1)比较两个整数或长整数指令,见表 5－29。

表 5－29　比较两个整数或长整数指令

指令	说明
＝＝I ＝＝D	在累加器 2 低字中的整数是否等于累加器 1 低字中的整数 在累加器 2 中的长整数是否等于累加器 1 中的长整数
<>I <>D	在累加器 2 低字中的整数是否不等于累加器 1 低字中的整数 在累加器 2 中的长整数是否不等于累加器 1 中的长整数
>I >D	在累加器 2 低字中的整数是否大于累加器 1 低字中的整数 在累加器 2 中的长整数是否大于累加器 1 中的长整数

（续表）

指令	说明
<I <D	在累加器 2 低字中的整数是否小于累加器 1 低字中的整数 在累加器 2 中的长整数是否小于累加器 1 中的长整数
>=I >=D	在累加器 2 低字中的整数是否大于或等于累加器 1 低字中的整数 在累加器 2 中的长整数是否大于或等于累加器 1 中的长整数
<=I <=D	在累加器 2 低字中的整数是否小于累加器 1 低字中的整数 在累加器 2 中的长整数是否小于累加器 1 中的长整数

（2）比较两个实数指令，见表 5－30。

表 5－30　比较两个实数指令

指令	说明
==R	在累加器 2 中的 32 位实数是否等于累加器 1 中的实数
<>R	在累加器 2 中的 32 位实数是否不等于累加器 1 中的实数
>R	在累加器 2 中的 32 位实数是否大于累加器 1 中的实数
<R	在累加器 2 中的 32 位实数是否小于累加器 1 中的实数
>=R	在累加器 2 中的 32 位实数是否大于或等于累加器 1 中的实数
<=R	在累加器 2 中的 32 位实数是否小于或等于累加器 1 中的实数

（3）梯形图方块比较指令，见表 5－31 和表 5－32。

表 5－31　梯形图方块

整数比较	长整数比较	实数比较
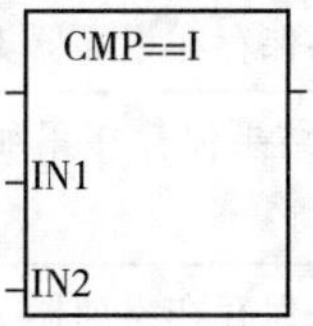 等于	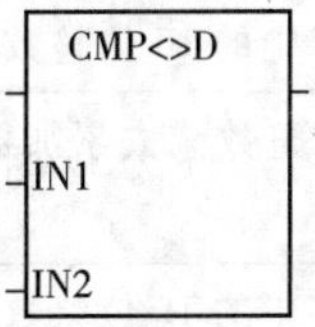 小于或等于	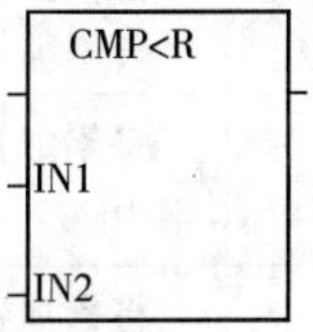 小于

表 5－32　梯形图方块比较指令

参数	数据类型	存储区	说明
INT1	INT DINT REAL	I，Q，M，D，L	第一个参与比较数
INT2	INT DINT REAL	I，Q，M，D，L	第二个参与比较数

如图 5-38 所示，方块比较指令在逻辑串中，相当于一个常开触点，如果比较结果为真，则该常开触点闭合，否则触点断开。

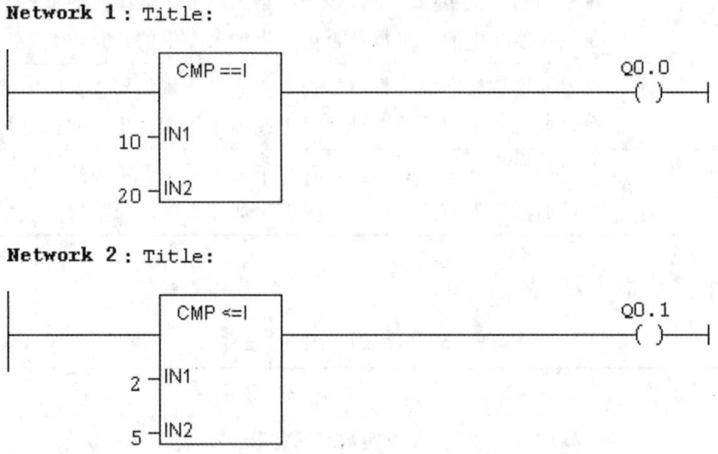

图 5-38　梯形图指令

5.5.3　算术运算指令

在 STEP 7 中可以对整数、长整数和实数进行加、减、乘、除等算术运算。

算术运算指令在累加器 1 和累加器 2 中进行，在累加器 2 中的值作为被减数或被除数。算术运算的结果存在累加器 1 中，累加器 1 原有的值被运算结果覆盖，累加器 2 中的值保持不变。

(1)整数算术运算指令见表 5-33。

表 5-33　整数算术运算指令

指令	说明
+I	将累加器 1 和累加器 2 低字中的 16 位整数相加，16 位整数结果保存在累加器 1 低字中
-I	将累加器 2 低字中的 16 位整数减去累加器 1 低字中的内容，结果保存在累加器 1 低字中
*I	将累加器 1 和累加器 2 低字中的 16 位整数相乘，32 位整数结果保存在累加器 1 低字中
/I	将累加器 2 低字中的 16 位整数除以累加器 1 低字中的内容，商为 16 位整数并保存在累加器 1 低字中，余数存放在累加器 1 的高字中
+D	将累加器 1 和累加器 2 中的 32 位整数相加，32 位整数结果保存在累加器 1 中
-D	将累加器 2 中的 32 位整数减去累加器 1 中的内容，结果保存在累加器 1 中
*D	将累加器 1 和累加器 2 中的 32 位整数相乘，32 位整数结果保存在累加器 1 中
/D	将累加器 2 中的 32 位整数除以累加器 1 中的内容，商为 32 位整数并保存在累加器 1 中，余数被丢掉
MOD	将累加器 2 中的 32 位整数除以累加器 1 中的内容，余数保存在累加器 1 中，商被丢掉
+	累加器 1 中加一个 16 位或 32 位整数常量，结果保存在累加器 1 中

(2)实数算术运算指令见表 5－34。

表 5－34　实数算术运算指令

指令	说明
＋R	将累加器 1 和累加器 2 中的 32 位实数相加，32 位结果保存在累加器 1 中
－R	将累加器 2 中的 32 位实数减去累加器 1 中的内容，结果保存在累加器 1 中
* R	将累加器 1 和累加器 2 中的 32 位实数相乘，32 位乘积保存在累加器 1 中
/R	将累加器 2 中的 32 位实数除以累加器 1 中的内容，商为 32 位实数并保存在累加器 1 中
ABS	对累加器 1 中的 32 位实数取绝对值

(3)梯形图算术运算方块指令见表 5－35。

表 5－35　梯形图算术运算方块指令

整数相加	长整数相加	实数相加
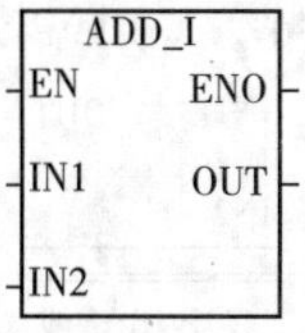	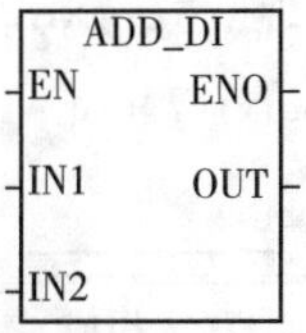	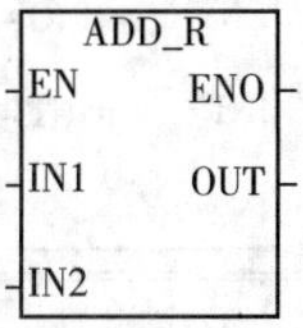

例 5－8　解数学问题。

用算术运算指令解以下的方程：

$$MW4=\frac{(IW0+DBW3)\times 15}{MW0}$$

梯形图程序如图 5－39 所示。

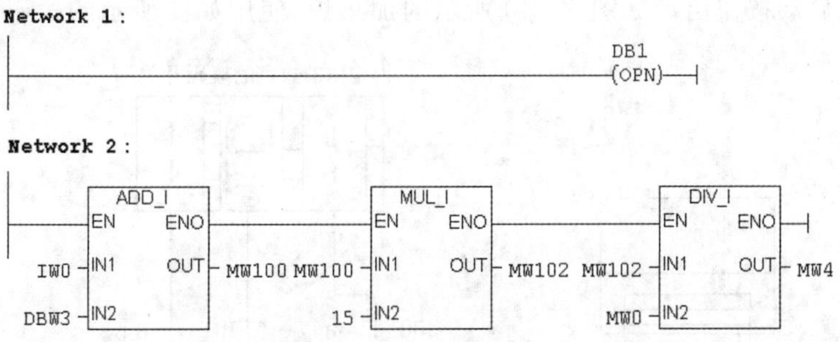

图 5－39　梯形图程序

5.5.4　字逻辑运算指令

字逻辑指令将两个字(16 位)或双字(32 位)逐位进行逻辑运算。每个字或双字都必须分别存放在 2 个累加器中。操作的结果被存放在累加器 1 中，原有的内容被覆盖。

(1) 字逻辑语句表指令见表 5－36。

表 5－36 字逻辑语句表指令

指令	说明
AW	两个字逐位进行逻辑与运算
OW	两个字逐位进行逻辑或运算
XOW	两个字逐位进行逻辑异或运算
AD	两个双字逐位进行逻辑与运算
OD	两个双字逐位进行逻辑或运算
XOD	两个双字逐位进行逻辑异或运算

(2)字逻辑方块指令见表 5－37。

表 5－37 字逻辑方块指令

字与字相与	字与字相或	字与字相异或
WAND_W EN ENO IN1 OUT IN2	WOR_W EN ENO IN1 OUT IN2	WXOR_W EN ENO IN1 OUT IN2
双字相与	双字相或	双字相异或
WAND_DW EN ENO IN1 OUT IN2	WOR_DW EN ENO IN1 OUT IN2	WXOR_DW EN ENO IN1 OUT IN2

例 5－9 加热炉。

操作员按启动按钮启动如图 5－40 所示的加热炉，使用如图所示的拨码开关设定加热

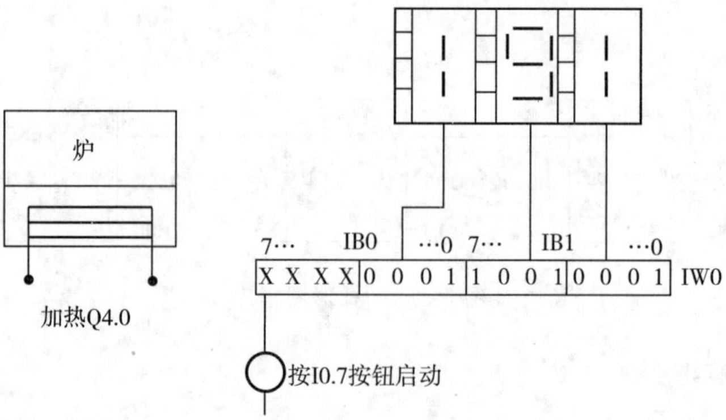

图 5－40 加热炉示意图

时间，设定值以 BCD 格式显示，其单位为秒。

加热系统的元件和相应的绝对地址见表 5－38。

表 5－38　加热系统的元件和相应的绝对地址

系统元件	绝对地址
启动按钮	I0.7
个位数拨码开关	I1.0～I1.3
十位数拨码开关	I1.4～I1.7
百位数拨码开关	I0.0～I0.3
开始加热	Q4.0

梯形图程序如图 5－41 所示。

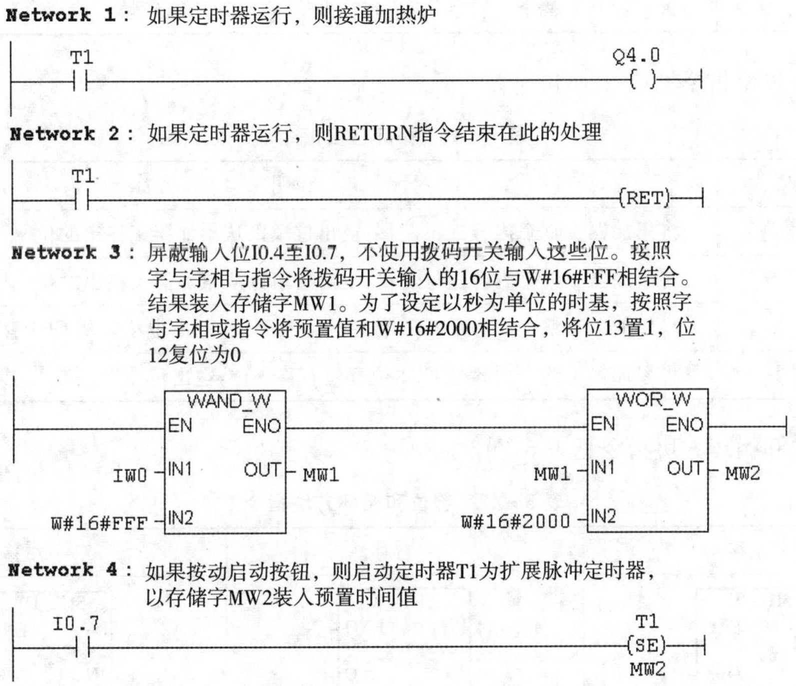

图 5－41　梯形图程序

5.5.5　移位和循环移位指令

移位指令将累加器 1 低字中内容或整个累加器 1 的内容左移或右移。移动的次数在累加器 2 中或直接在指令中以常数给出。累加器 1 移位后空出的位，填以 0 或符号位（0 代表正，1 代表负），被移动的最后一位保存在状态字中的 CC1 里，CC0 和 OV 被复位为 0。循环移位指令与一般移位指令的差别是，循环移位指令的空位填以从累加器中移出的位。

(1) 无符号数移位指令见表 5-39。

表 5-39 无符号数移位指令

指令	说明
SLW	将累加器 1 低字中的内容逐位左移,空出位填以 0
SRW	将累加器 1 低字中的内容逐位右移,空出位填以 0
SLD	将累加器 1 整个内容逐位左移,空出位填以 0
SRD	将累加器 1 整个内容逐位右移,空出位填以 0

(2)有符号数移位指令见表 5-40。

表 5-40 有符号数移位指令

指令	说明
SSI	将累加器 1 低字中的内容逐位右移,空出位填以符号位(正填 0,负填 1)
SSD	将累加器 1 整个内容逐位右移,空出位填以符号位(正填 0,负填 1)

(3)循环移位指令见表 5-41。

表 5-41 循环移位指令

指令	说明
RLD	将累加器 1 整个内容逐位左移,空出位填以从累加器 1 移出的位
RRD	将累加器 1 整个内容逐位右移,空出位填以从累加器 1 移出的位
RLDA	将累加器 1 整个内容带 CC1 位逐位左移一位,空出位填以从 CC1 移出的位
RRDA	将累加器 1 整个内容带 CC1 位逐位右移一位,空出位填以从 CC1 移出的位

(4)移位和循环方块指令见表 5-42。

表 5-42 移位和循环方块指令

字左移	字右移	双字左移
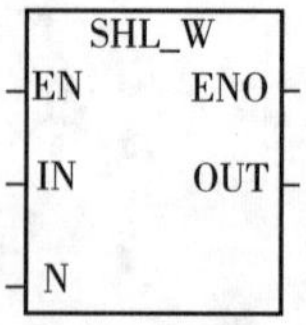	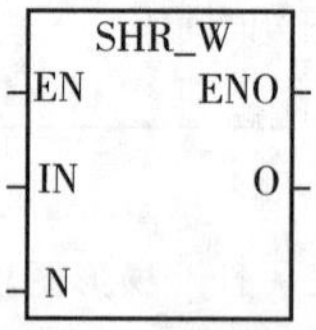	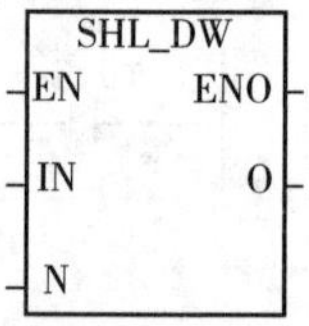
双字右移	整数右移	长整数右移
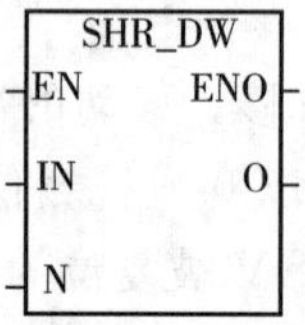	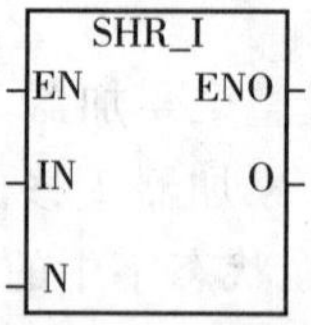	

使用移位指令将输入 IN 中的数向左或向右逐位移动，将输入 IN 中的内容左移相当于完成乘 2 加权运算，将输入 IN 中的内容右移相当于完成除 2 加权运算，见表 5-43。

表 5-43　双字循环移位方块指令

双字左循环移位	双字右循环移位
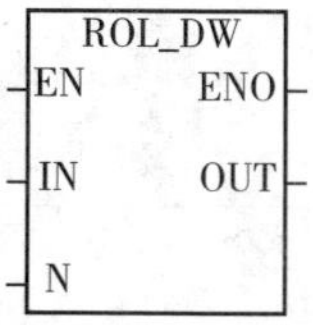	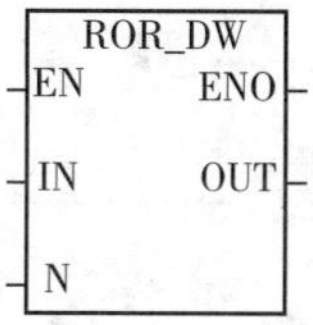

例 5-10　彩灯控制。

当按下启动按钮时，彩灯 L1、L2 同时亮；过 1 s 后，L1 熄灭，L2 保持亮；过 1 s 后，L1、L2 同时灭；过 1 s 后，L1 亮，L2 保持灭；再过 1 s 后，L1、L2 又同时亮，如此循环闪烁，直到按下停止按钮，彩灯工作终止。

梯形程序图如图 5-42 所示。

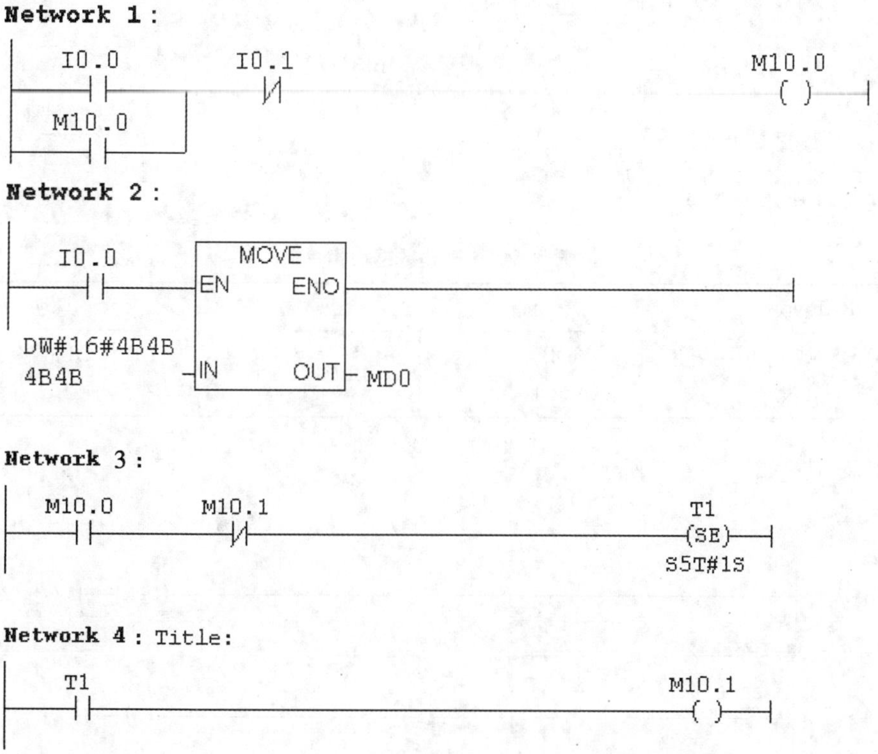

图 5-42　梯形程序图

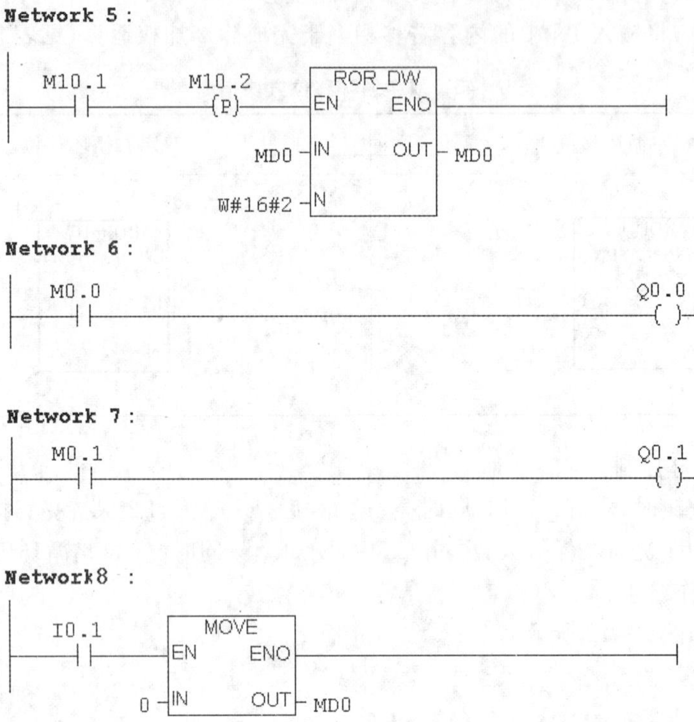

图 5-42　梯形程序图(续)

5.5.6　打开数据块指令

打开数据块指令见表 5-44。

表 5-44　打开数据块指令

LAD 元素	元素	数据类型	说明
＜DB 号＞或＜DI 号＞ －(OPN)－	＜DB 号＞或 ＜DI 号＞	BLOCK_DB	DB 和 DI 的序号范围 与 CPU 有关

梯形程序图如图 5-43 所示。

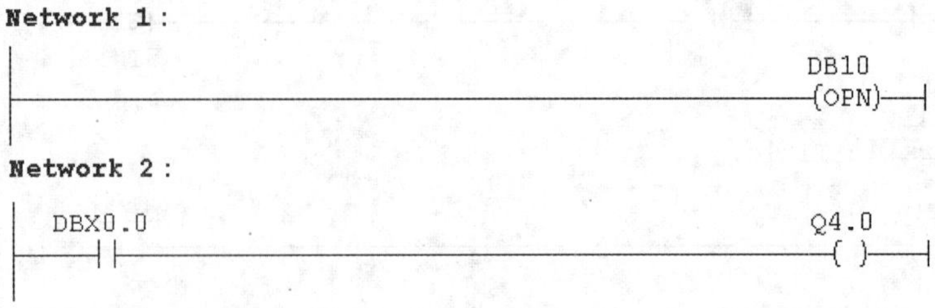

图 5-43　梯形程序图

5.6 控制指令

5.6.1 逻辑控制指令

逻辑控制指令是指逻辑块内的跳转指令和循环指令，这些指令中止程序原有的线性逻辑流，跳到另一处执行程序。跳转或循环指令的操作数是地址标号，该地址标号指出程序要跳往何处，标号最多为4个字符，第一个字符必须是字母，其余字符可为字母或数字。与它相同的标号还必须写在程序跳转的目标地址前，称为目标地址标号。在一个逻辑块内，目标地址标号不能重名。在语句表中，目标地址标号与目标指令用冒号分隔。在梯形图中目标地址标号必须在一个网络的开始。由于STEP7的跳转指令只能在逻辑块内跳转，所以，在不同逻辑块中的目标地址标号可以重名。

(1)无条件跳转指令

无条件跳转指令见表5-45。

表5-45 无条件跳转指令

指令	说明
JU	无条件跳转
JL	跳转表格

无条件跳转指令(JU)可以无条件中断正常的程序逻辑流，使程序跳转到目标处继续执行。跳转表格指令(JL)实质上是多路分支跳转语句，它必须与无条件跳转指令一起使用。多路分支的路径参数存放于累加器1中。

例如：累加器中的值为2，则程序执行时跳到SUB2，这时Q0.2灯亮。

= Q 0.4

(2)条件跳转指令

条件跳转指令见表5-46。

表5-46 条件跳转指令

指令	说明
JC	当RLO=1时跳转
JCN	当RLO=0时跳转
JCB	当RLO=1且BR=1时跳转，指令执行时将RLO保存在BR中
JNB	当RLO=0且BR=0时跳转，指令执行时将RLO保存在BR中
JBI	当BR=1时跳转，指令执行时，OR、FC清0，STA置1
JNBI	当BR=0时跳转，指令执行时，OR、FC清0，STA置1

（续表）

指令	说明
JO	当 OV＝1 时跳转
JOS	当 OS＝1 时跳转，指令执行时，OS 清 0
JZ	累加器 1 中的计算结果为 0 跳转
JN	累加器 1 中的计算结果为非 0 跳转
JP	累加器 1 中的计算结果为正跳转
JM	累加器 1 中的计算结果为负跳转
JMZ	累加器 1 中的计算结果小于或等于 0 跳转
JPZ	累加器 1 中的计算结果大于或等于 0 跳转
JUO	实数溢出跳转

（3）循环指令

使用循环指令（LOOP）可以多次重复执行特定的程序段，重复执行的次数存在累加器 1 中，即以累加器 1 为循环计数器。LOOP 指令执行时，将累加器 1 低字中的值减 1，如果不为 0，则回到循环体开始处继续循环过程，否则执行 LOOP 指令后面的指令。循环体是指循环标号和 LOOP 指令间的程序段。由于循环次数不能是负数，所以程序应保证循环计数器中的数为正整数（数值范围：0～32767）或字型数据（数值范围：W＃16＃0000～W＃16＃FFFF）。

（4）梯形图逻辑控制指令

梯形图逻辑控制指令见表 5－47。

表 5－47　梯形图逻辑控制指令

指令	说明
＜地址＞ －(JMP)	用于无条件跳转或以 RLO＝1 为跳转条件。无条件跳转时不影响状态字，条件跳转时，清 OR、FC，置位 STA、RLO
＜地址＞ －(JMPN)	当 RLO＝0 时跳转，清 OR、FC，置位 STA、RLO

在 S7 中，没有根据算术运算结果直接转移的梯形逻辑指令。但通过使用反映字各位状态的常开常闭触点，并使用前面两条跳转指令，即可实现根据运算结果的跳转功能，见表 5－48。

表 5－48　LAD 指令实现跳转功能

LAD 指令		说明
>0 ┤├	>0 ┤/├	算术运算结果大于 0，则常开触点闭合常闭触点断开，该指令检查状态字条件码 CC0 和 CC1 的组合，决定结果与 0 的关系
>=0 ┤/├	>=0 ┤├	算术运算结果大于或等于 0，则常开触点闭合，常闭触点断开，指令检查状态字条件码 CC0 和 CC1 的组合，决定结果与 0 的关系

（续表）

LAD 指令		说明
UO —| |—	UO —|/|—	浮点算术运算结果溢出，则常开触点闭合，常闭触点断开，指令检查状态字条件码 CC0 和 CC1 的组合
BR —| |—	BR —|/|—	若状态字的位 BR 为 1，常开触点闭合，常闭触点断开

状态位常开常闭触点梯形程序图如图 5－44 所示。

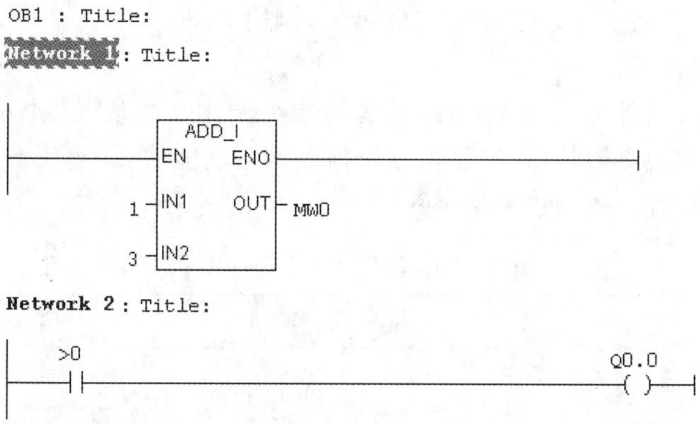

图 5－44　梯形程序图

5.6.2　程序控制指令

程序控制指令是指功能块（FB、FC、SFB、SFC）调用指令和逻辑块（OB、FB、FC）结束指令。调用块或结束块可以是有条件的或无条件的。STEP 7 中的功能块实质上就是子程序。

（1）语句表程序控制指令

语句表程序控制指令见表 5－49。

表 5－49　语句表程序控制指令

指令	说明
CALL	该指令在程序中无条件执行，调用 FB、FC、SFB、SFC
UC	该指令在程序中无条件调用功能块（一般是 FC 或 SFC），但不能传递参数
CC	RLO＝1，调用功能块（一般是 FC），但不能传递参数
BEU	该指令无条件结束当前块的扫描，将控制返还给调用块
BEC	RLO＝1，结束当前块的扫描，将控制返还给调用块；若 RLO＝0，则将 RLO 置 1，程序继续在当前块内扫描

CALL 指令可以调用用户编写的功能块或操作系统提供的功能块，CALL 指令的操作数是功能块类型及其编号，当调用的功能块是 FB 块时还要提供相应的背景数据块 DB。使用 CALL 指令可以为被调用功能块中的形式参数赋以实际参数，调用时应保证实际参数与

形式参数的数据类型一致。例如：

```
CALL   FB40,DB 41       //调用 FB40,并指明背景数据块为 DB41
IN1：= I1.0             //将实际参数 I1.0 分配给形式参数 IN1
IN2：= MW2              //将实际参数 MW2 分配给形式参数 IN2
OUT1：= MD 20           //给形式参数 OUT1 分配给实际参数 MD20
L   MD20                //调用结束后,FB40 的运行结果在 MD20 中
```

UC 和 CC 指令用于不需传递参数的场合，如：

```
CC   FC12               //当 RLO=1 时调用 FC12
UC   FC12               //不管 RLO 结果,调用 FC12
```

(2)梯形图程序控制指令

梯形图调用块有两种方式：一是用线圈驱动指令调用功能块，这种方式相当于 STL 指令 UC 和 CC，不能实现参数传递；二是用方块指令调用功能块，相当于 STL 指令 CALL，可以传递参数。梯形图程序控制指令见表 5-50。

表 5-50　梯形图程序控制指令

LAD 指令	参数	数据类型	说明
No. ——(CALL)	No.	BLOCK_FC	No. 为被调用的不带参数的 FC 或 SFC 号数
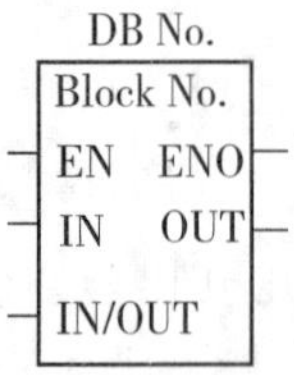	DB No. Block No. EN ENO	BLOCK_DB BLOCK_FB BLOCK_FC BOOL BOOL	背景数据块号，只在调用 FB 时提供这一数据 被调用的功能块 允许输入 允许输出
——(RET)	无	—	块结束

5.6.3　主控继电器指令

主控继电器是一种梯形图逻辑主控开关，用来控制信号流(电流路径)的通断。在 STEP 7 中与主控继电器相关的指令见表 5-51。

表 5-51　主控继电器指令

STL 指令	LAD 指令	说明
MCRA	—(MCRA)	激活 MCR 区，该指令表明一个按 MCR 方式操作区域的开始
MCRD	—(MCRD)	激活 MCR 区(应与 MCRA 成对使用)，该指令表明一个按 MCR 方式操作区域的结束
MCR(	—(MCR<)	主控继电器，该指令将 RLO 保存于 MCR 堆栈中，产生一条子母线，其后的指令与子母线相连
)MCR	—(MCR>)	恢复 RLO，结束子母线，返回主母线

注意：

(1)在 MCRA 指令和 MCRD 指令之间的指令将根据 MCR 位的信号状态进行操作；在 MCRA 指令和 MCRD 指令之外的指令串中，即使有 MCR 位也不按其操作，而是视主控触点为闭合进行操作。见表 5－52 及图 5－45。

(2)若在 MCRA 指令和 MCRD 指令之间有 BEU 指令，则 CPU 执行到 BEU 指令时也结束 MCR 区域。

(3)若在激活的 MCR 区域中有块调用指令，则激活状态不能继承到被调用块中，必须在被调用块中重新激活 MCR 区，才能使指令根据 MCR 位操作。

(4)MCR 指令和 MCR 指令要成对使用，以表示受控子母线的形成与终止。MCR 指令可以嵌套使用，最大的嵌套深度是 8 层。

(5)在 STEP 7 中主控继电器动作与否，影响与子母线相连的控制逻辑的操作结果。

表 5－52　MCR 信号状态及相应操作

MCR 信号状态	= (输出线圈或中间输出)	S 或 R (置位或复位)	T (传送或赋值)
0	写入 0 模仿掉电时继电器的静止状态	不写入 模仿掉电时的自锁继电器，使其保持当前的状态	写入 0 模仿一个元件，在掉电时产生 0 值
1	正常执行	正常执行	正常执行

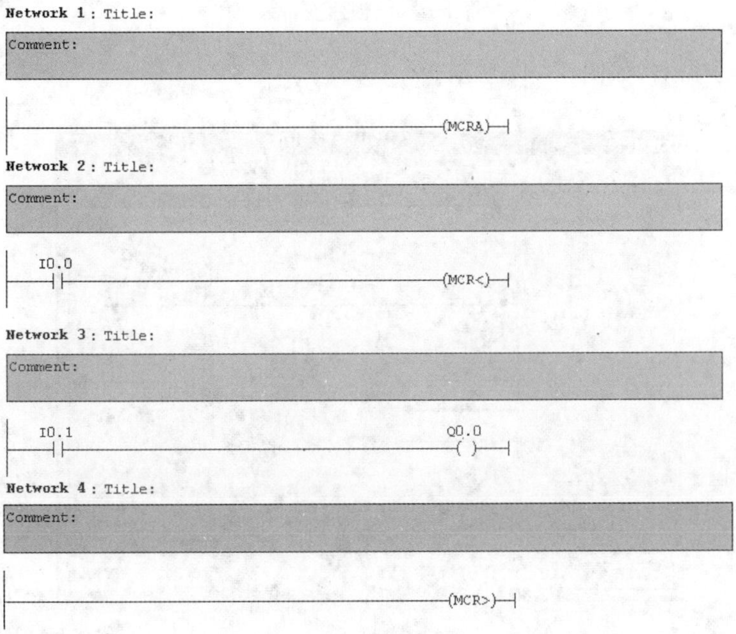

图 5－45　梯形程序图

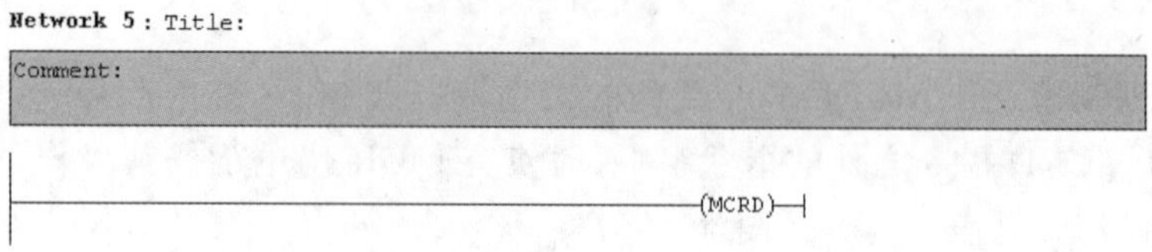

图 5-45　梯形程序图(续)

监控变量和强制变量的使用:

① 创建变量表,如图 5-46 所示。

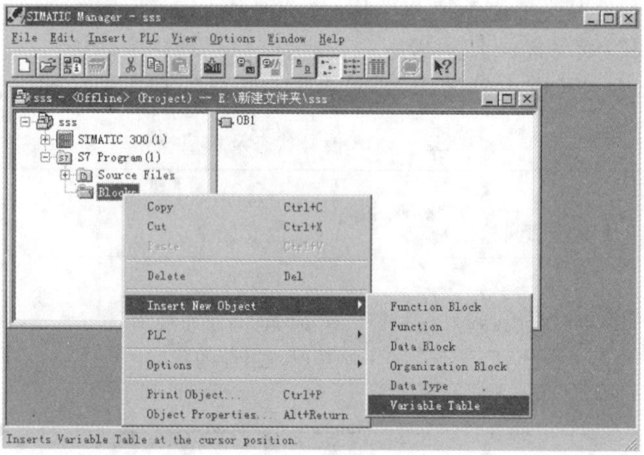

图 5-46　创建变量表

② 给变量表命名,如图 5-47 所示。

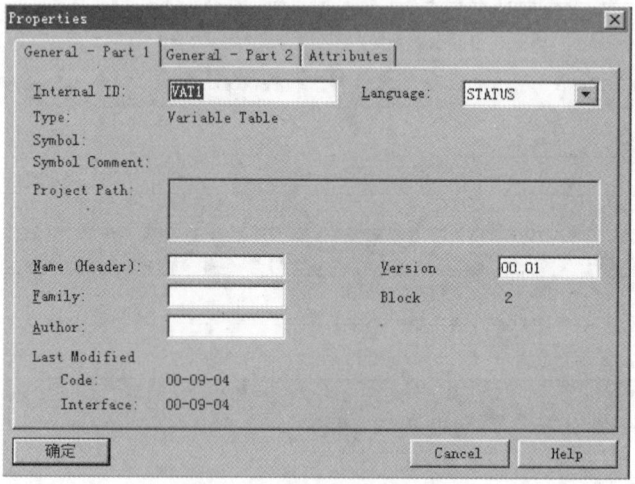

图 5-47　给变量表命名

③ 打开变量表,输入监控变量,如图 5-48 所示。

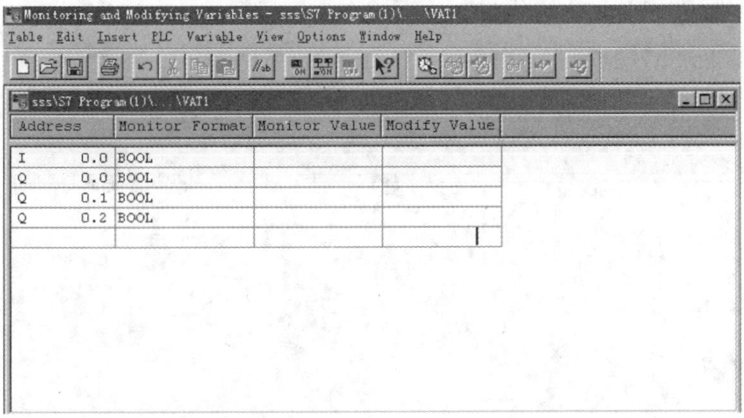

图 5 - 48　输入控制变量

④ 建立 CPU 连接，如图 5 - 49 所示。

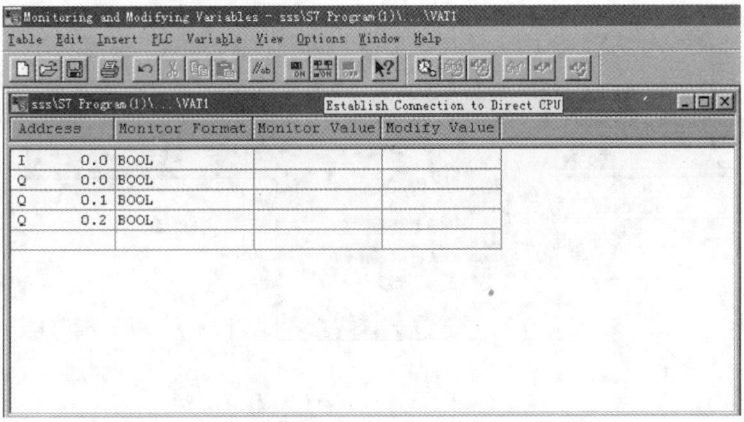

图 5 - 49　建立 CPU 连接

⑤ 启动监视，如图 5 - 50 所示。

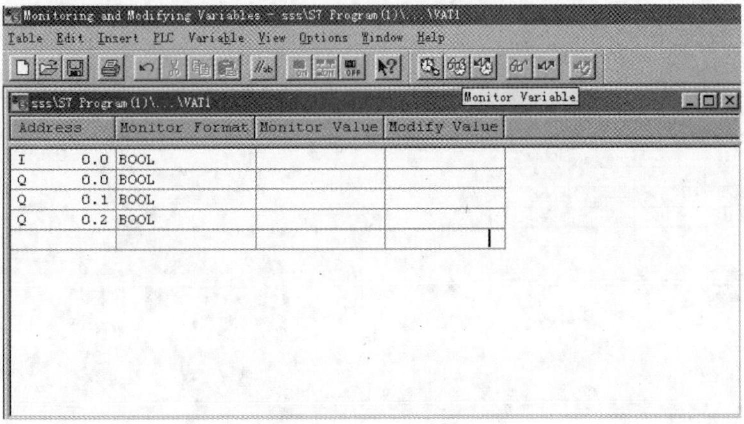

图 5 - 50　启动监视

⑥ 监视情况,如图 5-51 所示。

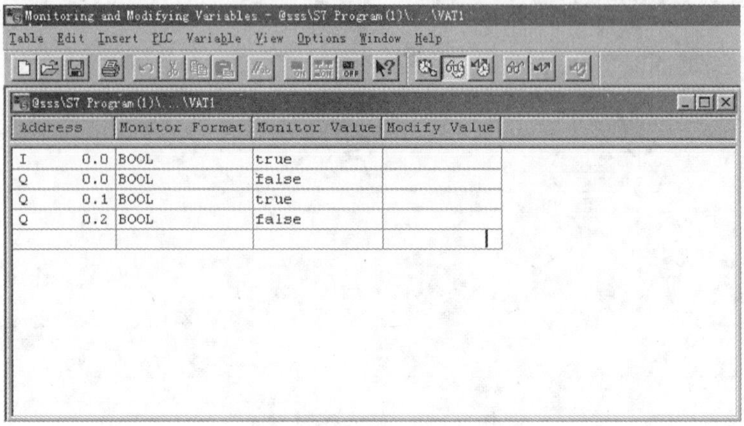

图 5-51　监视情况

⑦ 显示强制变量表,如图 5-52 所示。

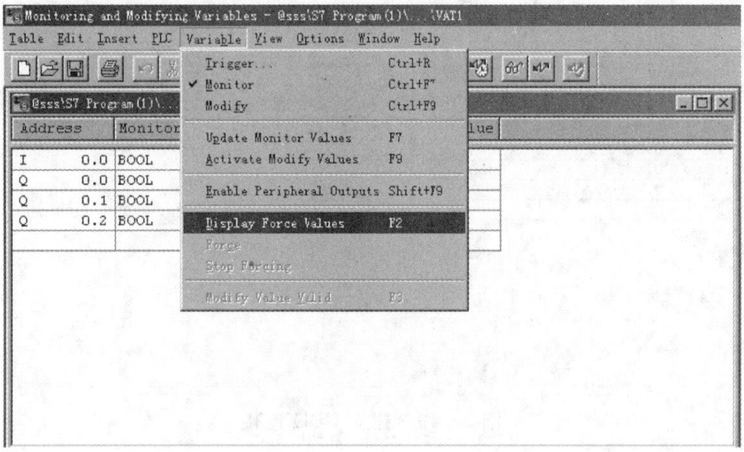

图 5-52　显示强制变量表

⑧ 设置强制值,如图 5-53 所示。

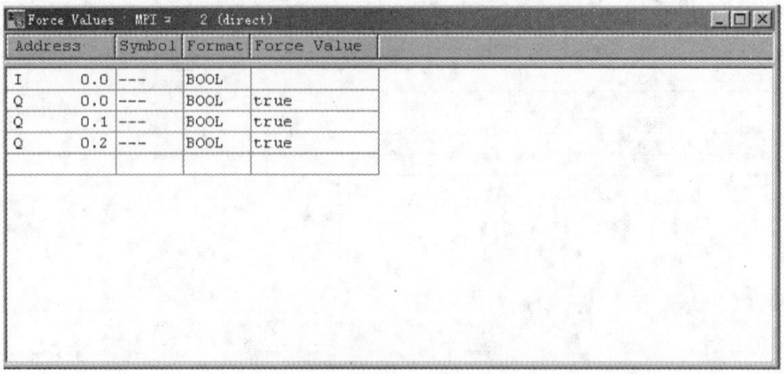

图 5-53　设置强制值

⑨ 启动强制，如图 5－54 所示。

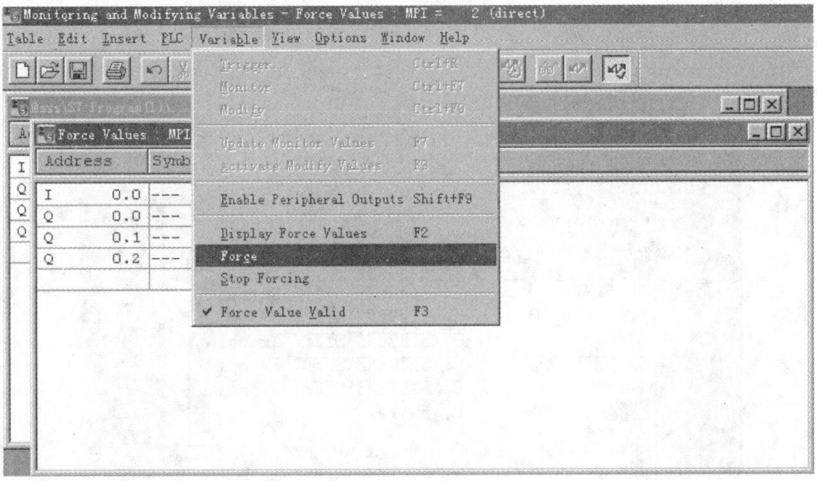

图 5－54　启动强制

⑩ 停止强制，如图 5－55 所示。

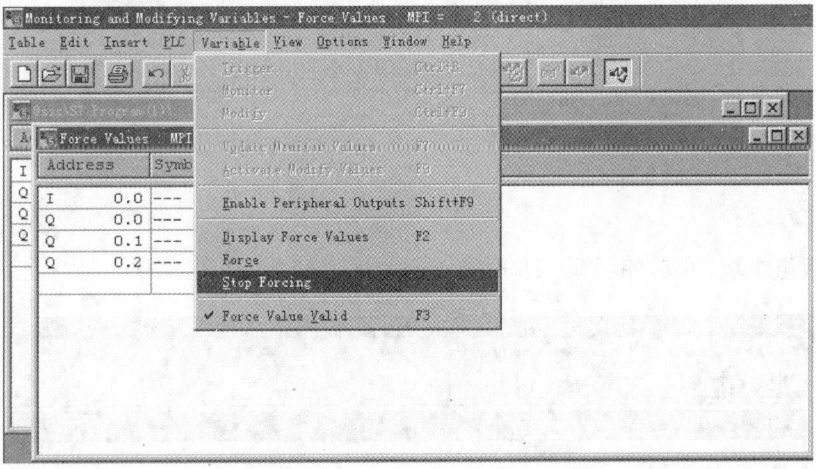

图 5－55　停止强制

仿真功能 PLCSIM 的使用：

① 进入 SIMATIC 管理器，点击“仿真”图标，如图 5－56 所示。

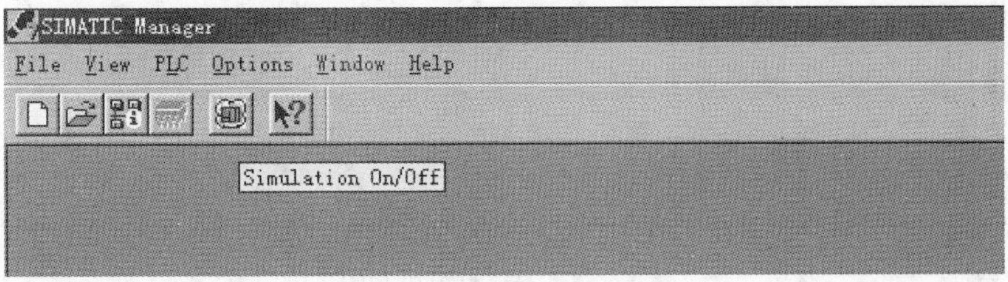

图 5－56　点击“仿真”图标

② 打开要仿真的项目(如“www”),如图 5-57 所示。

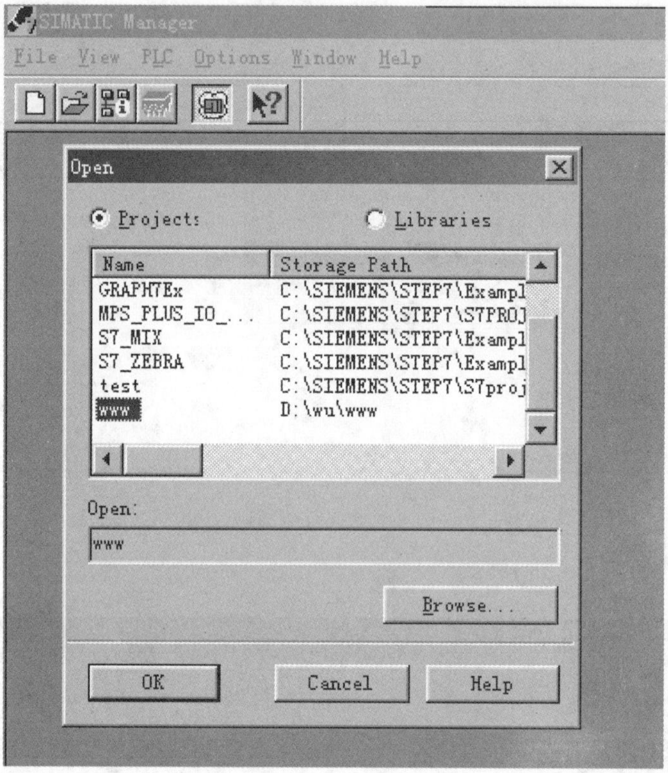

图 5-57 打开仿真项目

③ 下载组织块 OB1,如图 5-58 所示。

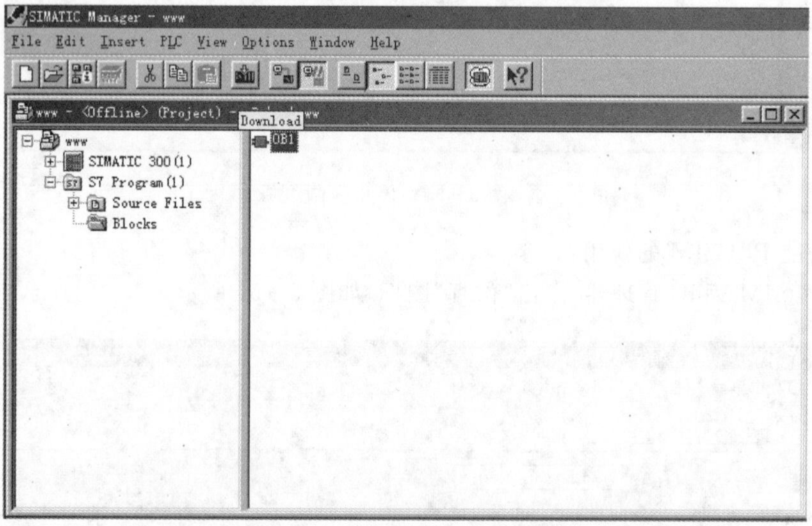

图 5-58 下载组织块 OB1

④ 插入输入值、输出值表，并设定相应的输入值，如图 5－59 所示。

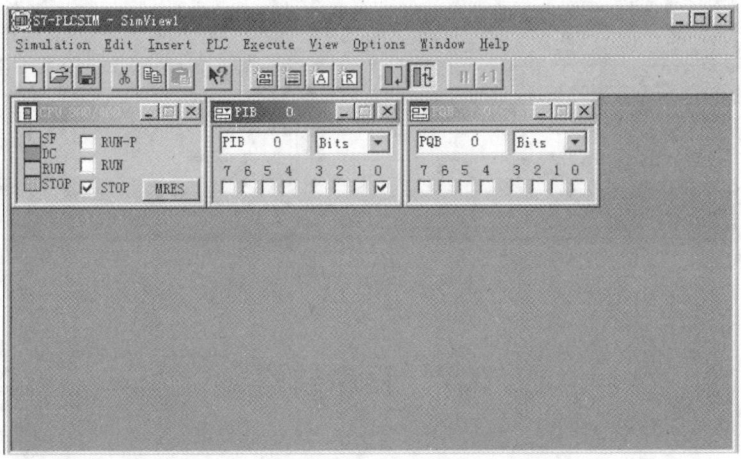

图 5－59　插入输入值、输出值表

⑤ 点击 CPU 模式表，将 CPU 设定为“RUN”或“RUN－P”模式，如图 5－60 所示。

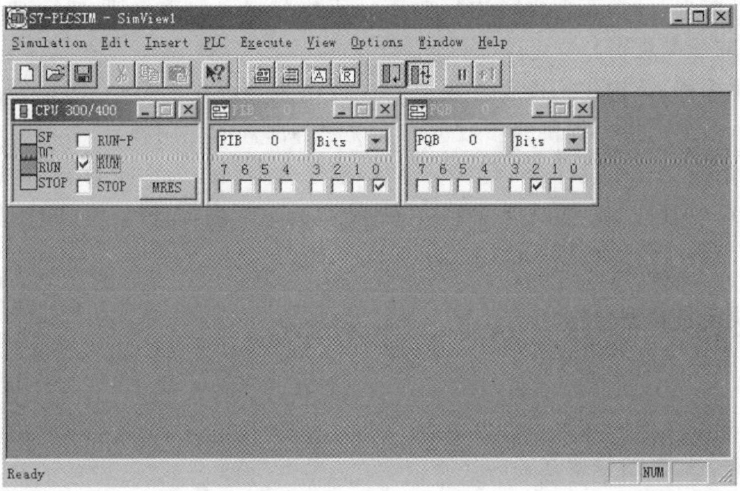

图 5－60　CPU 工作模式

⑥ 打开程序，监控程序的运行，如图 5－61 所示。

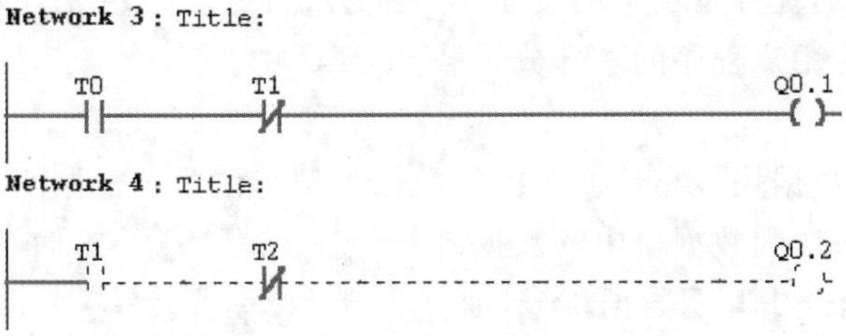

图 5－61　监控程序的运行

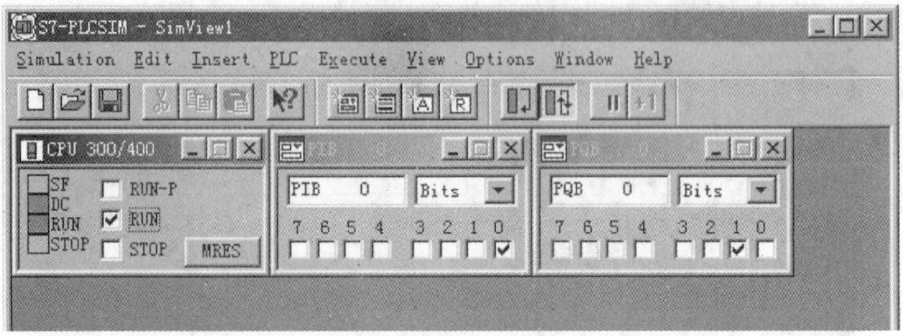

图 5-61 监控程序的运行(续)

5.7 程序结构

编程方法有以下三种。

(1)线性编程:线性编程将整个用户程序写在一个指令连续的块中,处理器线性地或顺序地扫描程序的每条指令。

(2)分部式编程:分部式编程将用户程序分成相对独立的指令块,每个块包含给定的部件组或作业组的控制逻辑。

(3)结构化编程:结构化编程要求用户程序提供一些通用的指令块,以便控制一类相似或相同的部件,给通用指令提供的参数进一步说明各部件的控制差异。

为了支持结构化程序设计,STEP 7 将用户程序分类归并为不同的块,根据程序要求,可选用组织块 OB、功能块 FB 或功能块 FC 三种类型的逻辑块,而数据块(DB 或 DI)则用来存储执行用户程序时所需的数据。

5.7.1 数据块及其数据结构

1. 数据块

用户程序运行所需的大量数据或变量存储在数据块中,数据块也是实现各逻辑块之间交换、传递和共享数据的重要途径。

对于 CPU 314,用作数据块的存储器最多 8 KB,用户定义的数据总量不能超过这个限制。对于数据块必须遵循先定义后使用的原则。

(1) 定义数据块

定义内容包括数据块号及块中的变量(包括变量符号名、数据类型及初始值等)。数据块在使用前,必须作为用户程序的一部分下载到 CPU 中。

(2)访问数据块

访问时需要明确数据块号和数据块中的数据类型与位置。根据明确数据块号方法的不同,可以用多种方法来访问数据块中的数据。

① 直接在访问指令中写明数据块号,如:

```
L  DB10.DBW  0
L  DB10.DBW  2
```

```
XOW
T   DB10.DBW   4
```

②“先打开后访问”，如：

```
OPN   DB   5
L   DBW   10
OPN   DB   10
T   DBW   20
```

由于有两个数据块寄存器(DB 寄存器和 DI 寄存器)，所以，最多可以同时打开两个数据块。一个作为背景数据块，数据块的起始地址存储在 DI 寄存器中；另一个作为共享数据块，数据块的起始地址存储在 DB 寄存器中。

打开背景数据块，在调用 FB 时可以自动实现，由于调用 FB 时使用 DI 寄存器，所以，一般不在 FB 程序中用“OPN　DI　n”指令打开数据块。

(3)背景数据块和共享数据块

任何 FB、FC 或 OB 均可读写存放在共享数据块中的数据。背景数据块是 FB 运行时的工作存储区，它存放 FB 的部分运行变量。调用 FB 时，必须指定一个相关的背景数据块。作为规则，只有 FB 块才能访问存放在背景数据块中的数据。一般情况下，每个 FB 都有一个对应的背景数据块，一个 FB 也可以使用不同的背景数据块。如果几个 FB 需要的背景数据完全相同，为节省存储器，则可以定义成一个背景数据块，供它们分别使用。

2. 数据结构

数据结构形式如图 5－62 所示，复式数据类型见表 5－53。

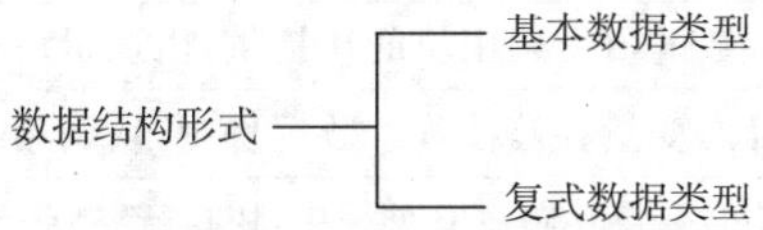

图 5－62　数据结构形式

表 5－53　复式数据类型

名称	类型	说明
日期-时间	DATE_AND_TIME	长度 8 Byte
字符串	STRING	占用 256 Byte
数组	ARRAY	可定义 6 维数组
构造	STRUCT	由多种数据类型组成的数据集合

3. 用户数据类型

STEP 7 允许将基本数据类型或复式数据类型组合成用户自己定义的数据类型，这种数据类型称为用户数据类型(UDT)。用户数据类型必须首先单独建立，并存放在称为 UDT 的特殊数据块中。

建立用户数据类型的目的，是将 UDT 作为一种数据类型使用，以方便定义多个结构相同的构造变量。

5.7.2 功能块编程及调用

一个程序由许多部分(子程序)组成,STEP 7 将这些部分称为逻辑块,并允许块间相互调用,如图 5-63 所示。

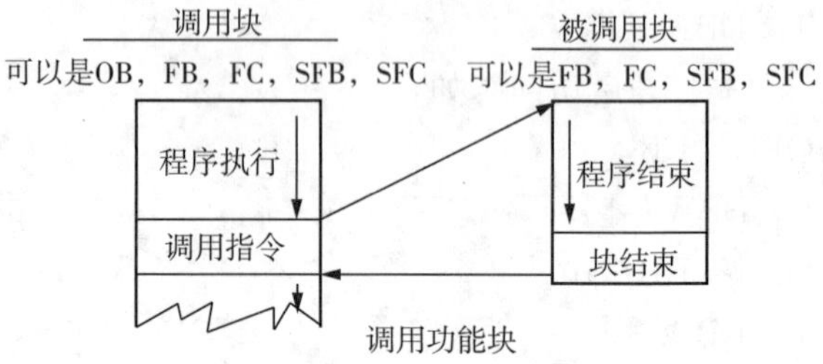

图 5-63 逻辑块调用

功能块由两个主要部分组成:一部分是每个功能块的变量声明表,变量声明表声明此块的局部数据;另一部分是逻辑指令组成的程序,程序要用到变量声明表中给出的局部数据。

当调用功能块时,需要提供块执行时要用到的数据或变量,也就是将外部数据传递给功能块,该过程称为参数传递。

1. *变量声明表(局部数据)*

局部数据分为参数和局部变量两大类,见表 5-54。局部变量又包括静态变量和临时变量(暂态变量)两种。参数是在调用块和被调用块间传递的数据。静态变量和临时变量是仅供逻辑块本身使用的数据。

表 5-54 局部数据类型

变量名	类型	说明
输入参数	In	由调用逻辑块的块提供数据,输入给逻辑块的指令
输出参数	Out	向调用逻辑块的块返回参数,即从逻辑块输出结果数据
I/O 参数	In_Out	参数的值由调用块的块提供,由逻辑块处理修改,然后返回
静态变量	Stat	静态变量存储在背景数据块中,块调用结束后,其内容被保留
状态变量	Temp	临时变量存储在 L 堆栈中,块执行结束变量的值因被其他内容覆盖而丢失

2. *逻辑块局部数据的数据类型*

在变量声明表中,要明确局部数据的数据类型,这样操作系统才能给变量分配确定的存储空间。局部数据可以是基本数据类型或复式数据类型,也可以是专门用于参数传递的所谓"参数类型"。

表 5-55 局部数据的类型

参数类型	大小	说明
定时器	2 Byte	在功能块中定义一个定时器形式参数,调用时赋予定时器实际参数
计数器	2 Byte	在功能块中定义一个计数器形式参数,调用时赋予定时器实际参数
块: Block_FB Block_FC Block_DB Block_SDB	2 Byte	在功能块中定义一个功能块或数据块形式参数变量,调用时给功能块类或数据块类形式参数赋予实际的功能块或数据块编号

（续表）

参数类型	大小	说明
指针	6 Byte	在功能块中定义一个形式参数，该形式参数说明的是内存的地址指针。例如，调用时可给形式参数赋予实际参数 P＃M50.0，以访问内存 M500.0
ANY	10 Byte	当实际参数的数据未知时，可以使用该类型

STEP 7 对分配给块局部数据（在变量声明表中）的数据类型（基本、复式、参数）是有一定限制的，见表 5-56。

表 5-56　局部变量有效的数据类型

声明类型	基本类型	复式类型	参数类型				
			定时器	计数器	块	指针	ANY
OB 局部变量有效的数据类型							
Temp	可以	可以					可以
FB 局部变量有效的数据类型							
In	可以	可以	可以	可以	可以	可以	可以
Out	可以	可以					
In-Out	可以	可以					
Stat	可以	可以					
Temp	可以	可以					可以
FC 局部变量有效的数据类型							
In	可以	可以	可以	可以	可以	可以	可以
Out	可以	可以				可以	可以
In-Out	可以	可以				可以	可以
Temp	可以	可以					可以

STEP 7 允许用物理地址（绝对地址）、符号地址或常数等形式作为实际参数给形式参数赋值，但对于不同的形式参数类型，STEP 7 限制了赋值形式，见表 5-57。

表 5-57　是否允许参数赋值

声明类型	绝对地址	符号地址	块局部符号	常数
基本数据类型				
In	可以	可以	可以	可以
Out	可以	可以	可以	不可
In-Out	可以	可以	可以	不可
复式数据类型				
In	不可	可以	可以	不可
Out	不可	可以	可以	不可
In-Out	不可	可以	可以	不可

3. 功能块编程与调用举例

功能块编程分两步进行：第一步是定义局部变量(填写局部变量表)，第二步是编写要执行的程序。

写功能块程序时，可以两种方式使用局部变量：①使用变量名，此时变量名加前缀“#”，以区别于在符号表中定义的符号地址，增量方式下，前缀会自动产生；②直接使用局部变量的地址，这种方式只对背景数据块和 L 堆栈有效。

例 5-11 二分频器。

二分频器是一种具有一个输入端和一个输出端的功能单元，输出频率为输入频率的一半。

(1)FC1 的变量声明表如图 5-64 所示。

Address	Decl.	Name	Type	Initial Value
0.0	in	inp	BOOL	
2.0	out	outp	BOOL	
4.0	in_out	etf	BOOL	

图 5-64 变量声明表

(2)FC1 梯形图程序如图 5-65 所示。

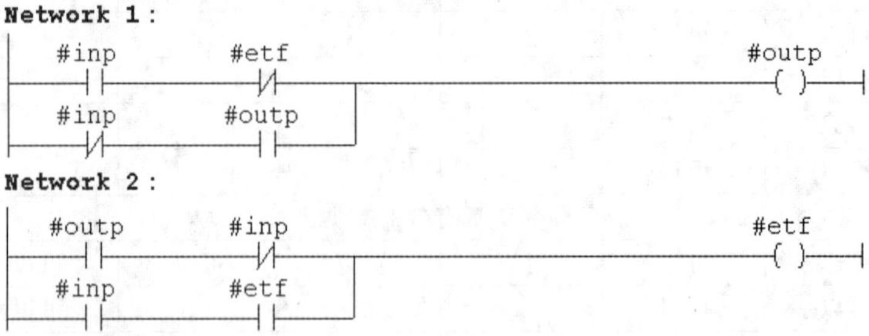

图 5-65 梯形图程序

(3)OB1 调用梯形图程序如图 5-66 所示。

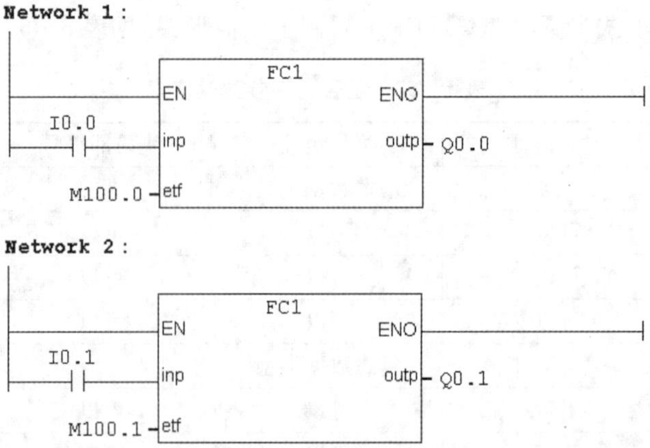

图 5-66 梯形图程序

5.8　可编程控制器系统设计

可编程控制器系统设计步骤如图 5 - 67 所示。

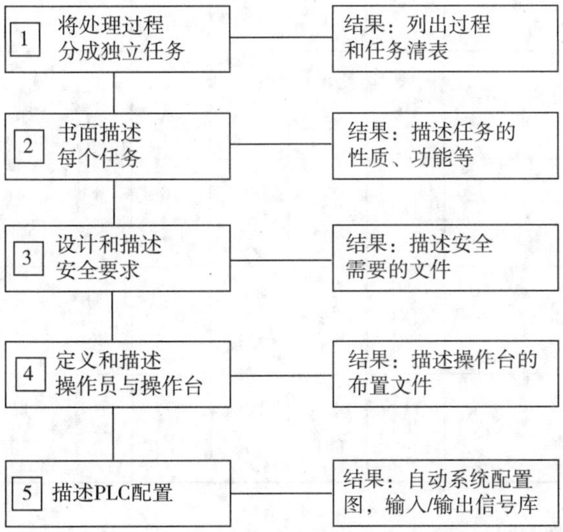

图 5 - 67　可编程控制器系统设计步骤

习　题

一、填空题

1. 美国数字设备公司于________年研制出世界第一台 PLC。

2. PLC 从组成结构形式上可以分为________和________两类。

3. PLC 是以________工作方式工作的。

4. 一般由程序控制的数字电子设备产生的故障常有两种，一种是________，另一种是________。

5. PLC 是由(继电器)逻辑控制系统发展而来的，它在________、________方面具有一定优势。

6. PLC 的基本组成主要由________、________、________、________等部分组成。

7. PLC 的处理速度是指 PLC 执行________条基本指令所花费的时间。

8. PLC 所用的存储器基本上由________、________、________、EEPROM 芯片等组成。

9. PLC 运行时，内部要进行一系列操作，大致可分为四大类：________操作、________操作、________操作、________操作。

10. 常用的 PLC 编程语言有________、________、________等。

11. S7 - 300 PLC 314CPU 一个机架最多可安装________个信号模块，最多可扩展为________个机架，机架之间的通信距离最大不超过________，最大数字量 I/O 点数为________，支持的可保持的定时器最多为________个，计数器最多为________个。

12. CPU314 支持的 OB、FB、FC、DB 的容量均不大于________KB。

13. 在表 5-58 中，机架 0 的 6 号槽上 SM323 DI8/DO8 的地址范围为________，5 号槽上 SM334 AI4/AO2 的地址范围为________。

表 5-58 确定地址范围

机架	模板 起始地址	槽号										
		1	2	3	4	5	6	7	8	9	10	11
0	数字量 模拟量	PS	CPU	IM	0 256	4 272	8 288	12 304	16 320	20 336	24 352	28 368
1	数字量 模拟量			IM	32 384	36 400	40 416	44 432	48 448	52 464	56 480	60 496
2	数字量 模拟量			IM	64 512	68 528	72 544	76 560	80 576	84 592	88 608	92 624
3	数字量 模拟量			IM	96 640	100 656	104 672	108 688	112 704	116 720	120 736	124 752

14. 便携式编程器一般采用________语言编程。

15. 高速、大功率的交流负载，应选用________输出的输出接口电路。

16. PLC 产品手册中给出的“存储器类型”和“程序容量”是针对________存储器而言。

17. PLC 控制系统分________、________、________三大类。

18. S7-300 PLC CPU 所用的存储区基本上由________、________、________组成。

19. CPU 程序所能访问的存储区为________、________、暂时局部数据存储区、外设 I/O 存储区等。

二、作图题

画出下面程序正确的梯形图。

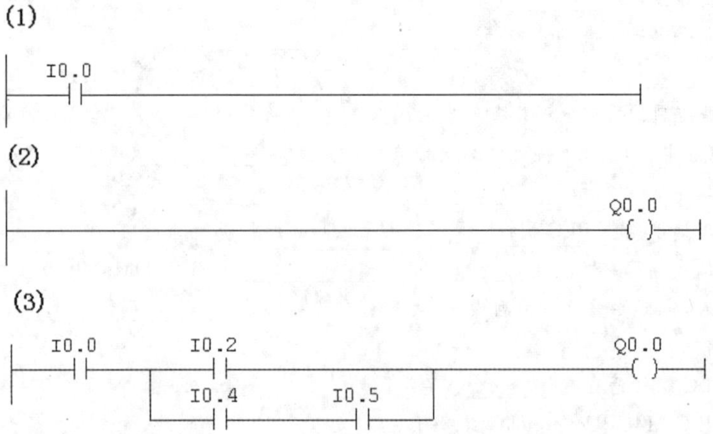

图 5-68 梯形图程序

三、判断题

1. 输入继电器只能由外部信号驱动，而不能由内部指令来驱动。(　　)

2. 输出继电器可以由外部输入信号或 PLC 内部控制指令来驱动。(　　)

3. 内部继电器既可以供内部编程使用，又可供外部输出。(　　)

4. PLC 内部的“软继电器”(由 PLC 内部的存储单元构成，包括定时器、计数器等)均可提供无数副常开、常闭触点供编程使用。(　　)

5. PLC 的 I/O 地址编号可以随意设定。(　　)

四、编程题

1. 编制电动机点动和连续运转控制程序。

2. 编制双控灯控制程序，要求开关 K1 或 K2 任意一个开关的开和关的操作均可以控制灯 L 的亮和灭。完成后可再编制三控灯的控制程序。

3. 第一次按按钮指示灯亮，第二次按按钮指示灯闪亮，第三次按下按钮指示灯灭，如此循环，试编写其 PLC 控制的 LAD 程序。

4. 如图 5－69 所示，有 4 个答题人，出题人提出问题，答题人按动按钮开关抢答，只有最早按动的按钮有输出。出题人按复位按钮，引出下一个问题，试编写 PLC 梯形图程序。

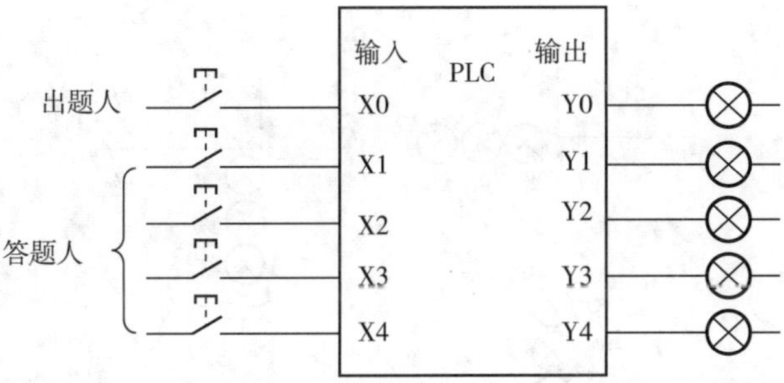

图 5－69　抢答程序结构图

5. 如图 5－70 所示，若传送带上 30s 内无产品通过，检测器下的检测点则报警，试编写其梯形图程序。

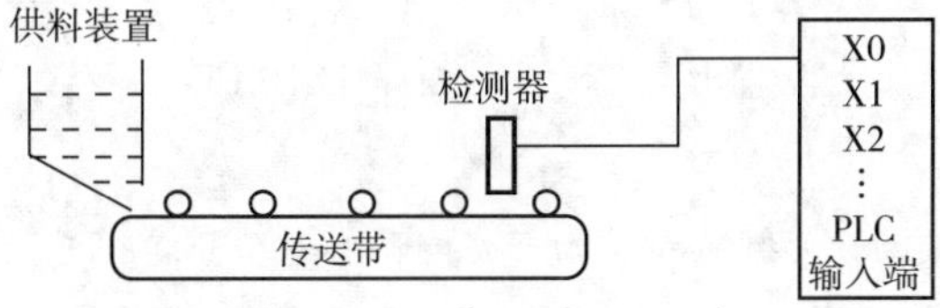

图 5－70　报警程序结构图

6. 试编写具备下述功能的 PLC 梯形图程序：

a. 按钮接通后 A 灯先亮，过 5 s 后 B 灯亮；

b. B 灯亮 5 s 后，自动关闭；

c. B 灯灭 5 s 后，A 灯关闭。

7. 如图 5－71(a)所示 A、B、C 三条传输皮带，分别受 M1、M2、M3 三个电动机拖动；图 5－71(b)是此三条传输皮带运转的时序图。编写一个控制它们运转的 PLC 梯形图程序。要求它们按 A—B—C 顺序启动，而后按 C—B—A 的顺序停止。

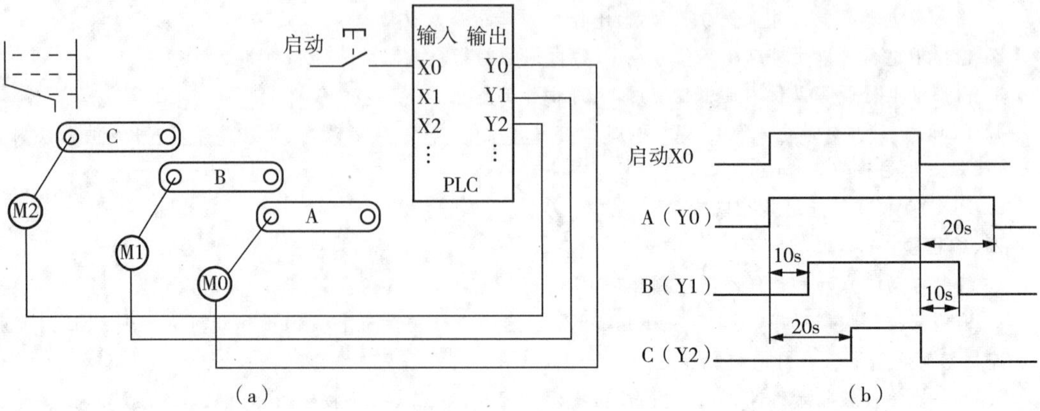

图 5-71 传输带结构图

8. 十字路口的交通指挥信号灯布置如图 5-72 所示,试编写其 PLC 控制程序。

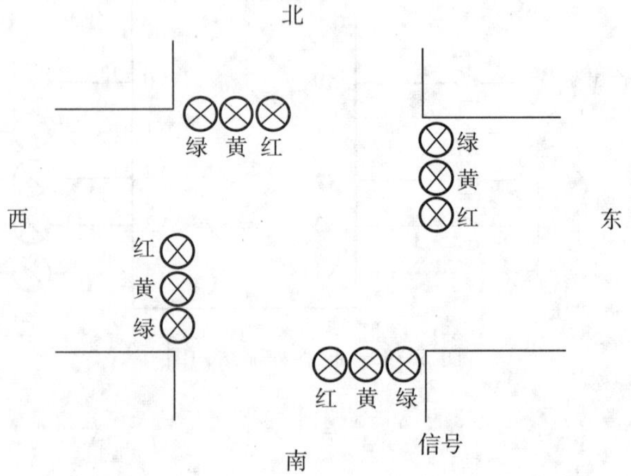

图 5-72 交通指挥灯结构图

控制要求如下:

(1)信号灯系统由一个启动开关控制,当启动开关接通时,该信号灯系统开始工作,当启动开关关断时,所有信号灯都熄灭。

(2)南北向绿灯和东西向绿灯不能同时亮。如果同时亮应关闭信号灯系统,并立刻报警。

(3)南北向红灯亮维持 25 s。在南北向红灯亮的同时东西向绿灯也亮,并维持 20 s。到 20 s 时,东西向绿灯闪亮,闪亮 3 s 后熄灭,此时,东西向黄灯亮,并维持 2 s。到 2 s 时,东西向黄灯熄灭,东西向红灯亮。同时,南北向红灯熄灭,南北向绿灯亮。

(4)东西向红灯亮维持 30 s。南北向绿灯亮维持 25 s,然后闪亮 3 s 后熄灭。同时南北向黄灯亮,维持 2 s后熄灭,这时南北向红灯亮,东西向绿灯亮。

(5)以上南北向、东西向信号灯周而复始地交替工作状态,指挥着十字路口的交通,其时序如图 5-73 所示。

图 5-73　交通指挥信号灯时序图

9. 如图 5-74 所示为 PLC 控制的气缸延时控制回路，当气缸的活塞伸出到位停留 5 s 后再返回，退回到位停留 3 s 再伸出，如此往复运动。试编写其 PLC 控制程序。

10. 试编写如图 5-75 所示机械手的 PLC 控制程序。机械手动作的顺序如表 5-59 所示，要求机械手在抓工件和松开工件时有 1 s 的延时。

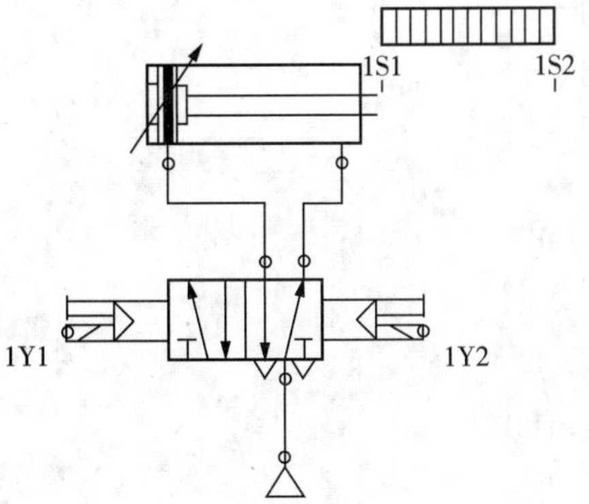

图 5-74　气控回路

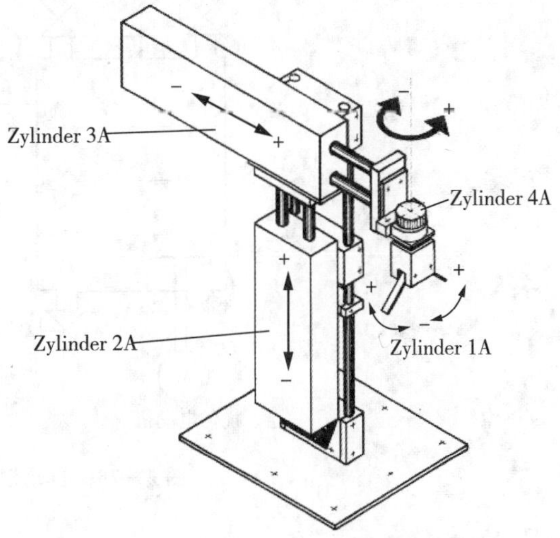

图 5-75　机械手结构图

表 5-59　机械手动作顺序

Arbelitszylinder	Bewegung	Aufgabe	Quittierung Signalgeber
Zylinder 1A	—	greifen	1S1
Zylinder 2A	+	Vertikalhub(heben)	2S2
Zylinder 3A	+	Horizontalhub(ausfahren)	3S2

（续表）

Arbelitszylinder	Bewegung	Aufgabe	Quittierung Signalgeber
Zylinder 4A	+	schwenken(nach links v. o.)	4S2
Zylinder 2A	−	Vertikalhub(absenken)	2S1
Zylinder 1A	+	greifen(loslassen)	1S2
Zylinder 2A	+	Vertikalhub(heben)	2S2
Zylinder 3A	−	Horizontalhub(ruckfahren)	3S1
Zylinder 4A	−	schwenken(nach rechis v. o.)	4S1
Zylinder 2A	−	Vertikalhub(absenken)	2S1

11. 试编写多种液体自动混合装置的 PLC 控制程序。

如图 5-76 所示为三种液体混合装置，SQ1、SQ2、SQ3 和 SQ4 为液面传感器，液面淹没时接通，液体 A、B、C 与混合液阀由电磁阀 YV1、YV2、YV3、YV4 控制，M 为搅匀电动机，其控制要求如下：

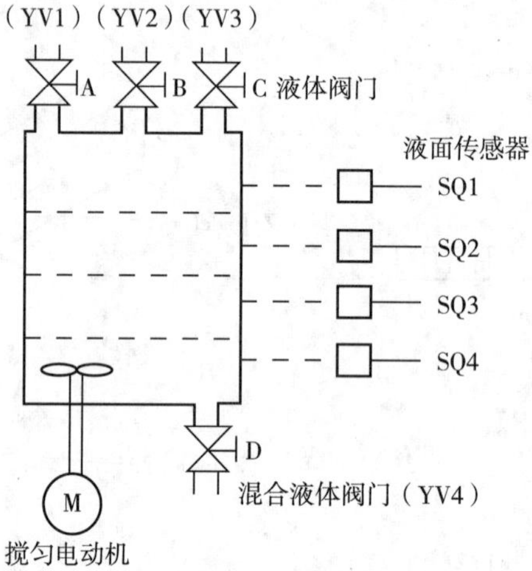

图 5-76　自动混合装置结构图

(1)初始状态

装置投入运行时，液体阀门 A、B、C 关闭，混合液阀门打开 20 s 将容器放空后关闭。

(2)启动操作

按下启动按钮 SB1，装置开始按下列给定规律运转：

① 液体阀门 A 打开，液体 A 流入容器。当液面达到 SQ3 时，SQ3 按通，关闭液体阀门 A，打开液体阀门 B。

② 当液面达到 SQ2 时，关闭液体阀门 B，打开液体阀门 C。

③ 当液面达到 SQ1 时，关闭液体阀门 C，搅匀电动机开始搅拌。

④ 搅匀电动机工作 1 min 后停止搅动，混合液体阀门打开，开始放出混合液体。

⑤ 当液面下降到 SQ4 时，SQ4 由接通变断开，再过 20 s 后，容器放空，混合液阀门关闭，开始下一

周期。

(3)停止操作

按下停止按钮 SB2 后，要将当前的混合操作处理完毕后，才停止操作(停在初始状态)。

12. 当按启动按钮时，L1 灯以 0.5 s 的周期闪烁，L2 灯以 1 s 的周期闪烁，L3 灯以 2 s 的周期闪烁，L4 灯以 4s 的周期闪烁，按下停止按钮，所有灯熄灭。试编写其 PLC 控制程序。

13. 霓虹灯广告屏如图 5－77 所示，试编写其 PLC 控制程序。

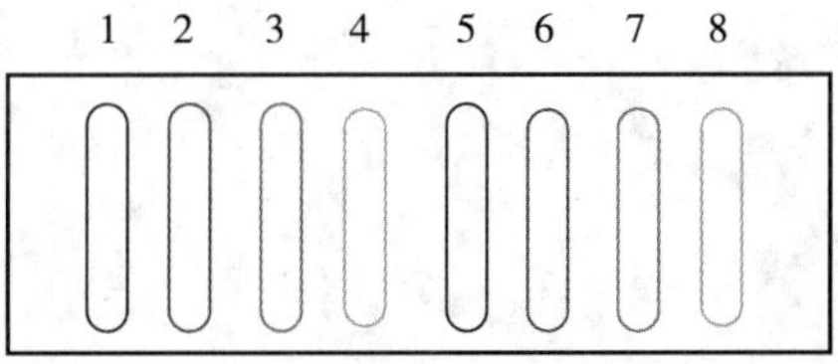

图 5－77 霓虹灯广告屏结构图

用 PLC 实现对霓虹灯广告屏的控制，具体要求如下：

该广告屏中间 8 个灯管亮灭的时序为第 1 根亮→第 2 根亮→第 3 根亮→…→第 8 根亮，时间间隔为 1 s，全亮后，显示 10 s，再反过来按 8→7→…→1 顺序熄灭。全灭后，停亮 2 s，再从第 8 根灯管开始亮起，顺序点亮 7→6→…→1，时间间隔为 1 s，显示 20 s，再按 1→2→…→8 顺序熄灭。全熄灭后，停亮 2 s，再从头开始运行，周而复始。

第三篇　电气控制系统设计

第6章　电气控制系统设计

通过对可编程控制器基本工作原理和编程技术的初步学习，我们发现可编程控制器的结构和工作方式与单片机、工控机等有所不同，与传统的继电器控制也有着本质上的区别。这就决定了其控制系统的设计也不完全一样，其最大的特点是软件与硬件可以分开设计。

本章主要内容包括：电气控制系统设计的基本原则及主要内容；电气控制系统设计方法及应用举例；常用电气元件选择的基本原则与方法；可编程控制应用系统设计的内容与步骤；可编程控制系统硬件设计；可编程应用系统软件设计；提高可编程控制系统可靠性的措施。

本章的重点是可编程控制器应用程序设计的基本环节、设计技巧与应用实例。通过本章的学习，读者可了解可编程控制系统设计一般原则与步骤、硬件配置、软件设计，熟悉掌握其基本环节及设计技巧。通过本章的学习读者应做到对可编程控制系统设计有一个全面的了解。

6.1　电气控制系统设计的基本原则及主要内容

生产机械种类繁多，其电气控制方案各异，但电气控制系统的设计原则和设计方法基本相同。设计工作的首要问题是树立正确的设计思想和工程实践的观点，它是高质量完成设计任务的根本保证。

6.1.1　电气控制系统设计的基本原则

对于工业领域和其他领域的被控对象，电气控制的目的是在满足相应生产工艺要求的情况下，最大限度地提高生产效率和产品质量。为达到此目的在电气控制系统设计时应遵循以下原则：

(1)最大限度地满足生产机械和生产工艺对电气控制系统的要求。电气控制系统设计的依据主要来自生产机械和生产工艺的要求。

(2)设计方案要合理。在满足控制要求的前提下，设计方案应力求简单、经济，便于操作和维护，不要盲目追求高指标和自动化。

(3)机械设计与电气设计应相互配合。许多生产机械采用机电综合控制的方式来实现控制要求，因此要从工艺要求、制造成本、结构复杂性、使用维护方便等方面协调处理好机械和电气的关系。

(4)保证系统的安全可靠。

(5)考虑生产的发展和工艺的改进，在选型时应留有适当的余量。

6.1.2 电气控制系统设计的基本任务和内容

电气控制系统设计的基本任务是根据控制要求设计和编制出设备制造及使用维修过程中必需的图纸、资料等。图纸主要包括电气控制原理图、电气系统的组件划分图、元器件布置图、安装接线图、电气箱图、控制面板图、电气元件安装底板图和非标准件加工图等，另外还要编制外购件目录、单台材料消耗清单、设备说明书等文字资料。

电气控制系统设计的内容主要包含电气原理图设计和工艺设计两个部分。电气原理图设计是电气控制系统设计的核心，也是工艺设计和其他技术参数制定的依据。以电机拖动控制设备为例，设计内容主要包含以下两个方面。

(1)电气控制系统原理设计

电气控制系统原理设计的主要内容包括：

① 拟订电气设计任务书；

② 确定电机拖动方案，选择电动机；

③ 设计电气控制原理图，计算主要技术参数；

④ 选择电气元件，编制元器件明细表；

⑤ 编写设计说明书。

(2)工艺设计内容

进行工艺设计的目的主要是便于组织电气控制系统的制造，从而实现原理设计提出的各项技术指标，并为设备的调试、维护与使用提供相关的图纸资料。工艺设计的主要内容有：

① 设计电气总布置图、总安装图与总接线图；

② 设计组件布置图、安装图和接线图；

③ 设计电气箱、操作台及非标准元件；

④ 列出元件清单；

⑤ 编写使用、维护说明书。

6.1.3 电气控制系统设计的一般步骤

(1)拟订设计任务书

设计任务书是整个电气控制系统的设计依据，又是设备竣工验收的依据。设计任务的拟定一般是由技术领导部门、设备使用部门和任务设计部门等共同完成的。

电气控制系统的设计任务书主要包括以下内容：

① 设备名称、用途、基本结构、动作要求及工艺过程介绍；

② 电力拖动的方式及控制要求等；

③ 联锁、保护要求；

④ 自动化程度、稳定性及抗干扰要求；

⑤ 操作台、照明、信号指示、报警方式等要求；

⑥ 设备验收标准；

⑦ 其他要求。

(2)确定电力拖动方案

电力拖动方案选择是电气控制系统设计的主要内容之一，也是后续各部分设计内容的基础和先决条件。

所谓电力拖动方案是指根据零件加工精度、加工效率要求、生产机械的结构、运动部件的数量和运动要求、负载性质、调速要求、投资额等条件去确定电动机的类型、数量、传动方式以及拟订电动机启动、运行、调速、转向、制动等控制要求。

电力拖动方案的确定要从以下几个方面考虑。

① 拖动方式的选择：电力拖动方式分成独立拖动和集中拖动。电气传动的趋势是多电动机拖动，这样不仅能缩短机械传动链，提高传动效率，而且能简化总体结构，便于实现自动化。具体选择时，可根据工艺与结构决定电动机的数量。

② 调速方案的选择：大型、重型设备的主运动和进给运动，应尽可能采用无级调速，这样有利于简化机械结构、降低成本；精密机械设备为保证加工精度也应采用无级调速；对于一般中小型设备，在没有特殊要求时，可选用经济、简单、可靠的三相笼型异步电动机。

③ 电动机调速性质要与负载特性适应：对于恒功率负载和恒转矩负载，在选择电动机调速方案时，要使电动机的调速特性与生产机械的负载特性相适应，这样可以使电动机得到充分合理的应用。

④ 拖动电动机的选择：电动机的选择考虑的因素主要有电动机的类型、结构形式、容量、额定电压与额定转速等。

电动机选择的基本原则：一是根据生产机械调速的要求选择电动机的种类；二是工作过程中电动机容量要得到充分利用；三是根据工作环境选择电动机的结构形式。

这里需要强调的是，在满足设计要求情况下应优先考虑采用结构简单、价格便宜、使用维护方便的三相交流异步电动机。

正确选择电动机容量是电动机选择中的关键问题。电动机容量计算有两种方法，一种是分析计算法，另一种是统计类比法。分析计算法是按照机械功率估计电动机的工作情况，预选一台电动机，然后按照电动机实际负载情况作出负载图，根据负载图校验温升情况，确定预选电动机是否合适，不合适时再重新选择，直到所选电动机合适为止。

在比较简单、无特殊要求、生产数量又不多的电力拖动系统中，电动机容量的选择往往采用统计类比法，或者根据经验采用工程估算的方法来选用，通常选择较大的容量，并预留一定的裕量。

(3)选择控制方式

控制方式要能实现拖动方案的控制要求。随着现代电气技术的迅速发展，生产机械电力拖动的控制方式从传统的继电-接触器控制向PLC控制、CNC控制、计算机网络控制等方面发展，控制方式越来越多样化。控制方式的选择应在经济、安全的前提下，最大限度地满足工艺的要求。

(4)设计电气控制原理图,并合理选用元器件,编制元器件明细表。

(5)设计电气设备的各种施工图纸。

(6)编写设计说明书和使用说明书。

6.2 电气控制系统设计方法

6.2.1 电气控制系统设计方法

电气控制原理电路是整个控制系统的核心,各项设计指标通过它来实现,也是工艺设计和各种技术资料的依据。电气控制原理电路图的设计方法主要有分析设计法和逻辑设计法两种。

分析设计法:又称经验设计法,主要根据生产工艺的要求,选择一些成熟的典型基本环节来实现这些基本要求,而后再逐步完善其功能,并适当配置联锁和保护等环节,使其组合成一个整体,成为满足控制要求的完整电路。

分析设计法的优点是设计方法简单,无固定的设计程序,容易为初学者所掌握,因而它在电气设计中被普遍采用;分析设计法的缺点是设计出的方案不一定是最佳方案,当经验不足或考虑不周全时会影响线路工作的可靠性。

逻辑设计法:利用逻辑函数这一数学工具设计电气控制电路。在电器控制电路中,表示继电器、接触器触点状态的逻辑变量称为输入逻辑变量;表示继电器、接触器线圈等受控元件的逻辑变量称为输出逻辑变量。输入、输出逻辑变量之间的相互关系称为逻辑函数关系,这种相互关系表明了电气控制电路的结构。所以逻辑设计法的一般步骤是,根据控制要求和相应逻辑变量关系写出相应逻辑函数关系式,再运用逻辑函数基本公式和运算规律对逻辑函数式进行化简,然后根据化简的逻辑关系式画出相应的电路结构图,最后再做进一步的检查和优化,直至获得较为完善的设计方案。

逻辑设计法的优点是能获得理想、经济的方案。缺点是这种设计方法难度较大,整个设计过程较复杂,同时会涉及一些新概念,因此,在一般常规设计中,很少单独采用。

6.2.2 分析设计法的基本步骤

(1)按工艺要求提出的启动、制动、反向和调速等要求设计主电路。

(2)根据所设计出的主电路,设计控制电路的基本环节,即满足设计要求的启动、制动、反向和调速等的基本控制环节。

(3)根据各部分运动要求的配合关系及联锁关系,确定控制参量并设计控制电路的特殊环节。

(4)分析电路工作中可能出现的故障,加入必要的保护环节。

(5)综合审查。仔细检查电气控制电路动作是否正确,关键环节可做必要试验,进一步完善和简化电路。

例 6-1 有一送料小车,如图 6-1 所示。电动机的型号为 Y180L-4,额定功率为 7.5 kW,额定转速为 1470 r/min,额定电压为交流 380 V,额定电流为 13.5 A。要求动作程序如下。

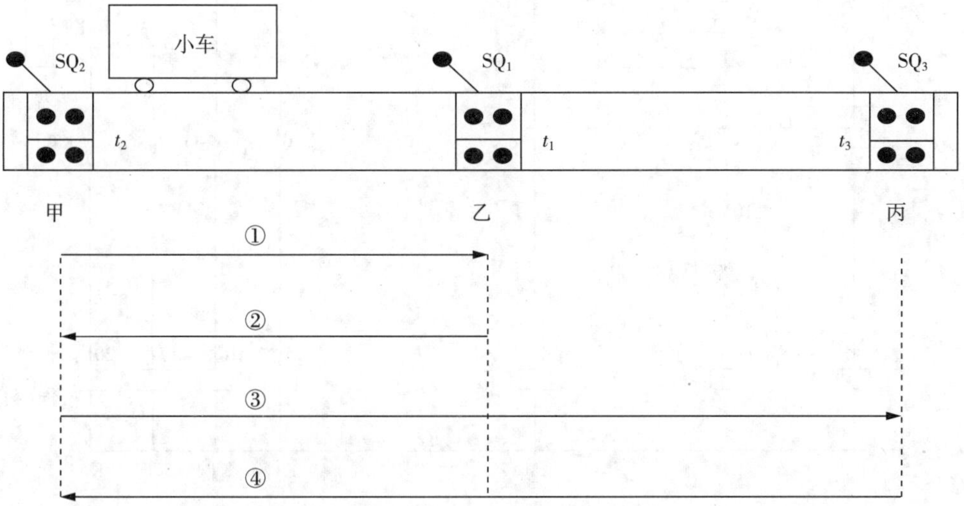

图 6-1 送料小车动作示意图

(1)小车从甲地启动后,运行至乙地能自动停止,停留 t_1 时间装料后自动返回。

(2)小车返回至甲地能自动停止,停留 t_2 时间卸料后又自动启动。

(3)小车经过乙地不停止,运行至丙地又自动停止,停留 t_3 时间,装另一种料后自动返回。

(4)小车返回经过乙地不停止,返回到甲地后自动停止,完成一个工作循环。

(5)在甲地停留 t_2 时间,卸料后又自动启动,小车运行至乙地自动停止。后按上述过程自动循环下去。

解:控制线路原理图设计如下。

(1)设计主电路:根据控制要求可将主电路设计成带断电抱闸制动的正反转控制,如图 6-2 所示。

(2)设计控制电路:根据本例中控制要求,送料小车的控制电路如图 6-3 所示。

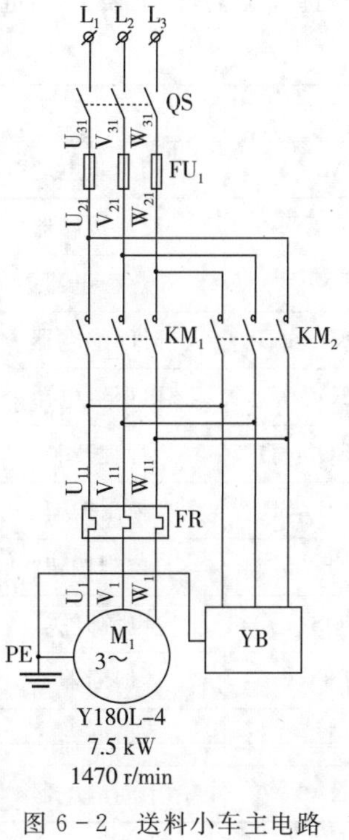

图 6-2 送料小车主电路

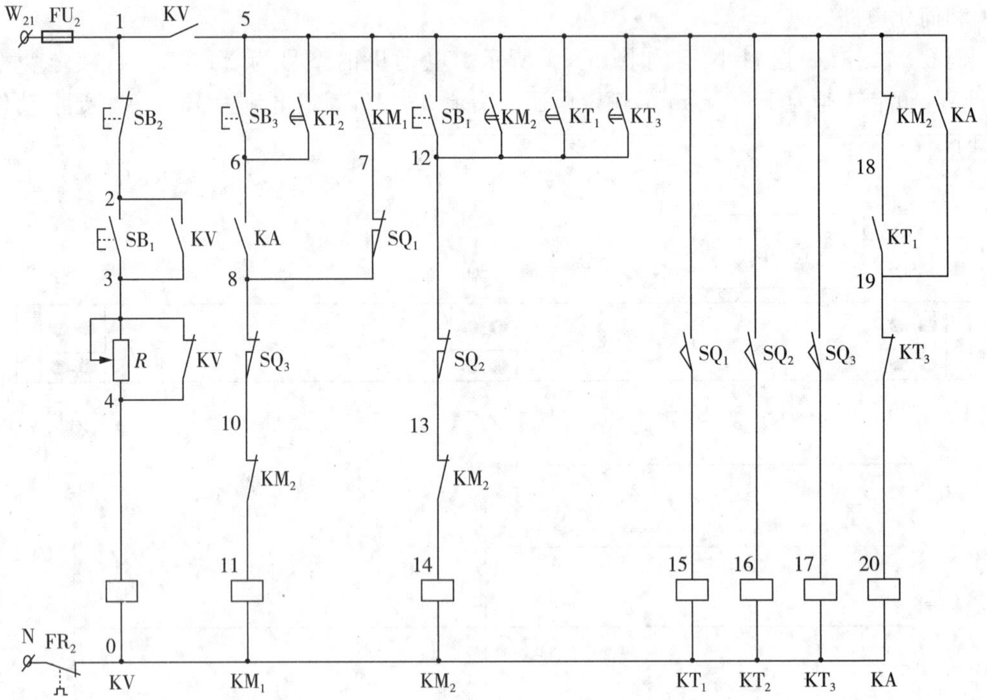

图 6-3　送料小车控制线路

(3)选择元器件:元器件的选择见表 6-1 所列。

表 6-1　元器件明细表

符号	名称	型号	规格	数量
M_1	三相异步电动机	Y180L-4	7.5 kW,380 V,13.5 A,1470 r/min	1
KM_1,KM_2	交流接触器	CJ20-25	20 A,线圈电压 220 V	2
FR_1	热继电器	JR16-20	热元件的额定电流为 16 A	1
KT_1,KT_2,KT_3	时间继电器	JS-20	线圈电压 220 V	3
KV	电压继电器		线圈电压 220 V	1
SQ_1,SQ_2,SQ_3	行程开关	LX19-111	线圈电压 220 V	3
SB_1,SB_3,SB_4	控制按钮	LA-11D	5 A,绿色	3
SB_2	控制按钮	LA-11DJ	5 A,红色	1
QS	电源开关	H33-15/3	三极,15 A	1
FU_1	熔断器		电压开关自带,15 A	1
FU_2	熔断器	RC1-15	500 V,熔体 2 A	1
KA	中间继电器	JZ7-44	线圈电压 220 V	1

(4)绘制工作图:绘制电气元件布置图如图 6－4 所示,电气安装接线图如图 6－5 所示。

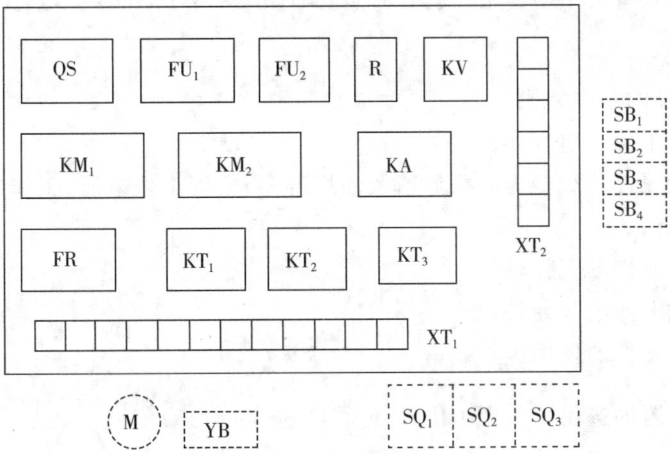

图 6－4　电气元件布置图

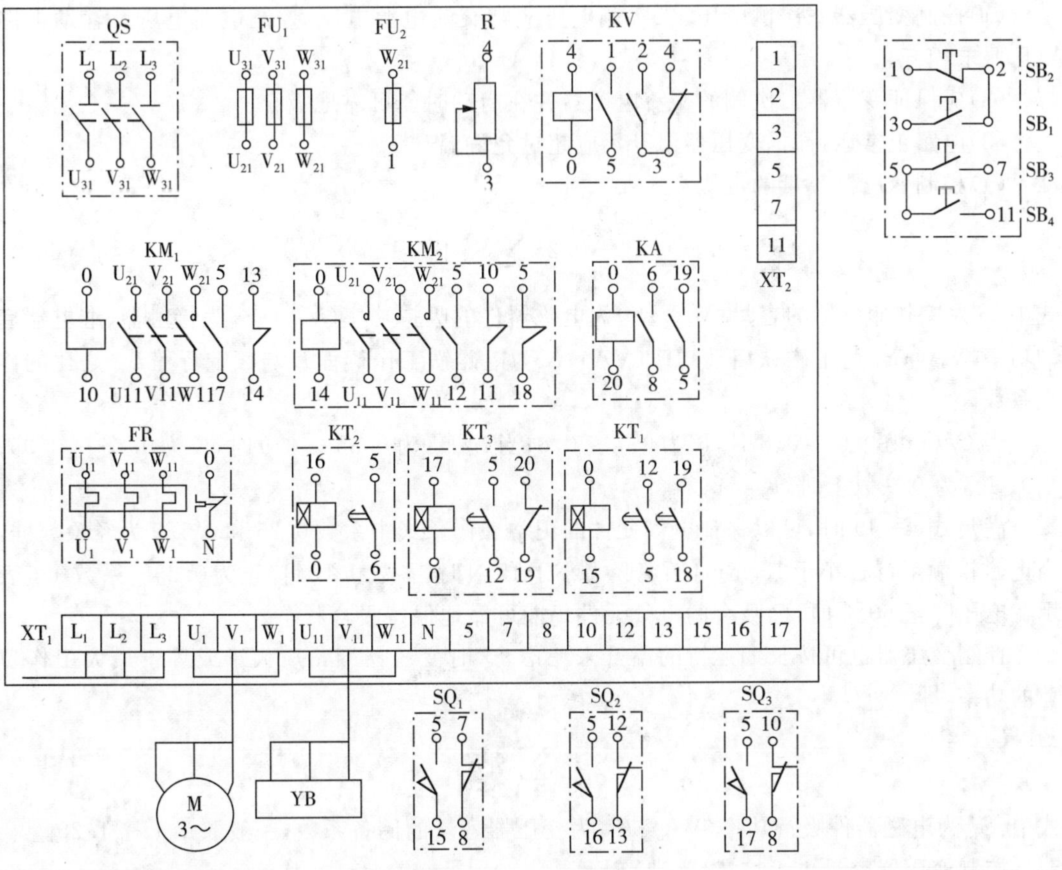

图 6－5　电气安装接线图

6.3 常用电气元件选择的基本原则与方法

电气元件选择的基本原则：

(1)按功能要求确定电气元件的类型；

(2)确定电气元件承载能力的临界值及使用寿命，根据工作电压、工作电流、控制功率确定电气元件的规格；

(3)确定电气元件的工作环境；

(4)按可靠性选择电气元件；

(5)确定电气元件的使用类别。

6.3.1 控制变压器的选用

控制变压器一般用于降低控制电路或辅助电路的电压，以保证控制电路的安全性和可靠性。选择控制变压器的原则为：

(1)控制变压器一次侧电压、二次侧电压应与交流电源电压、控制电路电压及辅助电路电压要求相符。

(2)应保证变压器二次侧的交流电磁器件在启动时能可靠地吸合。

(3)电路正常运行时，变压器温升不应超过允许温升。

(4)控制变压器容量的近似算式：

$$S \geqslant 0.6\sum S_1 + 0.25\sum S_2 + 0.125\sum S_3 K \tag{6-1}$$

式中：S 为控制变压器的容量(VA)；S_1 为电磁器件的吸持功率(VA)；S_2 为接触器、继电器启动功率(VA)；S_3 为电磁铁启动功率(VA)；K 为电磁铁工作行程 L 与额定行程 L_N 之比的修正系数。

当 L/L_N 为 0.5～0.8 时，K 为 0.7～0.8；当 L/L_N 为 0.85～0.9 时，K 为 0.85～0.95；当 L/L_N 为 0.9 以上时，$K=1$。

满足式(6-1)时，可以保证电气元件的正常工作。式中系数 0.25 和 0.125 为经验数据，当电磁铁额定行程小于15 mm，额定吸力小于15 N时，系数0.125修正为0.25。系数0.6表示在电压降至60% 时，已吸合的电气元件仍能可靠地保持吸合状态。

控制变压器也可按长期运行的温升来考虑，这时变压器容量应大于或等于最大工作负荷的功率，即

$$S \geqslant \sum S_1 K_1 \tag{6-2}$$

式中：S_1 为电磁器件吸持功率(VA)；K_1 为变压器容量的储备系数，一般取 1.1～1.25。

控制变压器容量也可按式(6-3)计算

$$S \geqslant 0.6\sum S_1 + 1.5\sum S_2 \tag{6-3}$$

其中，S、S_1、S_2 的含义同式(6－1)。

6.3.2　接触器的选择

对于不同的使用场合及控制对象，接触器的操作条件与工作繁重程度也不同。为尽可能经济正确地使用接触器，必须对控制对象的工作情况及接触器的性能有较全面的了解，不能仅看产品的铭牌数据，因接触器铭牌上所标定的电压、电流、控制功率等参数均为某一使用条件下的额定值，选用时应根据具体使用条件来做选择。

(1)根据接触器所控制负载的工作任务来选择所使用的接触器类别，接触器的触头数量、种类等应满足控制线路的要求。

(2)根据接触器控制对象的工作参数(如工作电压、工作电流、控制功率、操作频率等)确定接触器的容量等级。

(3)根据控制回路电压选择接触器线圈的工作电压。

(4)对于在特殊环境条件下工作的接触器应选用特定的产品。

1. 交流接触器的选用

交流接触器控制的负载可分为电动机负载和非电动机类负载(如电热设备、照明装置、电容器、电焊机等)。

(1)电动机负载时的选用

把电动机的负载按轻重程度分为一般任务、重任务和特重任务三类。

① 一般任务

一般任务主要用于间歇性使用的情形，其操作频率不高，可用来控制笼型异步电动机或绕线转子电动机，在达到一定转速时断开，并可用于少量的点动控制。这类任务在使用中所占的比例很大，并常与热继电器组成电磁启动器来满足控制与保护的要求。属于这一类的典型机械有压缩机、泵、通风机、升降机、传送带、电梯、搅拌机、离心机、空调机、冲床、剪床等。选配接触器时，只要使选用接触器的额定电压和额定电流等于或稍大于电动机的额定电压和额定电流，通常选用 CJ10 系列。

② 重任务

重任务主要用于间歇性运行和正常运行混合使用的情形，平均操作频率在 100 次/时及以上，可用于启动笼型或绕线转子电动机，并常用于点动、反接制动、反向和低速时断开等控制。属于这一类的典型机械有车床、钻床、铣床、磨床、升降设备、轧机辅助设备等。在这类设备的控制中，电动机功率一般在 20 kW 以下，因此选用 CJ10Z 系列重任务交流接触器较为合适。为保证电寿命能满足要求，有时可降容来提高电寿命。当电动机功率超过 20 kW 时，则应选用 CJ20 系列。对于中大容量绕线转子电动机，则可选用 CJ12 系列。

③ 特重任务

特重任务主要用于长期运行的情形，操作频率达 600～1200 次/时，个别甚至可达 3000 次/时，可用于笼型或绕线转子电动机的频繁点动、反接制动和可逆运行。属于这一类的典型设备有印刷机、拉丝机、镗床、港口起重设备、轧钢辅助设备等。选用接触器时一定要使其电寿命满足使用要求。对于已按重任务设计的 CJ10Z 等系列接触器可按电寿命选用，电寿命可按与分断电流平方成反比的关系推算。有时可粗略地按电动机的启动电流作为接触器的额定使用电流来选用接触器，便可得到较高的电寿命。由于这类任务控制容量大，交流接触器常可选用 CI12 系列。

有时为了减少维护时间和频繁操作带来的噪声，可考虑选用晶闸管交流接触器。

交流接触器的主要参数是：主触头额定电流、额定电压及线圈控制电压。一般来说，接触器主触头的额定电压应大于或等于负载回路的额定电压。主触头的额定电流应等于或稍大于实际负载额定电流。对于电动机负载，可用经验公式(6－4)来估算：

$$I_N=\frac{P_N\times 10^3}{kU_N} \tag{6-4}$$

式中：P_N、U_N分别为受控电动机的额定功率(kW)、额定(线)电压(V)；k 为经验系数，一般取 1～1.4。

查阅各系列接触器与可控制电动机容量的对应表也是选择交流接触器额定电流的有效方法。接触器吸引线圈的电压值应取控制电路的电压等级。

(2)非电动机负载时的选用

非电动机负载有电阻炉、电容器、变压器、照明装置等。选用接触器时，除考虑接触器接通容量外，还要考虑使用中可能出现过电流的情形。

2. 直流接触器的选用

直流接触器主要用于控制直流电动机和电磁铁。

(1)控制直流电动机时的选用

首先弄清电动机实际运行的主要技术参数。接触器的额定电压、额定电流(或额定控制功率)均不得低于电动机的相应值。当用于反复短时工作制或短时工作制时，接触器的额定发热电流应不低于电动机实际运行的等效有效电流，接触器的额定操作频率也不应低于电动机实际运行的操作频率。然后根据电动机的类别，选择相应的接触器系列。

(2)控制直流电磁铁时的选用

控制直流电磁铁时，应根据额定电压、额定电流、通电持续率和时间常数等主要技术参数，选用合适的直流接触器。

6.3.3 电磁式控制继电器的选用

(1)继电器类型：继电器的类型及用途可查阅电气元件表。首先按被控制或被保护对象的工作要求来选择继电器的种类，然后根据灵敏度或精度要求来选择适当的系列。如时间继电器有直流电磁式、交流电磁式(气囊结构)、电动式、晶体管式等，可根据系统对延时精度、延时范围、操作电源等的要求综合考虑选用。

(2)使用环境：继电器选用时应考虑继电器安装地点的周围环境温度、海拔高度、相对湿度、污染等级及冲击、振动等条件，确定继电器的结构特征和防护类别。如用于尘埃较多场所时，应选用带罩壳的全封闭式继电器，如用于湿热环境中时，应选用湿热型(TH)继电器，以保证继电器正常而可靠地工作。

(3)使用类别：继电器的典型用途是控制交、直流接触器的线圈等。对应的继电器应按使用类别选用。

(4)额定工作电压和额定工作电流：继电器在相应使用类别下触点的额定工作电压和额

定工作电流表征继电器触点所能切换电路的能力。选用时，继电器的最高工作电压可为该继电器的额定绝缘电压。继电器的最高工作电流一般应小于该继电器的额定发热电流。通常一个系列的继电器规定了几个额定工作电压，同时列出相应的额定工作电流（或控制功率）。选用电压线圈的电流种类和额定电压值时，应注意与系统要求一致。

（5）工作制：继电器一般适用于 8 h 工作制（间断长期工作制）、反复短时工作制和短时工作制。工作制不同对继电器过载能力的要求也不同。当交流电压继电器（或中间继电器）用于反复短时工作制时，由于吸合时有较大的启动电流，因此其负担比用于长期工作制时重，选用时应充分考虑此类情况，使用中实际操作频率应低于额定操作频率。

6.3.4　热继电器的选用

（1）原则上应按被保护电动机的额定电流选取热继电器。根据电动机实际负载，热继电器的整定电流值选取为电动机额定电流的 0.95～1.05 倍。对于过载能力较差的电动机，热继电器的额定电流选取为电动机额定电流的 60%～80%。

（2）对于长期工作制或间断长期工作制的电动机，必须保证热继电器在电动机的启动过程中不致误动作。以在 6 倍额定电流下，启动时间不超过 6 秒的电动机所需的热继电器按电动机的额定电流来选取。

（3）用热继电器做断相保护时的选用。对于星形接法的电动机，只要选用正确、调整合理，使用一般不带断相保护的三相热继电器也能反映一相断线后的过载情况。对于三角形接法的电动机，一相断线后，流过热继电器的电流与流过电动机绕组的电流其增加比例是不同的，这时应选用带有断相保护装置的热继电器。

（4）三相与两相热继电器的选用。一般故障情况下，两相热继电器与三相热继电器具有相同的保护效果。但在电动机定子绕组一相断线、多台电动机的功率差别比较显著、电源电压不平衡等情况下不宜选用两相热继电器。

6.3.5　熔断器的选择

1. 熔断器类型与额定电压的选择

熔断器的类型应根据负载保护特性和短路电流大小、各类熔断器的适用范围来选用。额定电压应根据被保护电路的电压来选择。

2. 熔体与熔断器额定电流的确定

熔体额定电流大小与负载大小、负载性质密切相关。对于负载平稳、无冲击电流的电路，如照明电路、电热电路，可按负载电流（I_N）大小来确定熔体的额定电流（I_{fu}）。对于笼型异步电动机，其熔断器熔体额定电流，对于单台电力机为：

$$I_{fu} = kI_N \tag{6-5}$$

对于多台电动机共用一个熔断器保护时为：

$$I_{fu} = kI_N + \sum I_N \tag{6-6}$$

轻载启动及启动时间较短时，式（6-5）及式（6-6）中系数 k 取 1.5；重载启动及启动时间较长时,式(6-5)及式(6-6)中系数 k 取 2.5。熔断器的额定电流按大于或等于熔体额定电流来选择。

3. 校核保护特性

对上述选定的熔断器类型及熔体额定电流,还必须校核熔断器的保护特性曲线是否与保护对象的过载特性有良好的配合,以使在整个范围内获得可靠的保护。同时,熔断器的极限分断能力应大于或等于所保护电路可能出现的短路电流值,这样才能得到可靠的短路保护。

4. 熔断器的上下级的配合

为满足选择性保护的要求,应注意熔断器上下级之间的配合,一般要求上一级熔断器的熔断时间至少是下一级的 3 倍,不然将会发生越级动作,扩大停电范围。为此,当上下级采用同一型号的熔断器时,其电流等级以相差两级为宜,若上下级所用的熔断器型号不同,则根据保护特性给出的熔断时间选取。

6.3.6 其他控制电气元件的选用

1. 控制按钮的选用

(1)根据使用场合,选择控制按钮的种类,如开启式、保护式、防水式、防腐式等。

(2)根据用途,选用合适的形式,如手把旋钮式、钥匙式、紧急式、带灯式等。

(3)按控制回路的需要,确定不同的按钮数,如单钮、双钮、三钮、多钮等。

(4)按工作情况的要求,选择按钮的颜色。按钮颜色的含义与按钮的典型用途见国家标准 GB 5226.1—2008 的规定。

2. 行程开关的选用

(1)根据应用场合及控制对象选择相应的类型,如一般用途行程开关和起重设备用行程开关。

(2)根据安装环境选择防护形式,如开启式和保护式。

(3)根据控制回路的电压和电流选择行程开关系列。

(4)根据机械与行程开关的压力与位移关系选择合适的头部形式。

3. 自动开关的选用

(1)根据要求确定自动开关的类型,如框架式、塑料外壳式、限流式等。

(2)根据保护特性要求,确定保护的段数。

(3)根据线路中可能出现的最大短路电流来选择自动开关的极限分断能力。

(4)根据电网额定电压、额定电流确定开关的容量等级。

(5)初步确定自动开关的类型和等级后,要和其上下级开关保护特性进行协调配合,从而在总体上满足保护的要求。

6.3.7 电气元件的检查

对使用的所有电气设备和电气元件逐个进行检查,是保证安装质量的基本前提。

(1)根据电气元件明细表,检查各电气设备和电气元件是否有短缺,核对它们的规格是否符合设计要求。比如,电动机的功率和转速、电气元件的电压等级和电流容量、触头的数目和开闭状况、时间继电器的延时类型、热继电器的额定电流等。若不符合相应要求,应更换或调整。

(2)检查电气元件外观是否清洁完整,有无损伤;检查各接线端子及紧固件有无短缺、生锈等现象。

(3)检查电气元件的触头是否光滑,接触面是否良好,有无熔焊粘连、变形、严重氧化锈蚀等现象;检查触头的闭合、分断动作是否灵活;检查触头的开距、起程是否符合标准;检查接触压力弹簧是否有效。

(4)检查有延时作用的电气元件的功能,如时间继电器的延时动作、延时范围及整定机构的作用;检查热继电器的热元件和触头的动作情况。

(5)用兆欧表检查电气元件和电气设备的绝缘电阻是否符合要求;用万用表或电桥检查一些电气元件和电气设备(如继电器、接触器、电动机等)线圈的通断情况。

(6)检查各操作机构和复位机构是否灵活。

6.4　可编程控制系统设计内容与步骤

由于可编程控制器的结构和工作方式与一般计算机和继电器相比有所不同,所以其设计的内容与步骤也不同于后两种系统的设计。

6.4.1　可编程控制系统设计的主要内容

(1)分析控制对象,明确设计任务和要求。这是整个设计的依据。

(2)选定 PLC 的型号及所需的输入/输出模块,对控制系统的硬件进行配置。

(3)编制 PLC 的输入/输出分配表和绘制输入/输出端子接线图。

(4)根据系统设计的要求编写程序规格要求说明书,然后用相应的编程语言进行程序设计。

(5)设计操作台、电气柜,选择所需的电气元件。

(6)编写设计说明书和操作使用说明书。

根据具体控制对象的不同,上述内容可适当调整。

6.4.2　可编程控制系统设计的主要步骤

(1)详细了解被控对象的生产工艺过程,分析控制要求。

(2)根据控制要求确定所需的用户输入/输出设备。

(3)选择 PLC 类型。

(4)分配 PLC 的 I/O 点,设计 I/O 连接图。

(5)进行 PLC 软件设计,同时可进行控制台的设计和现场施工。

(6)系统调试,固化程序,交付使用。

可编程控制器控制系统设计步骤如图 6-6 所示。

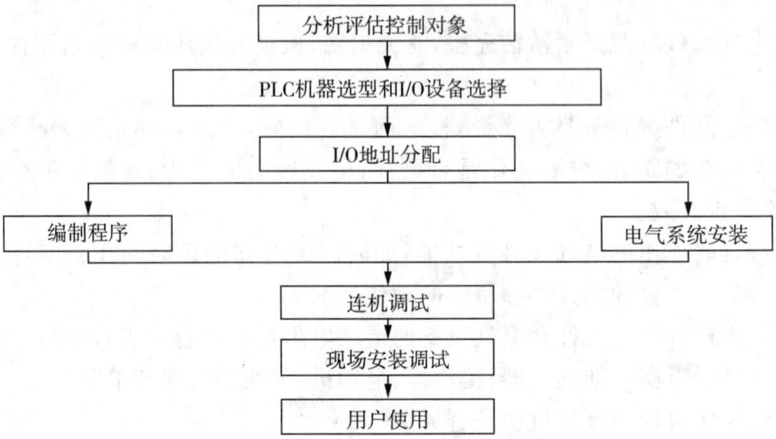

图 6-6　可编程控制器控制系统设计步骤

6.5　可编程控制系统硬件设计

硬件设计主要包括可编程控制器及外围线路的设计、电气线路的设计和抗干扰措施的设计等。

随着功能的不断提高和完善，可编程控制器几乎可以完成工业控制领域的所有任务。但 PLC 还是有其最适合的应用场合，所以在接到一个控制任务后，要分析被控对象的控制过程和要求，看看用什么控制装备(PLC、IPC、DCS 或单片机)来完成该任务最合适。比如仪器及仪表装置、家电的控制就要用单片机来完成；大型的过程控制系统一般要用分布式控制系统(DCS)来完成。而 PLC 最适合的控制对象是，工业环境较差，而安全性、可靠性要求较高，系统工艺复杂，输入/输出以开关量为主的工业自控系统或装置。其实，现在的可编程序控制器不仅可处理开关量，而且对模拟量的处理能力也很强。所以在很多情形下，也可取代工业控制计算机(IPC)作为主控制器，来完成复杂的工业自动控制任务。

控制对象及控制装置确定(选定为 PLC)后，还要进一步确定其控制范围。一般来说，能够反映生产过程的运行情况，能用传感器进行直接测量的参数，控制逻辑复杂的部分都由 PLC 完成。另外，如紧急停车等环节，对主要控制对象还要加上手动控制功能，这就需要在设计电气系统原理图与编程时进行统一考虑。

6.5.1　可编程控制器的选型

当确定由 PLC 来完成控制后，设计者接下来要解决以下两个问题。

1. PLC 容量的选择

首先要对控制任务进行详细的分析，把所有的 I/O 点找出来，包括开关量 I/O 和模拟量 I/O以及这些 I/O 点的性质。I/O 点的性质主要指它们是直流信号还是交流信号，它们的电源电压，以及输出是用继电器型还是用晶体管或可控硅型。控制系统输出点的类型非常关键，如果其中既有交流 220 V 的接触器、电磁阀，又有直流 24 V 的指示灯，则最后选用的 PLC 的输出点数有可能大于实际点数。因为 PLC 的输出点一般是几个一组共用一个公共端，这一组输出只能对应于一种电源的种类和等级。所以一旦它们作为交流 220 V 的负载使用，则直流 24 V 的负载只能使用其他组的输出端了。这样有可能造成输出点数的浪费，增加成本。所以要尽可能选择相同等级和种类的负载，比如使用交流 220 V 的指示灯等。一般情况下继电器输出的 PLC 使用最多，但对于要求高速输出的情况，如运动控制时的高速脉冲输出，就要使用无触点的晶体管输出的 PLC 了。知道这些以后，就可以确定 I/O 点数及 PLC 的类型。

然后要对用户存储器容量进行估算。PLC 常用的内存有 EPROM、EEPROMHE 和带锂电池供电的 RAM。一般微型和小型 PLC 的存储容量是固定的，介于 1 KB 和 2 KB 之间。用户应用程序占用多少内存与多种因素有关，如 I/O 点数、控制要求、运算处理量、程序结构等，因此在程序设计之前只能粗略地估算。根据经验，每个 I/O 点及有关功能元件占用的内存大致如下。

开关量输入元件：10～20 B/点；

开关量输出元件：5～10 B/点；

定时器/计速器：2 B/个；

模拟量：100～150 B/点；

通信接口：一个接口一般需要 300 B 以上。

根据上面算出的总字节数再考虑 25%左右的备用量，就可估算出用户程序所需的内存容量，从而选择合适的 PLC 内存。

2. PLC 机型的选择

由于生产 PLC 的厂家众多，所生产的 PLC 实现的功能虽基本相同，但性能、价格和编程语言却有较大差别，在选择机型时一般从以下几个方面考虑。

(1)功能方面。所有 PLC 一般都具有常规的功能，但对某些特殊要求，就要知道所选用的 PLC 是否有能力完成控制任务；如对 PLC 与 PLC 之间、PLC 与智能仪表及上位机之间有灵活方便的通信要求，对 PLC 的计算速度、用户程序容量等有特殊要求，对 PLC 的位置控制有特殊要求等。这就要求用户对市场上流行的 PLC 品种有详细的了解，以便做出正确的选择。

(2)价格方面。不同厂家的 PLC 产品价格相差很大，有些功能类似、质量相当、I/O 点数相当的 PLC 的价格能相差 40%以上。在使用 PLC 较多的情况下，性价比是一个重要的考虑因素。

(3)售后服务。应考虑相关的技术支持，统一的型号有利于维护，系统改造、升级等。

PLC 主机选定后，根据控制系统需要，则相应的配套模块也就选定了，如模拟量单元、显示设定单元、位置控制单元或热电偶单元等。

6.5.2　I/O 地址分配

输入/输出信号在 PLC 接线端子上的地址分配是进行 PLC 控制系统设计的基础。对软件设计来说，I/O 地址分配以后才可进行编程；对控制柜及 PLC 的外围接线来说，只有 I/O 地址确定以后，才可以绘制电气接线图、装配图，让装配人员根据线路图和安装图安装控制柜。分配输出点地址时，要注意负载的类型。

在进行 I/O 地址分配时，最好把 I/O 点的名称、代码和地址以表格的形式列出来。

6.5.3 响应时间

对于过程控制，必须认真考虑其扫描周期和响应时间。PLC 顺序扫描的工作方式，使它不能可靠地接收持续时间小于扫描周期的输入信号。例如，电机转速的测量，就需要选用高速计数指令来完成，总之，PLC 的处理速度应满足实时控制的要求。

选定 PLC 及其扩展模块（如需要的话）和分配完 I/O 地址后，接下来就是硬件设计了。硬件设计的主要内容包括电气控制系统原理图的设计、电气控制元器件的选择和控制柜的设计。电气控制系统原理图包括主电路和控制电路，控制电路包括 PLC 的 I/O 接线和自动部分、手动部分的详细连接等，有时还要在电气原理图中标上器件代号或另外配上安装图、端子接线图等，以方便控制柜的安装。电气元件的选择主要是根据控制要求选择按钮、开关、传感器、保护电器、接触器、指示灯和电磁阀等。

6.6 可编程应用系统软件设计

在实际的工作中，软件的实现方法有很多种，具体使用的方法，也因人及控制对象的不同而异，以下是几种常用的方法。

6.6.1 经验设计法

在一些典型的控制环节和电路的基础上，根据被控制对象对控制系统的具体要求，凭经验进行选择、组合。有时为了得到一个满意的设计结果，需要进行多次反复的调试和修改，增加一些辅助触点和中间编程元件。这种设计方法没有普遍的规律可遵循，即具有一定的试探性和随意性，最后得到的结果也不是唯一的，设计所用的时间、设计的质量与设计者的经验有关。

经验设计法对于一些比较简单的控制系统的设计是比较有效的，可以收到快速、简单的效果。但是，由于这种方法主要是依靠设计人员的经验进行设计，所以对设计人员的要求也比较高，特别是要求设计者有一定的实践经验，对工业控制系统和工业上常用的各种典型环节比较熟悉。对于比较复杂的系统，经验法一般设计周期长，不易掌握，系统交付使用后维护困难，所以，经验法一般只适合于比较简单的或与某些典型系统相类似的控制系统的设计。

6.6.2 逻辑设计法

工业电气控制线路中，有不少都是通过继电器等电气元件来实现的，而继电器、交流接触器的触点都只有两种状态即吸合和断开，因此，用“0”和“1”两种取值的逻辑代数设计电器控制线路是完全可以的，PLC 的早期应用就是替代继电器控制系统，因此逻辑设计法同样也适用于 PLC 应用程序的设计。当一个逻辑函数用逻辑变量的基本运算式表达出来后，实现这个逻辑函数的线路就确定了。当这种方法使用熟练后，甚至梯形图程序也可以省略，可以直接写出与逻辑函数和表达式对应的指令语句程序。

用逻辑设计法设计 PLC 应用程序的一般步骤如下：

(1)列出执行元件动作节拍表；

(2)绘制电气控制系统的状态转移图；

(3)进行系统的逻辑设计；

(4)编写程序；

(5)对程序进行检测、修改和完善。

6.6.3　顺序功能图法

顺序功能图法首先根据系统的工艺流程设计顺序功能图，然后再依据顺序功能图设计顺序控制程序。在顺序功能图中，实现转换时使前续步的活动结束而使后续步的活动开始，步与步之间没有重叠。这使系统中大量复杂的联锁关系在步的转换中得以解决。而对于每一步的程序段，只需处理较简单的逻辑关系。因而这种编程方法简单易学，规律性强。设计出的控制程序结构清晰、可读性好，程序的调试和运行也很方便，可以极大地提高工作效率。S7－200 PLC 采用顺序功能图法设计时，可用顺序控制继电器指令(SCR)、置位/复位指令(S/R)、移位寄存器指令(SHRB)等实现编程。

控制系统设计的难易程度因控制任务和设计人员而异。对于经验丰富的工程技术人员来说，他们在长时间的专业工作中，积累了大量的经验，除了一般的编程方法外，更有自己独特的编程技巧和方法。可见，平时多注意积累和总结是很重要的。

在程序设计时，除了 I/O 地址列表外，有时还要把在程序中用到的中间继电器(M)、定时器(T)、计数器(C)和存储单元(V)以及它们的作用或功能列出来，以便编写程序和阅读程序时参考。

在编程语言的选择上，是用梯形图编程还是用语句表编程或使用功能图编程，主要取决于以下几点：

(1)有些 PLC 使用梯形图编程不是很方便，则可以使用语句表编程，但是梯形图比语句表更直观；

(2)经验丰富的人员可以使用语句表直接编程，就像使用汇编语言一样；

(3)如果是清晰的单顺序、选择顺序或并发顺序的控制任务，则最好使用功能图来编程。

6.7　可编程控制器应用程序的典型环节及设计技巧

6.7.1　可编程控制器应用程序的典型环节

复杂的控制程序一般都是由一些典型的基本环节有机地组合而成的，因此，掌握这些基本环节尤为重要。这有助于控制程序设计水平的提高。以下是几个常用的典型环节。

1. 电动机的启动与停止控制程序

电动机的启动与停止是最常见的控制形式，通常需要设置启动按钮、停止按钮及接触器等。由 I/O 接线图可得 I/O 分配表如表 6－2 所示，PLC 的 I/O 接线图如图 6－7 所示。

表 6－2　电动机启动与停止控制 I/O 分配表

输入信号		输出信号	
停止按钮 SB1	I0.1	接触器 KM	Q0.1
启动按钮 SB2	I0.2		

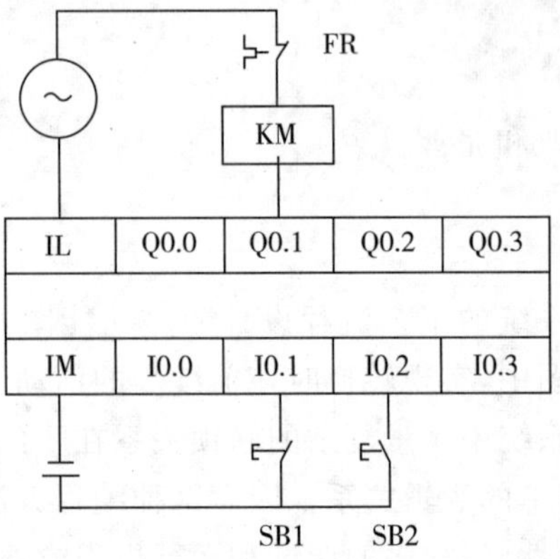

图 6－7　电动机启动与停止控制 I/O 接线图

（1）停止优先控制程序

为确保安全，通常电机的启动、停止控制总是选用如图 6－8 所示的停止优先控制程序。对于该程序，若同时按下启动和停止按钮，则停止优先。

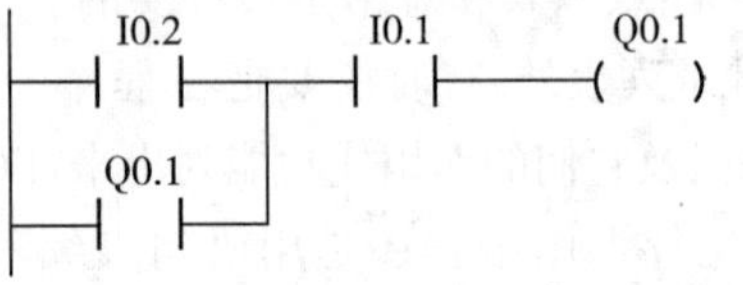

图 6－8　停止优先控制梯形图程序

（2）启动控制优先程序

对于有些场合，需要启动优先控制，若同时按下启动和停止按钮，则启动优先。具体程序如图 6－9 所示。

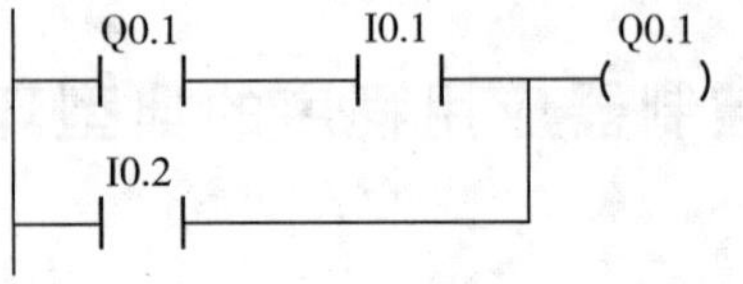

图 6－9　启动优先控制梯形图程序

2. 具有点动功能的电动机启动、停止控制程序

有些设备的运动部件的位置常常需要进行调整，这就要用到具有点动调整的功能。这样除了要有上述启动按钮、停止按钮外，还需要增添点动按钮 SB3。I/O 分配表如表 6－3 所示，PLC 的 I/O 接线图如图 6－10 所示。

表 6－3　电动机启动、停止、点动控制 I/O 分配表

输入信号		输出信号	
停止按钮 SB1	I0.0	接触器 KM	Q0.1
启动按钮 SB2	I0.1		
点动按钮 SB3	I0.2		

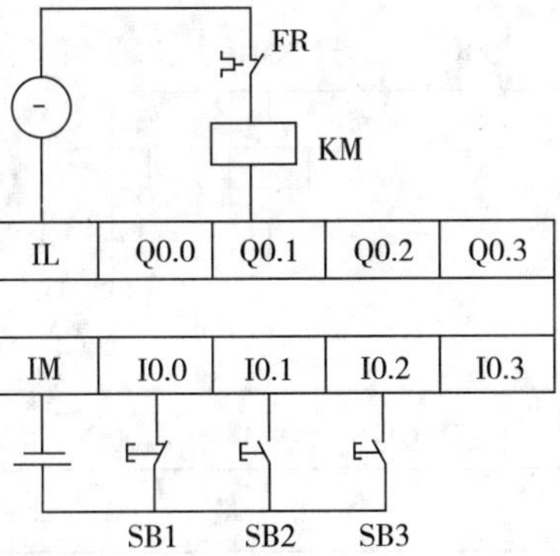

图 6－10　电动机启动、停止、点动控制 I/O 接线图

在继电器控制柜中，点动控制是采用复合按钮实现的，即利用常开、常闭触点的先断后合的特点实现的。而 PLC 梯形图中的"软继电器"的常开触点和常闭触点的状态转换是同时发生的，这时，可采用如图 6－11 所示的位存储器 M2.0 及其常闭触点来模拟先断后合型电器的特性。该程序运用了 PLC 的周期循环扫描工作方式造成的输入、输出延迟响应来达到先断后合的效果。注意：若将 M2.0 内部线圈与 Q0.1 输出线圈的位置对调一下，则不能产生先断后合的效果。

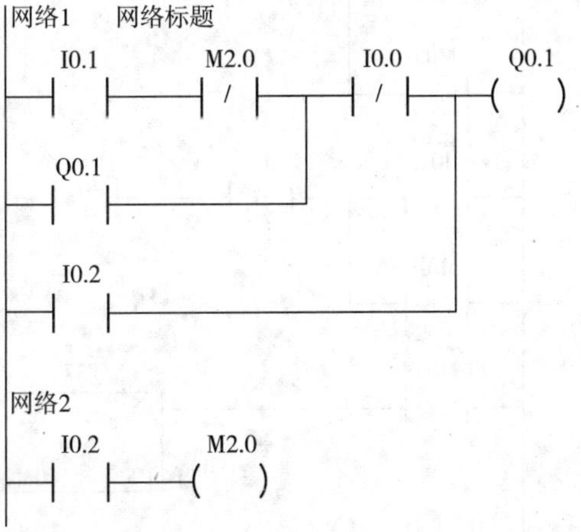

图 6－11　电动机启动、停止、点动控制梯形图程序

3. 电动机的正、反转控制程序

电动机的正、反转控制是常用的控制形式，输入信号设有停止按钮 SB1、正向启动按钮 SB2、反向启动按钮 SB3，输出信号应设正转接触器 KM1、反转接触器 KM2。I/O 分配表如表 6－4 所示，I/O 接线图如图 6－12 所示，梯形图程序如图 6－13 所示。

表 6－4　电动机正、反转控制 I/O 分配表

输入信号		输出信号	
停止按钮 SB1	I0.0	正转接触器 KM1	Q0.1
启动按钮 SB2	I0.1	反转接触器 KM2	Q0.2
点动按钮 SB3	I0.2		

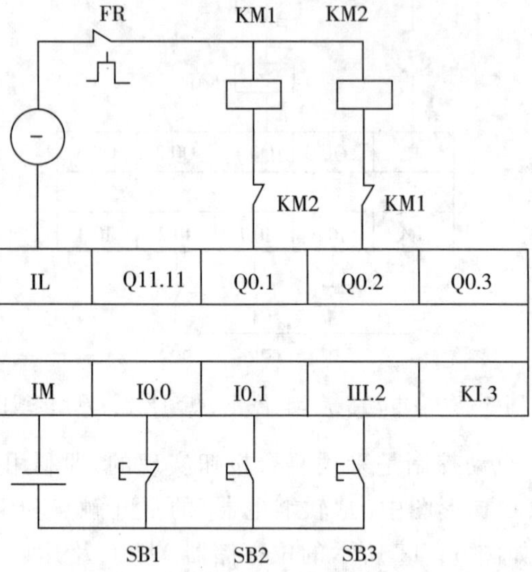

图 6-12 电动机正、反转控制 I/O 接线图

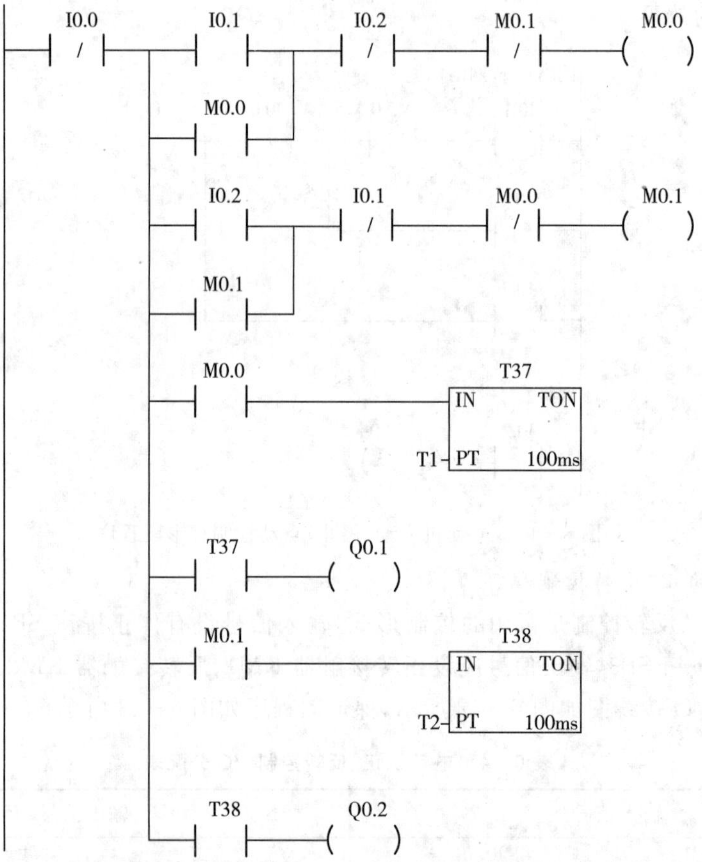

图 6-13 电动机正、反转控制梯形图程序

电动机可逆运行方向的切换是通过两个接触器 KM1、KM2 的切换来实现的。切换时要改变电源的相序。在设计程序时，必须防止由于电源换相所引起的短路事故，例如，由正向运转切换到反向运转时，当正转接触器 KM1 断开时，由于其主触点内瞬时产生的电弧，使这个触点仍处于接通状态，如果这时使反转接触器 KM2 闭合，就会使电源短路。因此必须在完全没有电弧的情况下才能使反转的接触器闭合。

由于 PLC 内部处理过程中，同一元件的常开、常闭触点的切换没有时间的延迟，因此必须采用防止电源短路的方法。如图 6-13 所示梯形图中，采用定时器 T37、T38 分别作为正转、反转切换的延迟时间，从而可防止切换时发生电源短路故障。

4. 大功率电动机的星-三角降压启动控制程序

大功率电动机的星-三角降压启动控制的主电路，如图 6-14 所示。图中，电动机由接触器 KM1、KM2、KM3 控制，其中 KM3 将电动机绕组成星形连接，KM2 将电动机绕组成三角形连接。KM2 与 KM3 不能同时吸合，否则将造成电源短路。在程序设计过程中，应充分考虑由星形向三角形切换的时间，即当电动机绕组从星形切换到三角形时，由 KM3 完全断开(包括灭弧时间)到 KM2 接通这段时间应锁定，以防电源短路。

设置停止按钮 SB1，启动按钮 SB2，接触器 KM1、KM2、KM3。I/O 分配表如表 6-5 所示，I/O 接线图如图 6-15 所示。

表 6-5　电动机星-三角降压启动控制 I/O 分配表

输入信号		输出信号	
停止按钮 SB1	I0.0	接触器 KM1	Q0.1
启动按钮 SB2	I0.1	接触器 KM2	Q0.2
		接触器 KM3	Q0.3

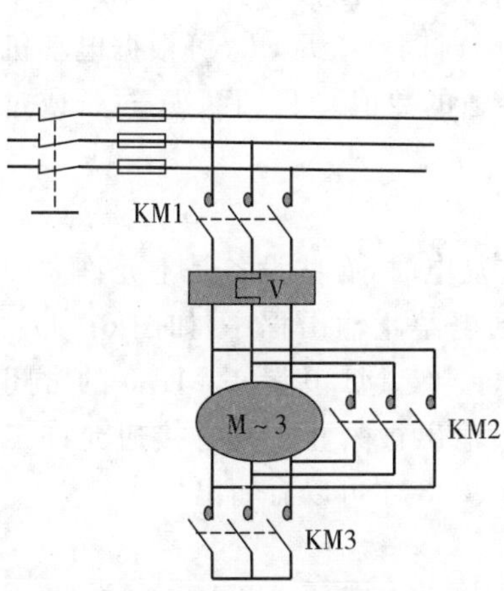

图 6-14　星-三角启动控制主电路

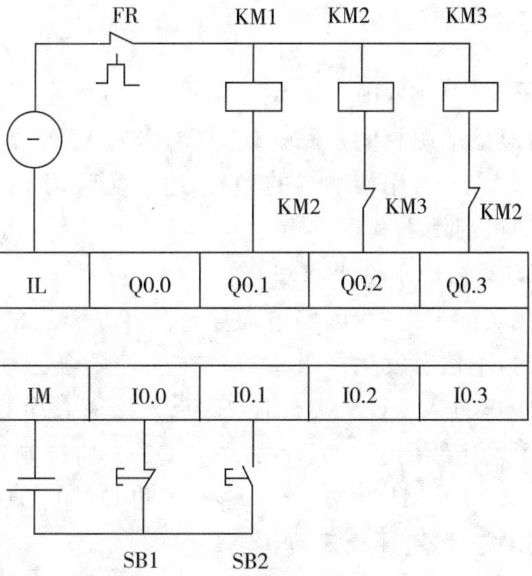

图 6-15　星-三角启动控制 I/O 接线图

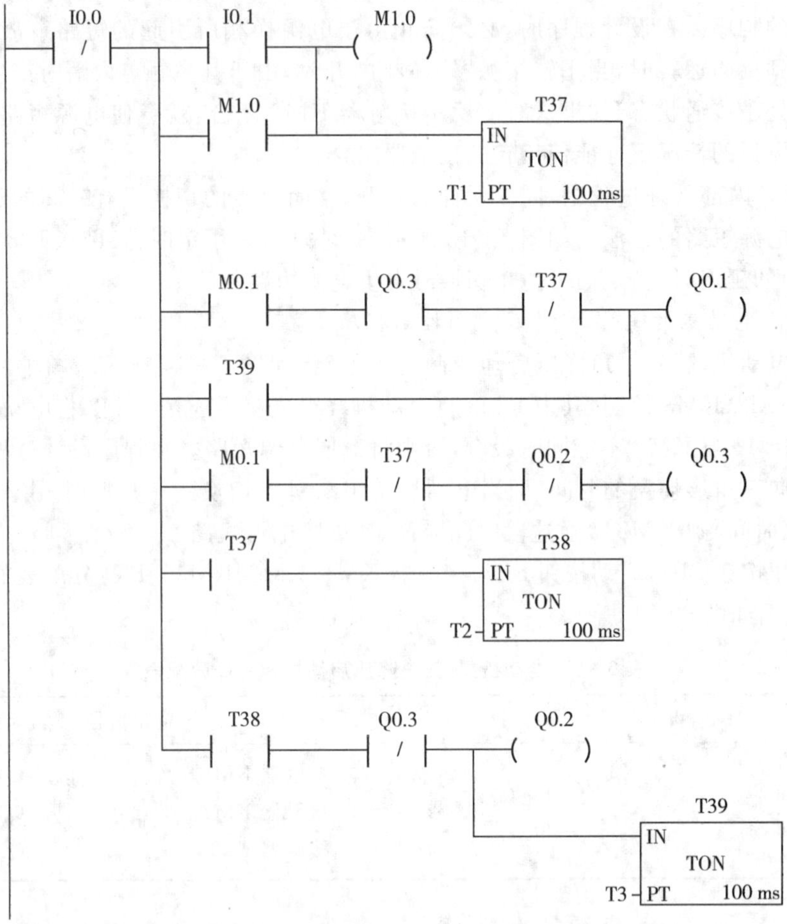

图 6－16　星-三角启动控制梯形图程序

图 6－16 中，用 T38 定时器使 KM3 断电 T_2 后再让 KM2 通电，保证 KM3、KM2 不同时接通，避免电源相间短路。定时器 T37、T38、T39 的延时时间 T_1、T_2、T_3 可根据电动机启动电流的大小、所用接触器的型号，通过实验调整，选定合适的数值。T_1、T_2、T_3 过长或过短均对电动机启动不利。

5. 通电禁止输出程序

在实际工作中，因停电而停止生产是常有的事。在复电时，有些设备是不允许立即恢复工作的，不然会发生严重事故。在这种场合必须采用通电禁止输出程序，如图 6－17 所示。PLC 上电进入 RUN 状态时，SM0.3 接通一个扫描周期。使 M1.0 置 1，M1.0 的常闭接点切断了输出线圈 Q1.0、Q1.1、…、Q2.3 的控制逻辑，故输出被禁止。只有接通允许工作的按钮 I1.0 时，M1.0 被复位，输出线圈 Q1.0、Q1.1、…、Q2.3 才可以有输出。

6. 定时器、计数器的扩展

S7－200 PLC 定时器的最大计时时间为 3276.7 s。为实现更长的设定时间，可将多个定时器、计数器联合使用以扩展其计时范围，如图 6－18 和图 6－19 所示。

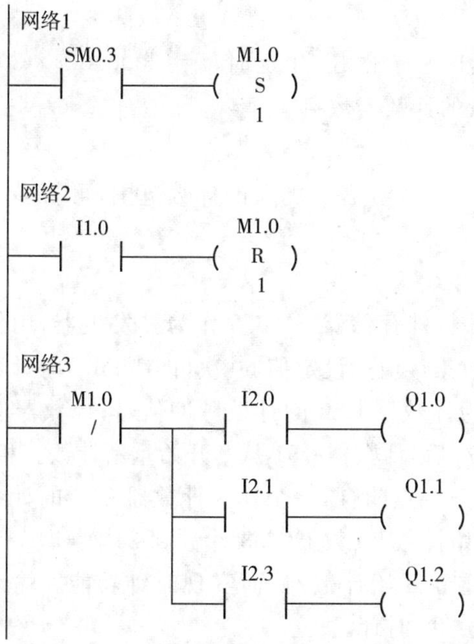

图 6-17　通电禁止输出梯形图程序

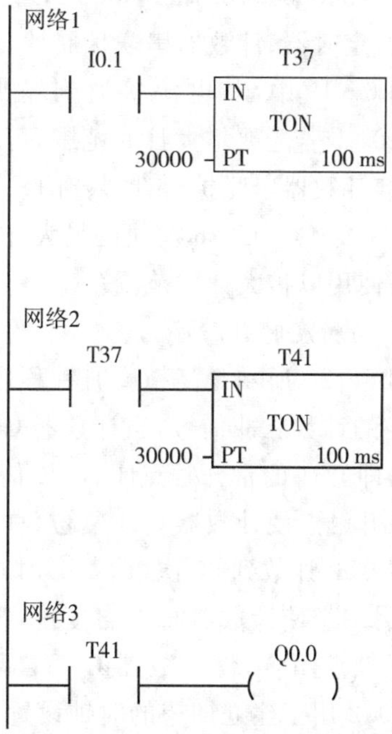

图 6-18　定时器串联使用梯形图程序

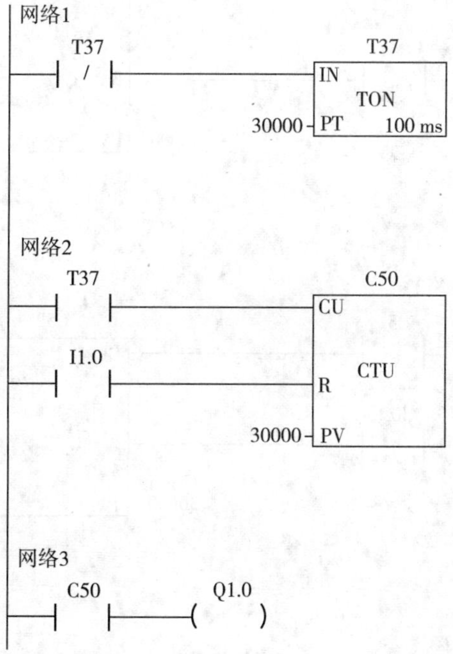

图 6-19　定时器、计数器串联使用梯形图程序

(1)定时器串联扩展计时范围

如图 6-18 中,从输入信号 I0.1 接通后到输出线圈 Q0.0 有信号输出,共延时 $T=$

(30000＋30000)×0.1 s＝6000 s，若还要增大计时范围，可增加串联的定时器数目。

(2)定时器、计数器串联扩展计时范围

图 6-19 中，从电源接通到输出线圈 Q1.0 有输出，共延时 $T=3000.0\ s\times30000=9.0\times10^7\ s$，若还要增大计时范围，可增加串联的计数器数目。

(3)计数器串联扩展计数范围

S7-200 CPU226 模块的最大计数值为 32767，若需要更大的计数范围，可将多个计数器串联使用以扩大计数范围。

8. 高精度时钟程序

图 6-20 所示是高精度时钟程序，秒脉冲特殊存储器 SM0.5 作为秒发生器，用作计数器 C51 的计数脉冲信号，当计数器 C51 的计数累计值达设定值 60 次(即 1 min)时计数器位置"1"，即 C51 的常开触点闭合，该信号将作为计数器 C52 的计数脉冲信号；计数器 C51 的另一常开触点使计数器 C51 复位(称为自复位)后，计数器 C51 从 0 开始重新计数。相似地，计数器 C52 计数到 60 次(即 1 h)时其两个常开触点闭合，一个作为计数器 C53 的计数脉冲信号，另一个使计数器 C52 自复位，又重新开始计数；计数器 C53 计数到 24 次(即 1 天)时，其常开触点闭合，使计数器 C53 自复位，又重新开始计数；从而实现时钟功能。输入信号 I0.1、I0.2 用于建立期望的时钟设置，即调整分针、时针。

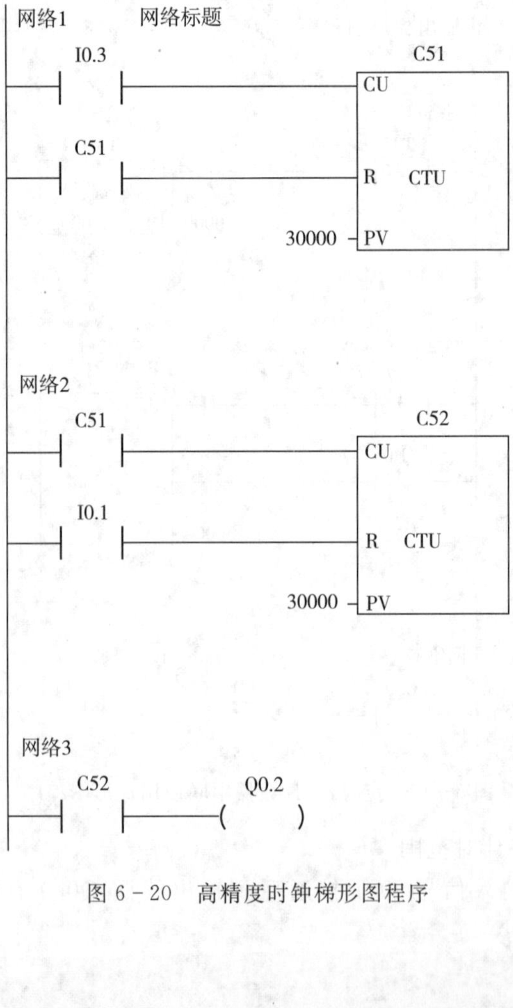

图 6-20　高精度时钟梯形图程序

6.7.2　可编程控制器应用程序的设计技巧

在工艺要求改变后，常常要改变控制程序，有时会出现 I/O 点数不够又不想增加 PLC 扩展单元的情况，此时可采用一些方法来减少输入点和输出点。

1. 减少输入点的方法

(1)用二极管隔离的分组输入方法

控制系统一般具有手动和自动两种工作方式。由于手动与自动是不同时发生的，可分成两组，并由转换开关 SA 选择自动(位置 2)和手动(位置 1)的工作位置，如图 6－21 所示。这样一个输入点就可当作两个输入点使用。二极管的作用是避免产生寄生电路，保证信号的正确输入。

(2)触点合并式输入方法

在生产工艺允许条件下，可将具有相同性质和功能的输入触点串联或并联后再输入 PLC 输入端，这样就能使几个输入信号只占用一个输入点。下面以两地控制程序为例来说明。

设有一台电动机，要求分别在甲、乙两地均可对其进行启停控制。甲地设停止按钮 SB1、启动按钮 SB3，乙地设停止按钮 SB2、启动按钮 SB4，如图 6－22 和表 6－6 所示。

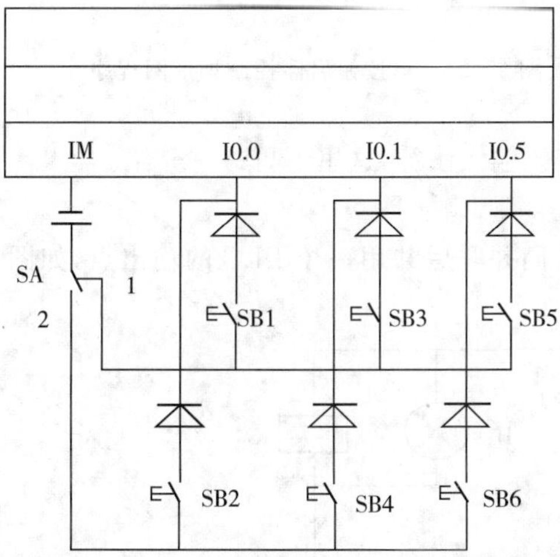

图 6－21　用二极管隔离的分组输入方法

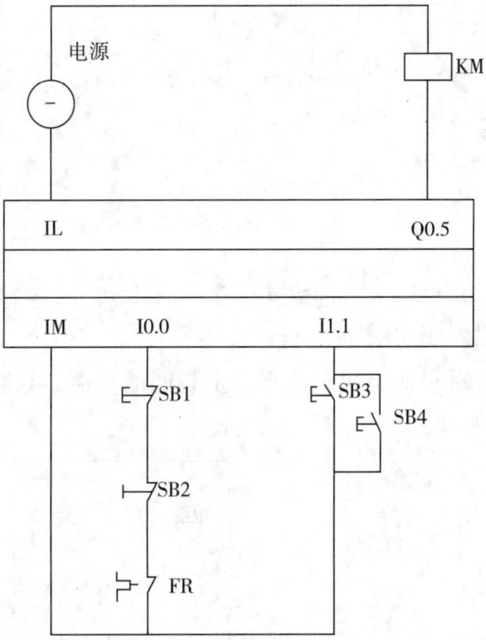

图 6－22　两地控制 I/O 接线图

表 6－6　两地控制 I/O 分配表

输入信号		输出信号	
甲、乙停止按钮串联(SB1×SB2) 甲、乙启动按钮并联(SB3＋SB4)	I0.0，I0.1	接触器 KM	Q0.5

两地控制对应的梯形图如图 6－23 所示。这样，不管是在甲地或乙地均可对电动机进行启停控制，而只占用 PLC 的两个输入点（I0.0，I0.1）。

同样道理，对于多地点控制，只要将 n 地的停止按钮的常闭触点串联起来，接入 PLC 的一个输入点；再将 n 地的启动按钮并联起来，接入 PLC 的一个输入点。

(3)单按钮启停控制程序

通常启停控制（如对某电动机的起停控制）均要设置两个控制按钮作为启动控制和停止控制。现介绍只用一个按钮，通过软件编程，实现启动与停止的控制。

如图 6－24 所示，I0.0 作为启动、停止按钮的地址，第一次按下时 Q1.0 有输出，第二次按下时 Q1.0 无输出，第三次按下 Q1.0 又有输出。

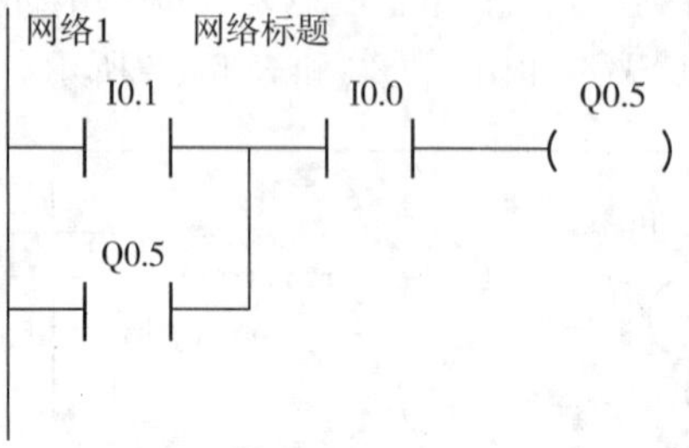

图 6－23 两地控制梯形图程序

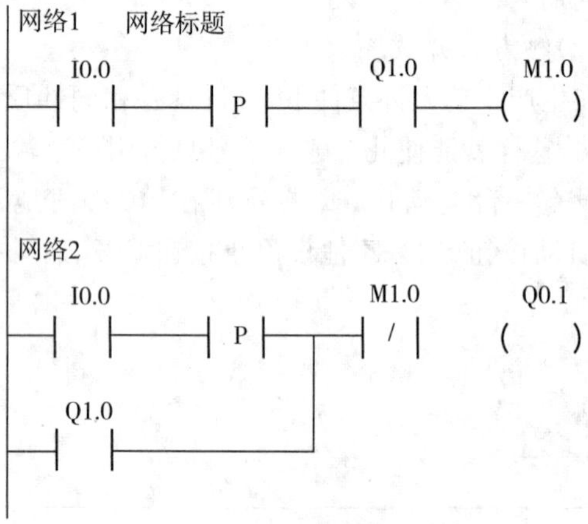

图 6－24 单按钮启停控制梯形图程序

减少输入点的方法除了上述方法外，还有编码输入法等，这里不再一一介绍。

2. *减少输出点的方法*

对于两个通断状态完全相同的负载，可将它们并联后共用一个 PLC 的输出点，如图 6－25 所示。

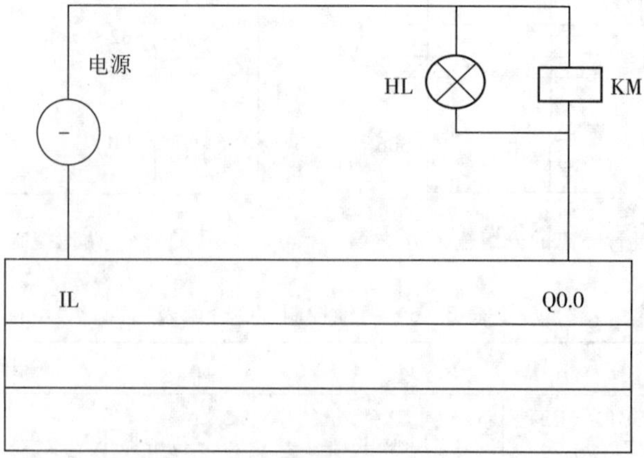

图 6－25 并联输出方法

两个负载并联共用一个输出点时，应注意两个输出负载的电流总和不能大于输出端子的负载能力。由于信号灯负载电流很小，故常用信号灯与被指示的负载并联的方法，这样可少占用 PLC 输出点。

6.8　提高可编程控制器系统可靠性的措施

可编程控制器专为在工业环境下的应用而设计，其显著特点之一就是高可靠性。为了提高系统的可靠性，PLC 本身在软、硬件上均采取了一系列抗干扰措施，在一般工厂内使用完全可以可靠地工作，一般平均无故障时间可达几万小时。但这并不意味着对 PLC 的环境条件及安装使用可以随意处理。过于恶劣的环境条件，如强电磁干扰、超高温、超低温、过欠电压等情况，或安装使用不当等，都可能导致 PLC 内部存储信息的破坏，引起控制紊乱，严重时还会使系统内部的元器件损坏。为了提高 PLC 控制系统运行的可靠性，必须选择合理的抗干扰措施，使系统正常可靠的工作。

6.8.1　可编程控制器安装的环境条件

可编程控制器是一种用于工业生产自动化控制的设备，一般不需要采取特别的措施，就可以直接在工业环境中使用。然而，尽管 PLC 有如上所述的可靠性较高、抗干扰能力较强等优点，但当存在生产环境过于恶劣、电磁干扰特别强烈或安装使用不当等情形，就可能造成程序错误或运算错误，从而产生误输入并引起误输出，这将会造成设备的失控和误动作，从而不能保证 PLC 的正常运行。要提高 PLC 控制系统的可靠性，一方面，要求 PLC 生产厂家提高设备的抗干扰能力；另一方面，要求在设计、安装和使用维护中高度重视，多方配合解决问题，有效地增强系统的抗干扰性能。因此在使用中应注意以下问题：

(1)温度。PLC 要求环境温度在 0～55 ℃，安装时不能将其放在发热量大的设备下面，四周用于通风散热的空间应足够大。

(2)湿度。为了保证 PLC 的绝缘性能，空气的相对湿度应小于 5%(无凝露)。

(3)震动。应使 PLC 远离强烈的震动源，防止频率为 10～55 Hz 的频繁或连续震动。当使用环境不可避免震动时，必须采取减震措施，如采用减震胶等。

(4)空气。避免有腐蚀和易燃的气体，如氯化氢、硫化氢等。对于空气中有较多粉尘或腐蚀性气体的环境，可将 PLC 安装在密闭性较好的控制室或控制柜中。

(5)电源。PLC 对于电源线带来的干扰具有一定的抵制能力。在可靠性要求很高或电源干扰特别严重的环境中，可以安装一台带屏蔽层的隔离变压器，以减少设备与地之间的干扰。一般 PLC 都由直流 24 V 输出提供给输入端，当输入端使用外接直流电源时，应选用直流稳压电源。因为普通的整流滤波电源，由于纹波的影响，容易使 PLC 接收到错误信息。

6.8.2 可编程控制器系统的抗干扰措施

1. 控制系统中干扰及其来源

现场电磁干扰是 PLC 控制系统中最常见也是最易影响系统可靠性的因素之一，正所谓“治标需治本”，找出问题所在，才能更好地解决问题，因此必须知道现场干扰的源头。

(1)干扰源及一般分类

影响 PLC 控制系统的干扰源，大都产生在电流或电压剧烈变化的部位，其原因是电流改变产生磁场，磁场改变产生电流，电磁高速转换产生电磁辐射干扰设备。按干扰模式不同，电磁干扰分为共模干扰和差模干扰。共模干扰来自信号对地的电位差，主要由电网串入、地电位差及空间电磁辐射在信号线上感应的同方向电压叠加所形成。共模电压通过不对称电路可转换成差模电压，直接影响测控信号，造成元器件损坏（这就是一些系统 I/O 模件损坏率较高的主要原因），这种共模干扰可为直流，亦可为交流。差模干扰来自作用于信号两极间的干扰电压，主要是由空间电磁场在信号间耦合感应及由不平衡电路转换共模干扰所形成的电压，这种干扰叠加在信号上，直接影响测量与控制精度。

(2)干扰的主要来源及途径

① 强电干扰

PLC 系统一般由电网供电。由于电网覆盖范围广，它将受到所有空间的电磁干扰而在线路上感应电压。尤其是电网内部的变化，如刀开关操作浪涌、大型电力设备启停、交直流传动装置引起的谐波、电网短路暂态冲击等，都通过输电线路传到电源侧，形成强电干扰，如图 6-26 所示。

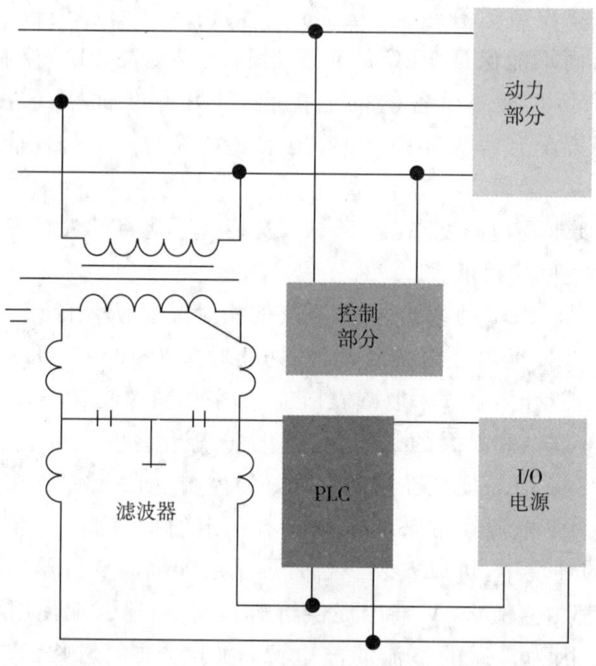

图 6-26 强电干扰

② 柜内干扰

控制柜内的高压电器、大型电感性负载、混乱的布线等都容易对 PLC 造成一定程度的干扰。

③ 信号线引入的干扰

与 PLC 控制系统连接的各类信号传输线，除了传输有效的各类信息之外，总会有外部干扰信号侵入。此干扰主要有两种途径：一是通过变送器供电电源或共用信号仪表的供电电源串入的电网干扰，该途径一般可被忽略；二是信号线受空间电磁辐射感应的干扰，即信号线上的外部感应干扰，这是很严重的。由信号引入的干扰会引起 I/O 信号工作异常和测量精度大大降低，严重时会引起电气元件损伤。

④ 接地系统混乱引入的干扰

接地是提高电子设备电磁兼容性(EMC)的有效手段之一。正确的接地，既能抑制电磁干扰的影响，又能抑制设备向外发出干扰；而错误的接地，反而会引入严重的干扰信号，甚至会使 PLC 系统无法正常工作。

⑤ 来自 PLC 系统内部的干扰

内部干扰主要由系统内部元器件及电路间的相互电磁辐射产生，如逻辑电路相互辐射及其对模拟电路的影响，模拟地与逻辑地的相互影响，以及元器件间的相互不匹配使用等。

⑥ 变频器干扰

变频器干扰分为两种：一是变频器启动及运行过程中产生谐波对电网产生传导干扰，引起电网电压畸变，影响电网的供电质量；二是变频器的输出会产生较强的电磁辐射干扰，影响周边设备的正常工作。

(3)主要抗干扰措施

① 电源的合理处理，抑制电网引入的干扰

对于电源引入的电网干扰可以安装一台带屏蔽层的变比为 1∶1 的隔离变压器，以减少设备与地之间的干扰，还可以在电源输入端串接 LC 滤波电路，如图 6-26 所示。

② 安装与布线

a. 动力线、控制线以及 PLC 的电源线和 I/O 线应分别配线，隔离变压器与 PLC 和 I/O 之间应采用双胶线连接。将 PLC 的 I/O 线和大功率线分开走线，如必须布置在同一线槽内，则应将交流线、直流线分开捆扎，若条件允许，分槽走线最好，这不仅能使其有尽可能大的空间距离，并能将干扰降到最低限度。

b. PLC 应远离强干扰源如电焊机、大功率硅整流装置和大型动力设备，不能与高压电器安装在同一个开关柜内。在柜内 PLC 应远离动力线(二者之间距离应大于 200 mm)。与 PLC 装在同一个柜子内的电感性负载，如功率较大的继电器、接触器的线圈等，应并联 RC 消弧电路。

c. PLC 的输入与输出最好分开走线，开关量与模拟量也要分开敷设。模拟量信号的传送应采用屏蔽线，屏蔽层应一端或两端接地，接地电阻应小于屏蔽层电阻的 1/10。

d. 交流输出线和直流输出线不要用同一根电缆，输出线应尽量远离高压线和动力线，避免并行。

e. I/O 端的接线按如下方式进行。

输入接线：输入接线一般不要太长，但如果环境干扰较小，电压降不大时，输入接线可适当长些。输入线和输出线要分开，不能用同一根电缆。尽可能采用常开触点形式连接到输入端，使编制的梯形图与继电器原理图一致，便于阅读。

输出接线：输出端接线分为独立输出和公共输出。在不同组中，可采用不同类型和电压等级的输出电压。但在同一组中的输出只能用同一类型、同一电压等级的电源。由于 PLC 的输出元件被封装在印制电路板上，并且连接至端子板，若连接输出元件的负载短路，将会烧毁印制电路板。采用继电器输出时，所承受的电感性负载的大小，会影响到继电器的使用寿命，因此，使用电感性负载时应合理选择，或加隔离继电器。PLC 的输出负载可能产生干扰，因此要采取措施加以控制，如直流输出的续流管保护，交流输出的阻容吸收电路保护，晶体管及双向晶闸管输出的旁路电阻保护。

f. 正确选择接地点，完善接地系统。

良好的接地是保证 PLC 可靠工作的重要条件，可以避免偶然发生的电压冲击危害。接地的目的通常有两个，一是保障安全，二是抑制干扰。完善的接地系统是 PLC 控制系统抗电磁干扰的重要措施之一。

PLC 控制系统的地线包括系统地、屏蔽地、交流地和保护地等。接地系统混乱对 PLC 系统的干扰主要是：各个接地点电位分布不均，不同接地点间存在地电位差，引起地环路电流，影响系统正常工作。例如电缆屏蔽层必须一端接地，如果电缆屏蔽层两端都接地，就存在地电位差，有电流流过屏蔽层，当发生异常状态（如雷击）时，地线电流将更大。

此外，屏蔽层、接地线和大地有可能构成闭合环路，在变化磁场的作用下，屏蔽层内又会出现感应电流，通过屏蔽层与芯线之间的耦合，干扰信号回路。若系统地与其他接地处理混乱，所产生的地环流就可能在地线上产生不等电位分布，影响 PLC 内逻辑电路和模拟电路的正常工作。PLC 工作的逻辑电压干扰容限较低，逻辑地电位的分布干扰容易影响 PLC 的逻辑运算和数据存储，造成数据混乱、程序跑飞或死机。模拟地电位的分布将导致测量精度下降，引起信号测控的严重失真和系统的误动作。

措施一：安全接地或电源接地。将电源线接地端和柜体连线接地为安全接地。如电源漏电或柜体带电，可从安全接地导入地下，以防对人造成伤害。

措施二：系统接地。PLC 为了与所控制的各个设备同电位而接地，叫系统接地。接地电阻值不得大于 4Ω，一般需将 PLC 设备系统地和控制柜内开关电源负端接在一起，作为控制系统地。

措施三：信号与屏蔽接地。一般要求信号线必须有唯一的参考地，屏蔽电缆遇到有可能产生传导干扰的场合，也要就地或者在控制室唯一接地，防止形成“地环路”。信号源接地时，屏蔽层应在信号侧接地；信号源不接地时，屏蔽层应在 PLC 侧接地；信号线中间有接头时，屏蔽层应牢固连接并进行绝缘处理，一定要避免多点接地；多个测点信号的屏蔽双绞线与多芯对绞总屏蔽电缆连接时，各屏蔽层应相互连接好，并经绝缘处理，选择适当的接地处单点接地。

g. 抑制变频器的干扰。

对变频器干扰的处理一般有下面几种方式：

第一，加隔离变压器。主要是针对来自电源的传导干扰，可以将绝大部分的传导干扰阻隔在隔离变压器之前。

第二，使用滤波器。滤波器具有较强的抗干扰能力，还可防止将设备本身的干扰传导给电源，有些还兼有尖峰电压吸收功能。

第三，使用输出电抗器。在变频器和电动机之间增加交流电抗器主要是减少变频器输出，防止在能量传输过程中线路产生电磁辐射，影响其他设备正常工作。

PLC 控制系统中的干扰是一个十分复杂的问题，因此在抗干扰设计中应综合考虑各方面的因素，合理有效地抑制干扰因素，才能够使 PLC 控制系统正常工作。随着 PLC 应用领域的不断拓宽，如何高效可靠地使用 PLC 也成为影响其发展的重要因素。PLC 未来会有更大的发展空间，产品的品种会更丰富，规格也更齐全，通过完美的人机界面、完备的通信设备会更好地适应各种工业控制场合的需求。PLC 作为自动化控制网络和国际通用网络的重要组成部分，在工业控制领域将发挥越来越大的作用。

6.8.3　可编程控制器系统的故障检查

表 6－7 给出了 S7－200 PLC 主要硬件故障诊断指导的相关内容。

表 6－7　S7－200 PLC 主要硬件故障诊断指导

问题	可能原因	解决方法
输出不工作	被控制的设备产生了损坏	当接到感性负载(例如电机或继电器)时，需要使用一个抑制电路
	程序错误	修改程序
	接线松动或不正确	检查接线，如果不正确，要改正
	输出过载	检查输出的负载功率
	输出被强制	检查 CPU 是否有被强制的 I/O
S7－200 PLC 上 SF (系统故障)灯亮(红)	用户程序错误： —0003 看门狗错误 —0011 间接寻址 —0012 非法的浮点数 —0014 范围错误	读出致命错误代码后，其错误类型可以查阅设备说明书，对于编程错误，检查 FOR、NEXT、JMP、LBL 和比较指令的用法
	电气干扰 —0001 到 0009	检查电气接线，控制面板良好接地和高电压与低电压不并行引线是很重要的 将 24 VDC 传感器电源的 M 端子接地
	元件损坏 —0001 到 0010	更换元件
LED 灯全部不亮	保险丝烧断	把电源分析器连接到系统。检查过电压尖峰的幅值和持续时间，根据检查结果，给系统加一个合适的抑制设备
	24 V 供电线接反	
	不正确的供电电压	

（续表）

问题	可能原因	解决方法
电气干扰问题	不合适的接地	控制面板良好接地和高电压与低电压不并行引线是很重要的 将 24 VDC 传感器电源的 M 端子接地 增加系统数据块中的输入滤波器的延迟时间
	在控制柜内交叉配线	
	对快速信号配置了输入滤波器	

6.8.4 可编程控制器系统的试运行与维护

1. 运行错误信息

PLC 在运行中发生错误时，一般会给出错误信息。利用编程器可读出错误信息，从而有针对性地去排除故障。PLC 在运行中出现的错误可以分为两种：非致命错误和致命错误。在非致命错误发生后，PLC 仍继续运行，然而在发生致命错误时，PLC 则停止运行。具体的故障类型及其处置方式可查阅相关资料。

2. 主要故障检查

PLC 在运行中出现的故障检查可分为以下六种。

(1)总体检查：总体检查用于判断故障的大致范围，为进一步的详细检查做前期工作。出现错误后，总体检查的内容包括检查电源指示灯是否亮，运行指示灯是否亮，ERR/ALM 指示灯是否亮，I/O 显示是否正常，以及运行环境是否正常等，对应每一种情况进行相应的处理。如果上述几项检查都正常，但仍然出现错误则要更换 CPU。

(2)电源故障检查：如果在总体检查中发现电源指示灯不亮，则需要进行电源的检查。电源的检查内容包括检查电源是否接上，电压是否合适，端子螺丝有无松动，电线有无损坏。如果上述几项检查完后都正常，但仍然出现错误则要更换电源单元。

(3)致命错误检查：当出现致命错误时，如果电源指示灯亮，先检查运行指示灯是否亮，ERR/ALM 指示灯是否亮，若都亮则用编程器确定出错原因。依次检查编程器上是否显示 PLC 方式，是否显示致命错误，若不能够显示，应先关闭电源再打开一次，如果还未排除故障则应更换 CPU。

(4)非致命错误检查：在出现非致命错误时，虽然 PLC 仍会继续运行，但是应尽快查出错误原因并加以排除，以保证 PLC 正常运行。在必要时可停止 PLC 操作以排除某些非致命错误。非致命错误的检查流程是：首先检查 ERR/ALM 指示灯是否亮，如果亮则用编程器确定出错原因，若发现致命错误则按致命错误进行处理，若排除了致命错误但ERR/ALM指示灯仍然闪亮，则应更换 CPU。

(5)输入输出检查：输入输出检查的流程是首先检查输入输出指示器运行是否正常，然后检查输入输出指示器的接口电压，接着检查运行是否正常，输入输出配线是否正确，端子连接器是否正常。如果上述几项检查完后都正常，但仍然出现错误则要更换输入输出单元。

(6)环境条件检查：影响 PLC 工作的环境因素主要有温度、湿度、噪声等，各种因素对 PLC 的影响是独立的。环境条件检查可参考如下流程：首先检查环境温度是否在 55℃以下，若不是则考虑使用风扇或冷却器；接着检查环境温度是否在 0℃以上，若不是则考虑使用加热器；再检查环境相对湿度是否在 10%～90%之间，若不在该范围则考虑使用除湿机；最后检查噪声是否得到控制和环境粉尘状况是否良好，若不是则在噪声源处安装降噪装置和改进控制箱结构。

3. 维护检查

PLC 内部主要由半导体元件构成，基本上不存在寿命方面的问题，但要考虑由于工作环境条件恶劣可能会导致元器件变质。为了使 PLC 能在最佳状态下使用，有必要进行定期的维护检查。

(1)维护检查的周期和项目

PLC 标准的维护检查应 6 个月至 1 年进行一次，但是当使用环境比较恶劣时，应该缩短维护检查的周期。PLC 维护检查的项目及内容见表 6-8。

表 6-8　PLC 维护检查的项目及内容

维护检查项目	维护检查内容	判断标准
交流供电电源	在电源端子上测量交流电压变动情况	在 85～264 VAC 范围内
周围环境	周围环境(控制柜内)是否适当	0～55℃
		相对湿度 35%～85%，无结露
I/O 模块电源	在输入输出端子上测量交流电压变动情况	按各输入输出模块规格
安装状态	各单元是否固定好	没有松动
	连接电缆是否完全插入连接器并锁定	没有松动
	外部配线螺丝有无松动	没有松动
	外部配线电缆有无断裂	没有外观异常
寿命元件	输出继电器	电气寿命：电阻负载 30 万次 电感负载：10 万次 机械寿命：1000 万次

(2)电池更换

CQM1 型 CPU 模块内有一块 3G2A9-BAT08 电池，当电池用完时，必须更换电池。在正常的情况下，电池的寿命是 5 年。在温度较高的工作环境下，电池寿命会相应缩短。当电池电压下降时，CPU 会发出电池出错信号，CPU 面板上的报警/错误指示灯就会闪烁，内部 SR25308 的状态变为 OFF。当插入编程器时，可看到电池出错的信息。在指示电池出错后的一周内必须更换电池，否则在 ROM 中的用户程序和数据将会丢失。装入新的电池后，电池出错指示会自动消除。

更换电池的步骤如下：

① 关闭 PLC 的电源。如果 PLC 是处于断电状态，则应该让它通电 1 分钟，然后再关闭电源。否则，备份内存的电容器未得到完全充电，当电池取出时，内存数据将会丢失。

② 打开 CPU 模块面板左上方的小盖子，小心抽出电池。

③ 拔出电池连接器。

④ 接上新电池，并将其推入仓内，关上盖子。

习　题

一、判断题

1. 在电气控制线路中，应将所有电器的联锁触点接在线圈的右端。（　　）

2. 在控制线路的设计时，应使分布在线路不同位置的统一电器触点接到电源的同一相上。（　　）

3. 在控制线路中，如果两个动合触点并联连接，则它们是与逻辑关系。（　　）

4. 继电器开关的逻辑电路是以执行元件为逻辑函数的输出变量。（　　）

5. 在画电气安装接线图时，同一电气元件的部件都要画在一起。（　　）

二、选择题

1. 现有两个交流接触器，它们的型号相同，额定电压相同，则在电气控制线路中，其线圈应该________。

A. 串联连接　　B. 并联连接

C. 既可并联也可并联连接

2. 用来表明电动机、电器的实际位置的图是________。

A. 电气原理图　　B. 电器布置图

C. 功能图　　D. 电气系统图

3. 现有两个交流接触器，它们的型号相同，额定电压相同，则在电气控制线路中如果将其线圈串联连接，则在通电时________。

A. 都不能吸合　　B. 有一个吸合，另一个可能烧毁

C. 都能吸合正常工作

4. 电气控制电路在正常工作或事故情况下，发生意外接通的电路称为________。

A. 振荡电路　　B. 寄生电路

C. 自锁电路　　D. 上述都不对

5. 电压等级相同的电感较大的电磁阀与电压继电器电路在电路中________。

A. 可以直接并联　　B. 不可以直接并联

C. 不能同在一个控制电路中　　D. 只能串联

6. 在控制线路中，如果两个动合触点串联，则它们是________。

A. 与逻辑关系　　B. 或逻辑关系

C. 非逻辑关系　　D. 与非逻辑关系

三、问答题

1. 电气控制设计中应遵循的原则是什么？设计内容包括哪些方面？

2. 如何根据设计要求选择拖动方案与控制方式？

3. 正确选择电动机容量有什么重要意义？

4. 电气原理图设计方法有几种？常用什么方法？

5. 经验设计法的内容是什么？如何应用经验设计法？

6. 在电气控制线路中，常用的保护环节有哪些类型？各种保护的作用是什么？

7. 如何绘制电气设备及电气元件的布置图和安装图？有哪些注意事项？

8. 安装电气元件之前，为什么必须进行检查？检查的注意内容有哪些？

9. 电气控制柜安装的一般步骤有哪些？

10. 电气控制柜调试前应做哪些准备？

四、设计题

1. 某电动机要求只有在继电器K1、K2、K3中任何一个或两个动作时才能运转，而在其他条件下都不运转，试用逻辑设计法设计其控制线路。

2. 一台小车由一台三相异步电动机拖动，动作顺序如下：

(1)小车由原位开始前进，到终点后自动停止。

(2)在终点停留20s后自动返回原位并停止。

要求在前进或后退途中，任意位置都能停止或起动，并具有短路、过载保护，设计主电路和控制电路。

3. 四台电机的运行状态用3个信号灯L1、L2、L3指示。

要求：只有一台电动机运行时L1亮，两台电动机运行时L2亮，三台以上电动机运行时L3亮，都不运行时3个指示灯都不亮。

按照上述要求，提出所需控制电气元件，选择PLC机型，给出I/O分配，画出PLC外部接线图，设计梯形图程序。

第 7 章　可编程控制系统设计举例

本章将通过几个典型的可编程控制器的应用案例，介绍可编程逻辑控制系统的基本设计方法，以及 S7 - 300 PLC 所支持的 GRAPH 流程图设计方法，并针对不同的控制对象分别采用了时序控制和流程控制。可编程逻辑控制系统通常采用自顶向下的模块化设计方法，对于一些复杂的控制系统，通常将初始化、自动控制、手动控制以及算法都封装在模块中，在使用时根据现场需求进行调试或者调用即可。典型的控制程序通常由如图 7 - 1 所示的几个模块所构成，其中 OB100 是启动组织块中的暖启动模块，当系统上电或者由 STOP 转为 RUN 时仅执行一次，常用于初始化变量。

对象名称	符号名	创建语言	工作存储器的大小	类型
OB1	Cycle Execution	LAD	38	組织块
OB100	Complete Restart	LAD	38	組织块
FC1	公用程序模块	LAD	38	功能
FC2	手动控制模块	LAD	38	功能
FC3	自动控制模块	LAD	38	功能

图 7 - 1　控制系统典型程序构成

控制系统的主程序设计如图 7 - 2 所示，当系统完成初始化后周期性循环调用 OB1 组织块。OB1 组织块中主要包括公用程序模块、手动控制模块和自动控制模块三个部分，其中公用程序模块主要包含对输出点的控制。为避免双线圈，在手动模块和自动模块中通常将执行结果保存在中间继电器中，而公用程序模块则将手动模块和自动模块的执行结果通过梯形图中的并联方式作用于输出点，通过这种方式手动模块和自动模块只需要考虑各自的执行结果即可，方便了梯形图的设计。图 7 - 2 中的"－SB2"定义为手动模块和自动模块的切换开关触点，当其为 OFF 时则执行手动模块，为 ON 时则执行自动模块，从而保证了程序的正常运行。

可编程逻辑控制系统的设计不仅包括软件设计，同时也需要考虑到硬件的设计，只有符合安全规范和经济原则，可以正常完成系统要求的设计才是合格的，涉及人身安全的系统更要注意对异常问题的处理，从软件和硬件上都需要进行考虑。对于一些复杂的控制系统，还需要考虑冗余性，以方便日后的维修和扩展。因此，可编程逻辑控制系统设计一般由如下几个步骤组成。

(1)控制系统设计与设备的选型

首先，分析控制对象的工艺要求。PLC 控制是通过传感器的状态来控制执行机构，是单个控制还是分布式控制，需要设计其控制架构，并根据现场所需要处理的数据信息量选择

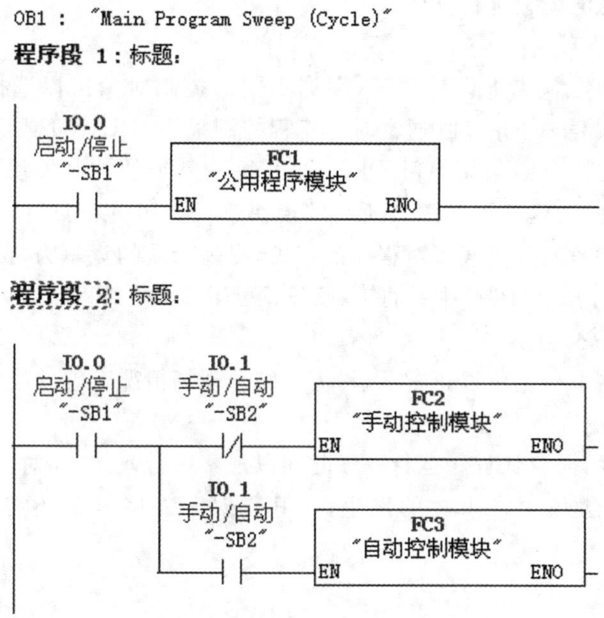

图 7－2　控制系统主程序设计

PLC 的主机，通常对于需要处理较多通信的控制系统选择 300 或 400 系列，信息交互数据量较小的选择 200、Smart 或 1200 系列；若涉及模拟量，还需要根据模拟量的多少选择自带模拟量处理的 CPU 或者额外配置模拟量模块。

其次，分析判断所要控制的对象的输入点和输出点个数，在考虑一定的冗余性和扩展性后，根据 I/O 点个数选择合适的 PLC 和模块。

再次，根据控制对象的复杂度和算法要求，确定所选择 PLC 的内存容量，对于S7－300 系列 PLC 则是选择不同的 MMC 卡。

最后，控制系统所处的环境也是需要进行考虑的，对于一些户外控制的设备通常建议选择户外型的 PLC，以提高设备的可靠性。

(2)I/O 分配

将控制对象的输入信号、输出信号进行 I/O 点分配，尤其是在高速脉冲应用的场合，需特别注意哪些输出点支持高速脉冲，哪些不支持，针对 S7－200 系列 PLC 通常是 Q0.0 和 Q0.1 支持高速脉冲，其他端口不支持，而对于 S7－300 系列 PLC 则是集成 I/O 的 CPU 模块支持，扩展模块一般不支持，例如 CPU319 PN/DP。确定 I/O 地址后，进行硬件组态后需在符号表中填写对应的符号代码并进行注释，从而在程序设计时直接通过符号进行编程，而无须去查找具体的地址，同时良好的注释也可以帮助工程人员对程序进行解读，以及修改调试程序。对于一些复杂的控制系统，系统所使用的中间继电器、定时器和计数器等也需要进行符号命名和注释。

(3)设计控制原理图

合格的控制原理图不仅有助于编程人员进行程序设计，同时也是施工人员进行线路连接的基础，可编程逻辑控制系统需要 I/O 地址和程序控制一一对应才可以正常工作，在施工时也需要在所连接的电缆上进行标注。

(4)程序设计并下载

根据工艺要求和控制要求设计程序，根据不同的控制对象可以选择 LAD、STL、SCL、FBD 和 GRAPH 等语言中的一种，通常对于流程控制采用 GRAPH 或 SCR 语言进行编程，而对速度要求较高的场合则采用 STL 语言编程，算法复杂的控制模块则采用 SCL 语言编程，最后再通过梯形图对这些不同语言所写的模块进行调用，以实现结构化程序设计，同时也可以对模块进行加密处理以实现对程序的保护，提高产品的竞争力，保护知识产权。当程序编写完毕后，需要下载到 PLC 中并将 PLC 设置为 RUN 模式程序才可以执行。

(5)编辑调试程序

初次下载的程序不一定可以正常运行，需要结合现场情况对硬件或软件进行调试。

(6)监视运行状况

程序调试完毕后，需要让程序运行一段时间以观察执行效果，并对一些可能发生的异常进行测试，以尽可能避免生产事故的发生，尤其是对于一些异常还需要制定对应的处理策略。

(7)备份程序

经常备份程序并建立程序历史管理也是可编程逻辑控制系统设计的重要环节。可编程系统调试完毕后，需要将程序进行存档。对于没有加密的程序，可以从可编程控制器中上传到计算机，但通常会缺少符号表和注释，不利于今后的维护。

7.1 交通灯控制系统

7.1.1 任务目标

1. 知识目标

(1)理解交通灯的工作原理；

(2)掌握定时器和计数器的工作方式。

2. 技能目标

(1)正确使用定时器、计数器和比较指令编写交通灯的控制程序；

(2)掌握用 PLC 直接控制交通灯的硬件连线方式。

7.1.2 任务描述

例 7-1 某丁字路口有一红绿灯控制系统，如图 7-3 所示，其控制要求如下：A、B 路口绿灯亮时，A、B 路口车辆可以直行，但 B、C 路口禁止左转；当 A、B 路口为红灯时，C 路口车辆可以左转，A、C 路口右转车辆不受红绿灯控制。其控制流程如下：A、B 路口绿灯亮 45 s 后，黄灯周期闪烁 3 次，随后转变为红灯并保持 45 s，C 路口则与 A、B 路口交通灯相反，同时需支持手动控制，以满足出现交通拥堵时需要进行手动控制的情况。请设计符合上述要求的可编程逻辑控制系统，列出 I/O 表并设计满足此要求的梯形图程序。

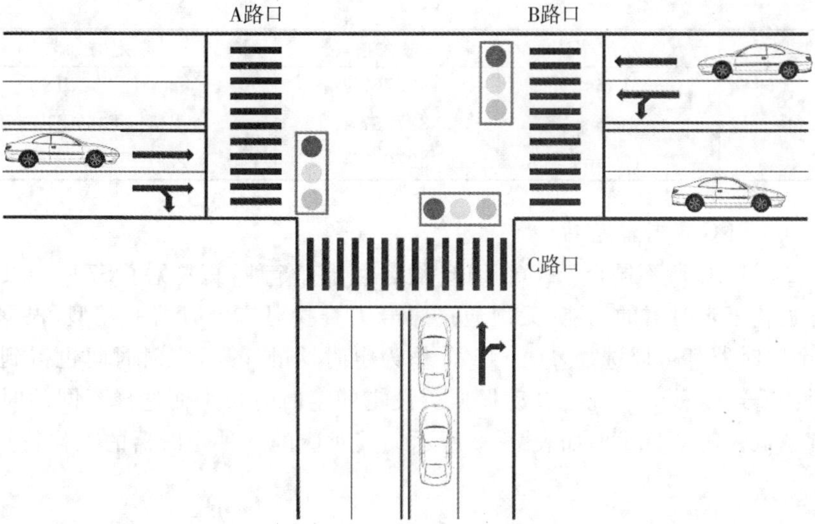

图 7-3　丁字路口交通灯示意图

7.1.3　相关知识

本节主要涉及时间控制的相关模块功能，包含定时器、计数器和比较指令，总结如下：

1. S7-200 PLC 定时器总结

(1)接通延时定时器(TON)指令在启用输入为“打开”时，开始计时。当前值(Txxx)大于或等于预设时间(PT)时，定时器位为“打开”。启用输入为“关闭”时，接通延时定时器当前值被清除。达到预设值后，定时器仍继续计时，达到最大值 32767 时，停止计时。

(2)掉电保护性接通延时定时器(TONR)指令在启用输入为“打开”时，开始计时。当前值(Txxx)大于或等于预设时间(PT)时，计时器位为“打开”。当输入为“关闭”时，保留性延迟定时器保持当前值。可使用保留性接通延时定时器为多个输入“打开”阶段累计时间。

(3)断开延时定时器(TOF)用于在输入关闭后，延迟一段固定的时间再关闭输出。启用输入打开时，定时器位立即打开，当前值被设为 0。输入关闭时，定时器继续计时，直到消逝的时间达到预设时间。达到预设值后，定时器位关闭，当前值停止计时。如果输入关闭的时间短于预设数值，则定时器位仍保持在打开状态。TOF 指令只有遇到从“打开”至“关闭”的转换才开始计时。如果 TOF 定时器位于 SCR 区域内部，而且 SCR 区域处于非现用状态，则当前值被设为 0，计时器位被关闭，而且当前值不计时。

(4)TON、TONR 和 TOF 定时器有三种分辨率，分辨率由表 7-1 所列的定时器号码决定。每一个当前值都是时间基准的倍数。TOF 及 TON 不能共享相同的定时器号码。可用“复原(R)”指令复原任何定时器。

表 7-1　S7-200 PLC 定时器概况表

定时器类型	分辨率	最大值	定时器号码
TONR	1 ms	32.767 s	T0，T64
	10 ms	327.67 s	T1～T4，T65～T68
	100 ms	3276.7 s	T5～T31，T69～T95

（续表）

定时器类型	分辨率	最大值	定时器号码
TON,TOF	1 ms	32.767 s	T32,T96
	10 ms	327.67 s	T33～T36,T97～T100
	100 ms	3276.7 s	T37～T63,T101～T255

2. S7－300 PLC 定时器总结

与 S7－200 PLC 所不同,S7－300 PLC 的定时器有 5 种,其避免了 S7－200 PLC 的一些繁琐记忆并强化了定时器的功能,无须通过序号去查找对应定时器的类型,根据 PLC 型号的不同,每个定时器都可以选择 T0～T127 作为定时器的序号,定时时间也得到了延长,最长为 2 小时 46 分 30 秒。系统会自动根据所设定的定时时长来而选择不同的时基,时基越大定时精度越低。时基分辨率如表 7－2 所示。其对应的 5 种定时器的工作特点如表 7－3 所示。

表 7－2　S7－300 PLC 定时器时间基准

分辨率	范围
0.01 s	10 ms～9 s 990 ms
0.1 s	100 ms～1 min 39 s 900 ms
1 s	1 s～16 min 39 s
10 s	10 s～2 h 46 min 30 s

表 7－3　S7－300 PLC 定时器工作特点

定时器类型	符号	工作特点
S_PULSE 脉冲定时器	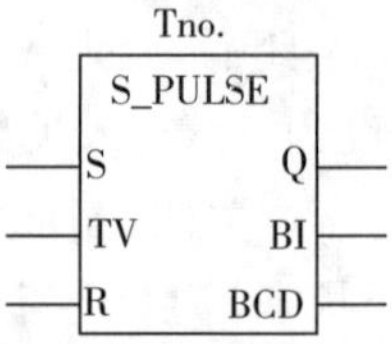	在启动(S)输入端有高电平信号,定时器输出端(Q)输出高电平,直到定时时间结束
S_PEXT 扩展脉冲定时器	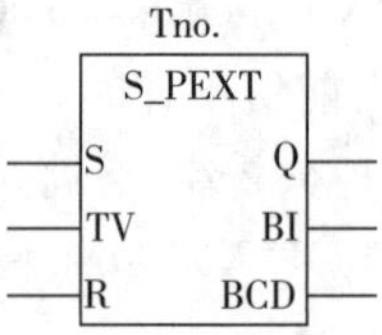	在启动(S)输入端有上升沿信号,定时器输出端(Q)输出高电平,直到定时时间结束
S_ODT 接通延时定时器	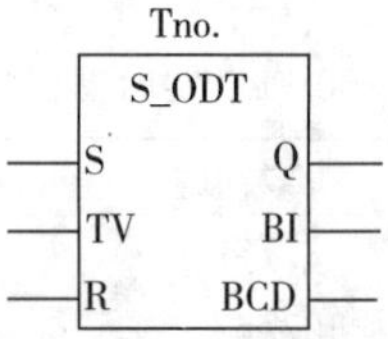	在启动(S)输入端有高电平信号,定时时间结束后,定时器输出端(Q)输出高电平

（续表）

定时器类型	符号	工作特点
S_ODTS 保持接通延时定时器	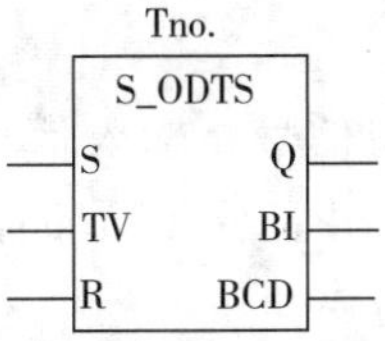	在启动(S)输入端有上升沿信号，定时时间结束后，定时器输出端(Q)输出高电平
S_OFFDT 断开延时定时器	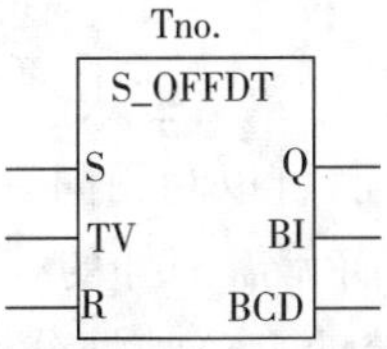	在启动(S)输入端有下降沿信号，定时时间结束后，定时器输出端(Q)输出高电平变为低电平

3. S7－300 和 S7－200 系列 PLC 计数器总结

S7－300 和 S7－200 系列 PLC 都只有三种计数器，分别是增计数器、减计数器和双向计数器，其工作特点如表 7－4 所示。它们均是对上升沿信号进行计数，支持 C0～C255 共 256 个计数器，其中 S7－300 PLC 的计数最大值为 999，而 S7－200 PLC 的最大值为 32767。

表 7－4　S7－300 和 S7－200 系列 PLC 定时器工作特点

定时器类别	S7－300 PLC	S7－200 PLC	工作特点
增计数器	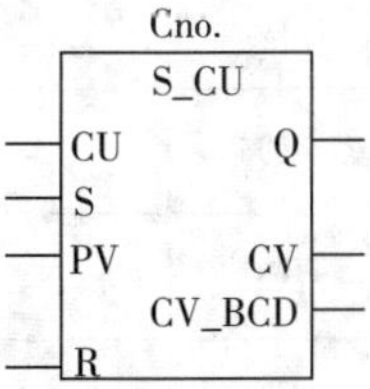	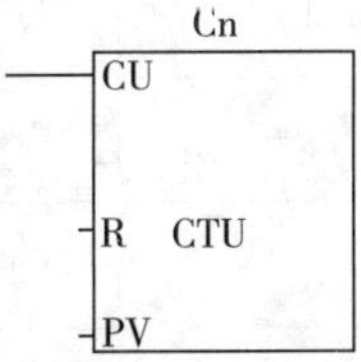	当 CU 输入端收到上升沿信号时，则计数值加 1，直到计数值满
减计数器	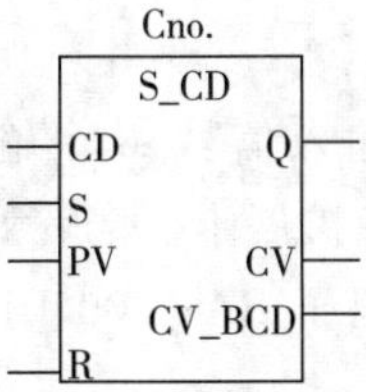	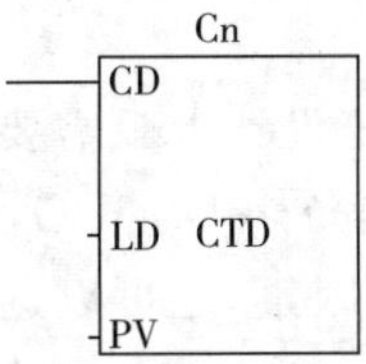	当 CD 输入端收到上升沿信号时，则计数值减 1，直到计数值满
双向计数器	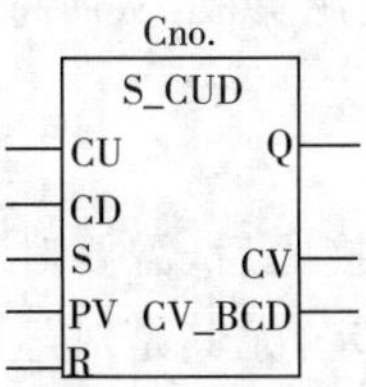	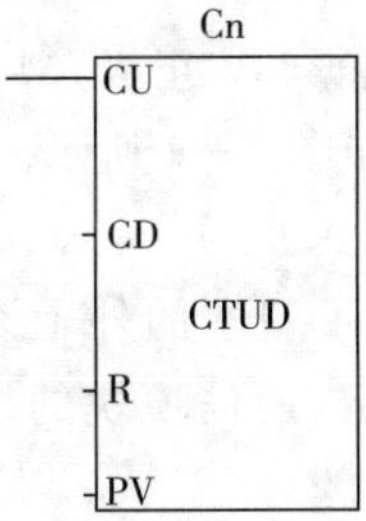	CU、CD 均可以同时输入，当收到上升沿信号时，则计数值分别加 1 或减 1，直到计数值满

7.1.4 任务实施

1. 任务分析

在本任务中，启动按钮信号和停止按钮信号是输入信号，交通灯信号是输出信号，主要考虑在不同时间段需要显示不同的信号灯，并且反复循环直到按下停止按钮，同时支持手动和自动之间进行切换，以满足实际控制的需要。

2. PLC 的 I/O 地址分配

I/O 资源是 PLC 中最为宝贵的资源，其个数直接决定了 PLC 的价格，本着经济合理利用的原则，路口 A 和路口 B 的逻辑关系相同，可以利用同一组控制信号，而路口 A 和路口 C 是逻辑反的关系，可以在程序中进行处理，而无需额外的控制按钮，因此本交通灯控制系统有 4 个输入信号，6 个输出信号，该控制系统的 I/O 地址分配如表 7 - 5 所示。

表 7 - 5　控制系统 I/O 地址分配

输入			输出		
地址	符号	说明	地址	符号	说明
I0.0	−SB1	启动/停止	Q0.0	−O1	路口 A 绿灯
I0.1	−SB2	手动/自动	Q0.1	−O2	路口 A 黄灯
I0.2	−SB3	手动 A 路口红灯	Q0.2	−O3	路口 A 红灯
I0.3	−SB4	手动 A 路口绿灯	Q0.3	−O4	路口 C 绿灯
			Q0.4	−O5	路口 C 黄灯
			Q0.5	−O6	路口 C 红灯

3. PLC 的选型

根据 I/O 资源的配置情况，系统设计上只需要 4 个输入信号、6 个输出信号，因此选择最符合上述要求的 CPU 312C，其具备 10DI/6DO，并支持扩展卡。若考虑 I/O 资源的利用率以及未来可能增设人行红绿灯等因素，还可以选用西门子 S7 - 300 PLC 中的 CPU 313、CPU 314 系列。

4. 系统电气原理图

根据上述要求设计，L 端接电源 24 V 正极，M 端接电源负极，从而将控制系统设置为高电平有效，绘制对应的电气原理图如图 7 - 4 所示。

5. 硬件组态

确定系统的电气原理图并完成了基本的外围设备连接之后，需要对程序中的硬件模块进行设置，包括 I/O 地址的分配设定、通信模块的地址设定，尤其是对经常使用的“周期/时钟存储器”进行设定，如图 7 - 5 所示。

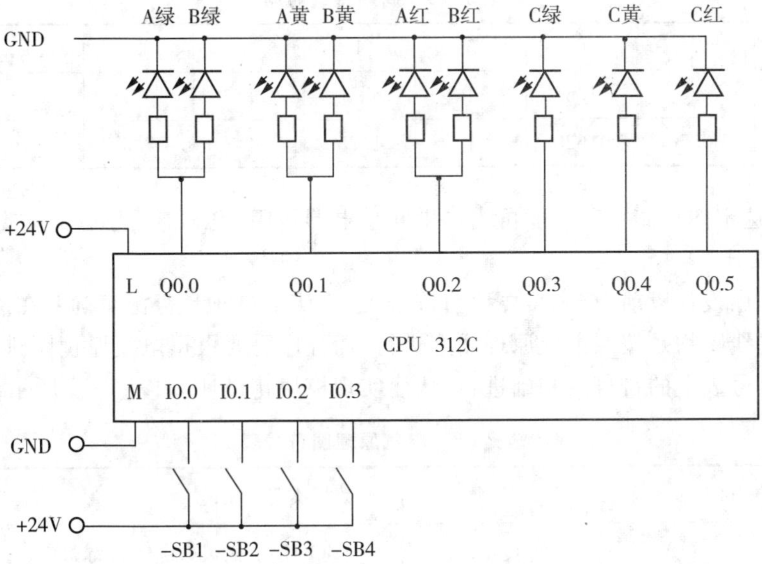

图 7-4　交通灯控制系统电气原理图

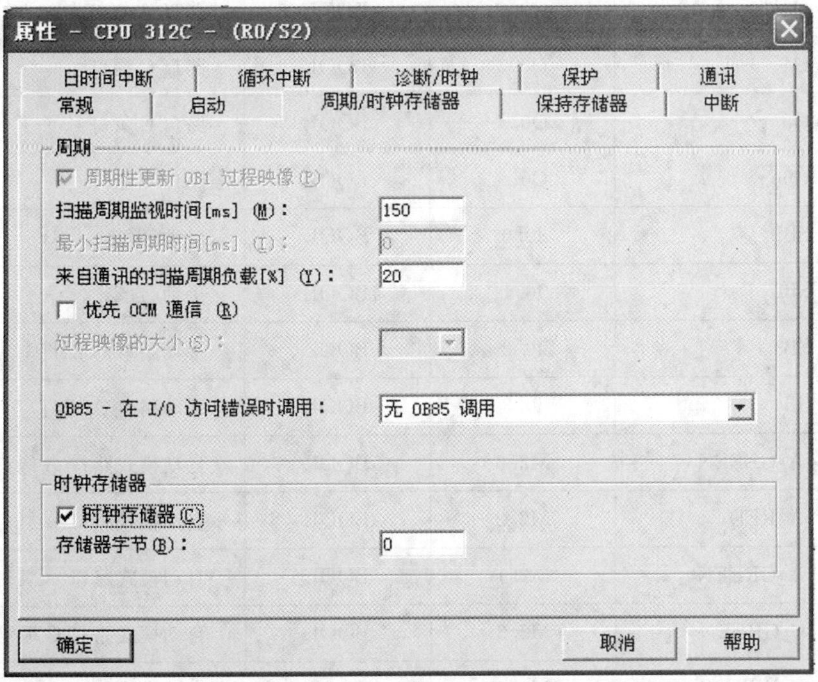

图 7-5　硬件组态中的“周期/时钟存储器”选项卡

通过双击硬件组态中的 CPU 可以打开设置选项卡，选择“周期/时钟存储器”选项卡中的时钟存储器，如图 7-5 所示。本节中设置存储器字节为 0，将 MB0 全部设置为时钟模块，系统硬件会对 MB0 中的位，周期性地改变其二进制数值，每位的周期均不相同，如表 7-6 所示。

表 7-6　周期持续时间

位	7	6	5	4	3	2	1	0
周期(s)	2	1.6	1	0.8	0.5	0.4	0.2	0.1
频率(Hz)	0.5	0.625	1	1.25	2	2.5	5	10

注意:被选定的存储字节不能再当作中间继电器使用,也不能用于临时数据存储。

6. 程序设计

在进行程序设计以前,首先需要填写符号表,确认 I/O 地址分配正确。在进行硬件检查时确认所有的线路均是按照电气原理图上进行,而程序需要根据电气原理图进行编写,程序设计则是以符号表上的符号为基础进行,从而实现模块化设计,如表 7-7 所示。

表 7-7　电气原理图符号表

序号	符号	地址	数据类型	注释
1	-O1	Q0.0	BOOL	路口 A 绿灯
2	-O2	Q0.1	BOOL	路口 A 黄灯
3	-O3	Q0.2	BOOL	路口 A 红灯
4	-O4	Q0.3	BOOL	路口 C 绿灯
5	-O5	Q0.4	BOOL	路口 C 黄灯
6	-O6	Q0.5	BOOL	路口 C 红灯
7	-SB1	I0.0	BOOL	启动/停止
8	-SB2	I0.1	BOOL	手动/自动
9	-SB3	I0.2	BOOL	手动路口 A 红灯
10	-SB4	I0.3	BOOL	手动路口 A 绿灯
11	A_A_GEEEN	M2.0	BOOL	自动模式路口 A 绿灯
12	A_A_RED	M2.2	BOOL	自动模式路口 A 红灯
13	A_A_GREEN	M2.1	BOOL	自动模式路口 A 黄灯
14	A_C_GREEN	M2.3	BOOL	自动模式路口 C 绿灯
15	A_C_RED	M2.5	BOOL	自动模式路口 C 红灯
16	A_C_YELLOW	M2.4	BOOL	自动模式路口 C 黄灯
17	M_C_GREEN	M1.0	BOOL	手动模式路口 A 绿灯
18	M_C_RED	M1.2	BOOL	手动模式路口 A 红灯

（续表）

序号	符号	地址	数据类型	注释
19	M_C_YELLOW	M1.1	BOOL	手动模式路口 A 黄灯
20	M_C_GREEN	M1.3	BOOL	手动模式路口 C 绿灯
21	M_C_RED	M1.5	BOOL	手动模式路口 C 红灯
22	M_C_YELLOW	M1.4	BOOL	手动模式路口 C 黄灯
23	公用程序模块	FC1	FC1	
24	手动控制模块	FC2	FC2	
25	系统初始化	OB100	OB100	
26	自动控制模块	FC3	FC3	

符号表中不仅需要根据 I/O 分配表中所规定的内容填写，还需要将用到的中间继电器 M 填入到符号表中，其中符号的命名方式采用“模块_功能”的方式进行命名，以方便快速查找对应的功能模块，并对一些主要的 I/O 点进行注释，以方便理解。同时为避免注释出现显示乱码问题，如图 7－6 所示，可以在符号表的注释前面增加一个“－”以避免乱码问题。

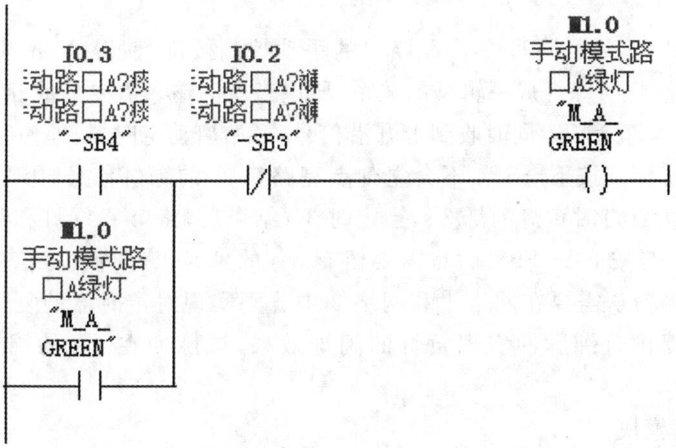

图 7－6　注释显示乱码

(1)主程序模块

本作务的主程序如图 7－2 所示，主程序主要实现对各个模块的调用，完成初始化以及手动、自动的切换控制等功能，属于自顶向下设计的上层设计部分，而各个子模块是用于实现具体的功能。

(2)初始化程序模块

初始化程序 OB100 为程序上电时运行，对于本项目可将该模块设置为空。

(3)手动控制模块

手动程序执行主要是指由操作者完成对红绿灯的切换,控制上有两个要求:两个路口的红绿灯逻辑反,以及由绿灯转为红灯时黄灯需要闪烁 3 s,对应的程序如图 7-7 所示。

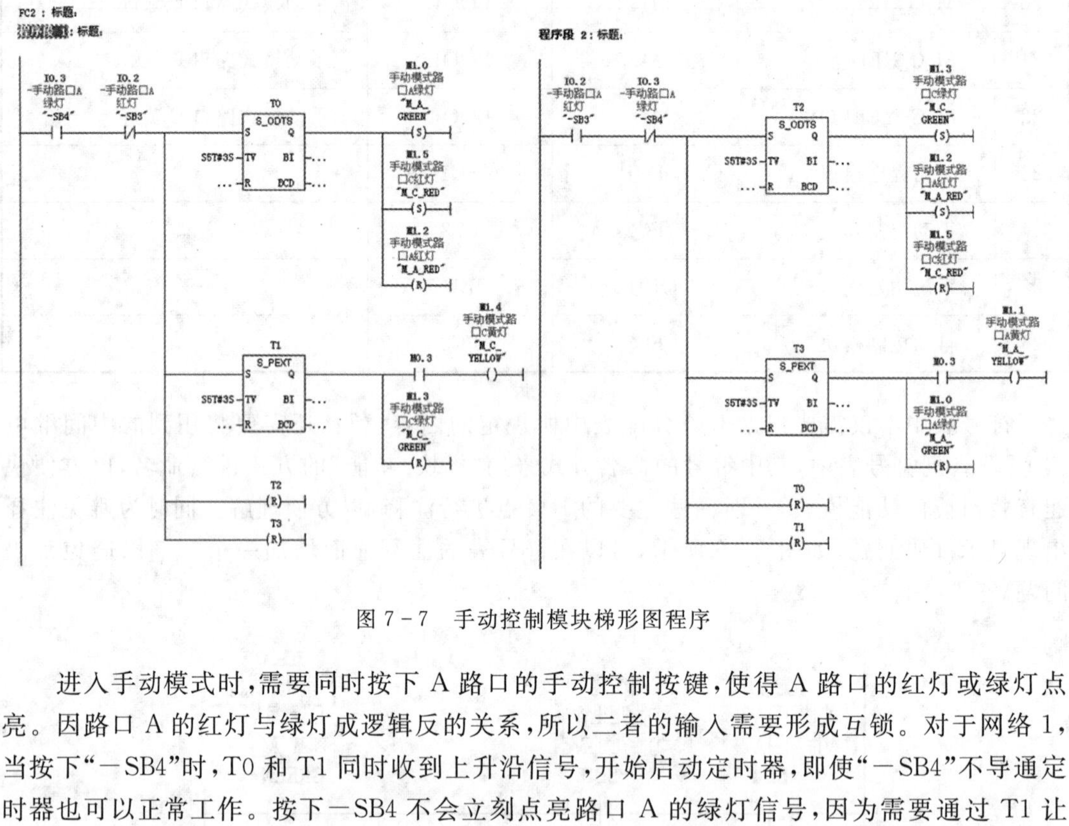

图 7-7　手动控制模块梯形图程序

进入手动模式时,需要同时按下 A 路口的手动控制按键,使得 A 路口的红灯或绿灯点亮。因路口 A 的红灯与绿灯成逻辑反的关系,所以二者的输入需要形成互锁。对于网络 1,当按下"-SB4"时,T0 和 T1 同时收到上升沿信号,开始启动定时器,即使"-SB4"不导通定时器也可以正常工作。按下-SB4 不会立刻点亮路口 A 的绿灯信号,因为需要通过 T1 让路口 C 的绿灯变为红灯时黄灯闪烁 3 s,当定时 3 s 结束后,路口 A 绿灯和路口 C 红灯点亮;同理,对于网络 2,当按下"-SB3"时也需要留有 3 s 的延时以等待黄灯信号。同时因 T0～T3 定时器的工作特点,需要在网络 1 和网络 2 中分别实现对定时器的复位。在本案例中,通过调用 M0.3 提供时钟脉冲实现黄灯的闪烁效果,该脉冲在 1 s 的周期内关闭(OFF)0.5 s,打开(ON)0.5 s。

(4)自动控制模块

此处只考虑自动运行模块进入自动模式时的运行状态,不涉及对状态的保存。当程序进入自动运行状态时,手动不再发生作用,本任务采用了一种计时的方式实现时间控制,对应的程序如图 7-8 所示,其中"# Tmp"是定义的位局部变量。

当激活自动控制模块后,因局部变量"# Tmp"导通,T5～T9 利用常闭触点的定时器同时开始定时,后面定时器依赖于前面定时器的状态,只有当前一个定时器定时时间到,后面的定时器才可以正式开始工作。网络 1 输出线圈 M2.0(路口 A 绿灯)得电 45 s 后失电;网络 2 输出线圈 M2.5(路口 C 红灯)在定时时间内得电,常闭触点 T5 在前 45 s 得电而无法导通,在 45～48 s 因 T5 定时时间到重新闭合,利用 M0.3 产生周期为 1 s 的方波信号使得线圈

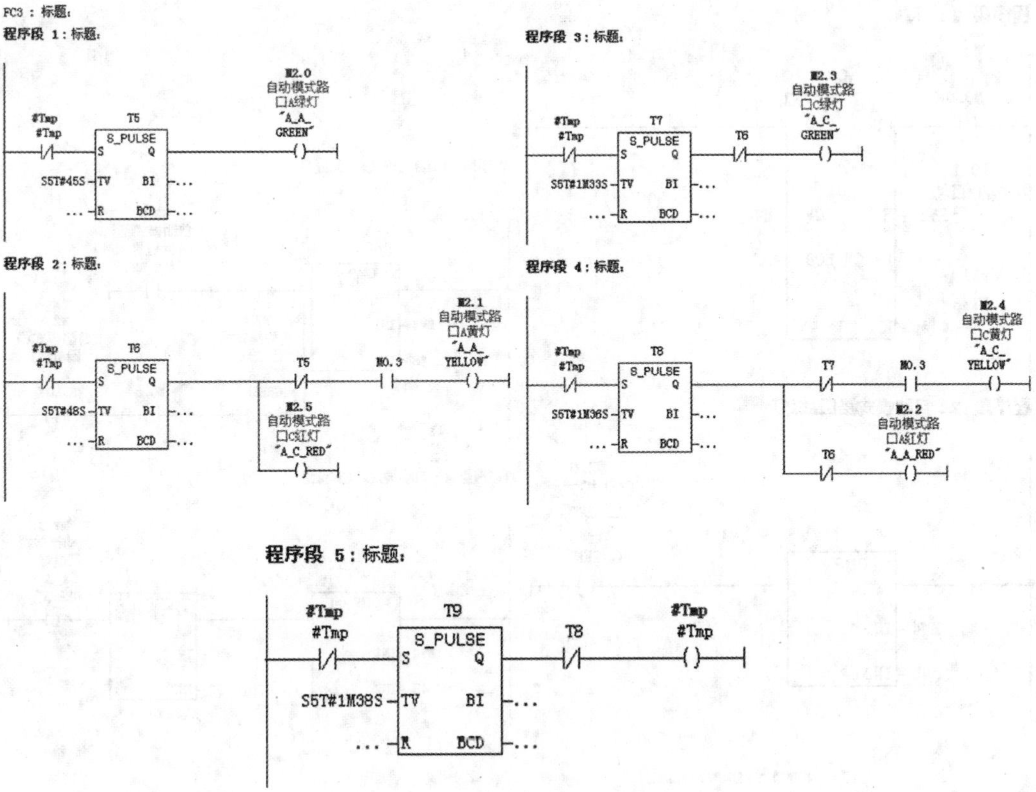

图 7-8　交通灯控制系统自动控制模块梯形图程序(一)

M2.1(路口 A 黄灯)闪烁 3 s；网络 3 当 T6 定时时间未到时常闭触点 T6 得电断开，线圈 M2.3(路口 C 绿灯)不得电；网络 4 与网络 2 工作过程相同，只是控制对象变为了路口 C；网络 5 则是当 T8 定时时间结束时产生一个小脉冲，使得线圈"＃Tmp"得电，常闭触点"＃Tmp"全部瞬间断开，所有的定时器全部复位重新开始计时，实现周期循环效果。

上述方式是利用定时器定时时长的差异来实现的，还可以通过定时器的相互依赖实现交通灯的控制，而对于非精确控制的时间控制系统，还可以通过计数器和比较指令的方式实现，如图 7-9 所示。

利用时钟信号中的 M0.5 产生周期为 1 s 的方波信号，将该信号输入到增计数器定时器 C0 中，将计数值输入到 MW4 中，利用其来实现对交通信号灯的控制。网络 2 当计数值小于 45 时线圈 M2.0(路口 A 绿灯)得电；网络 3 当计数值小于 48 时线圈 M2.5(路口 C 红灯)得电，同时只有当线圈 M2.0 不得电时，常闭触点 M2.0 才会导通，从而实现线圈 M2.1(路口 A 黄灯)的闪烁；网络 4 当计数值为 48～93 时线圈 M2.3(路口 C 绿灯)得电；网络 5 当计数值为 48～96 时线圈 M2.2(路口 A 红灯得电)，同时利用网络 4 的线圈 M2.3 的状态来控制线圈 M2.4(路口 C 黄灯)的闪烁；网络 6 当计数值超过 95 时则产生复位信号，定时器 C0 重新开始计数，从而实现周期性循环控制效果。

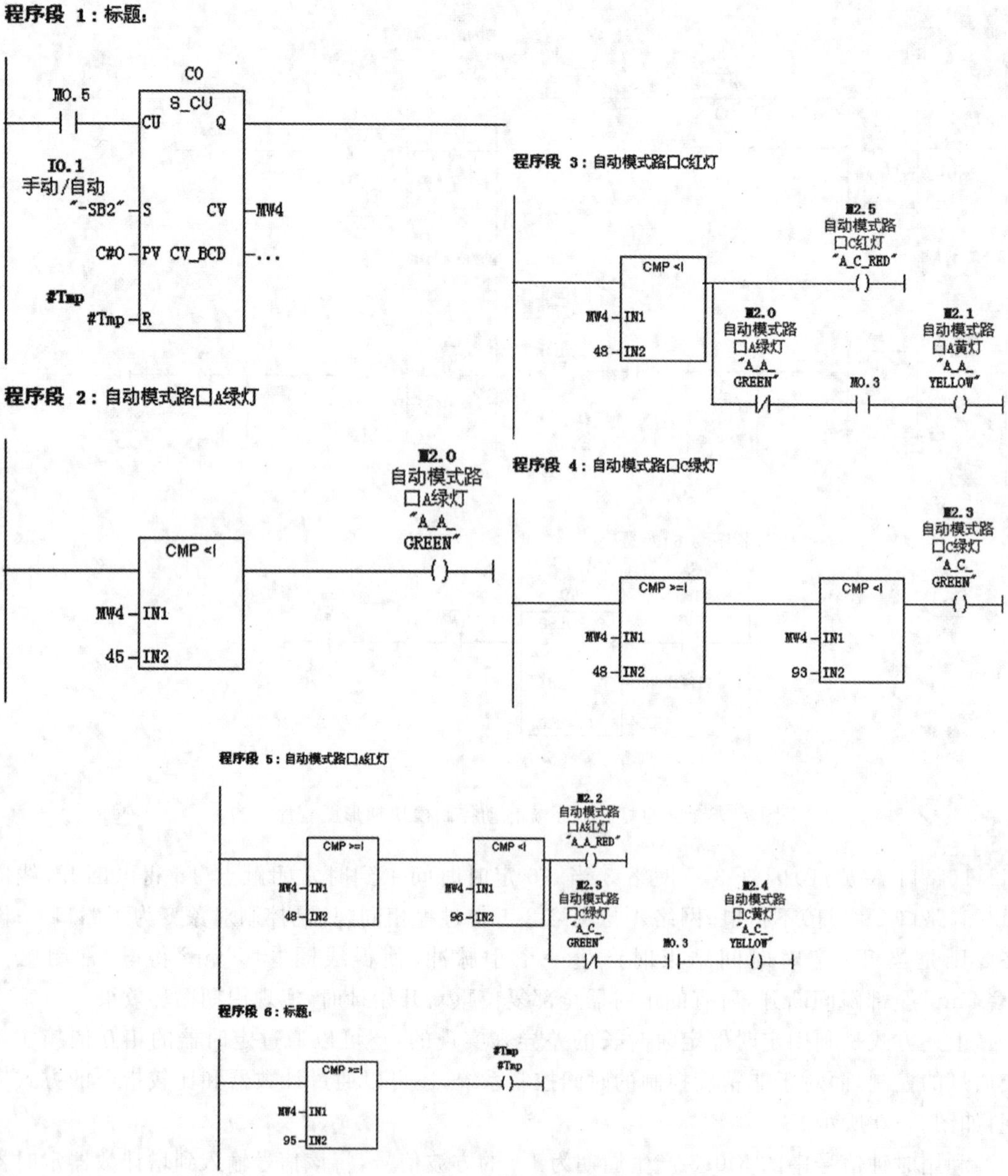

图 7-9　交通灯控制系统自动控制模块梯形图程序(二)

(5)公用程序模块

公用程序模块主要完成手动状态和自动状态下对输出点 Q 的控制，对应的程序如图 7-10 所示。

将手动控制模块和自动控制模块中的中间继电器 M 以触点方式进行并联，无论在哪一种控制模式下，都可以实现对输出点 Q 的控制，从而实现最终的控制目的。

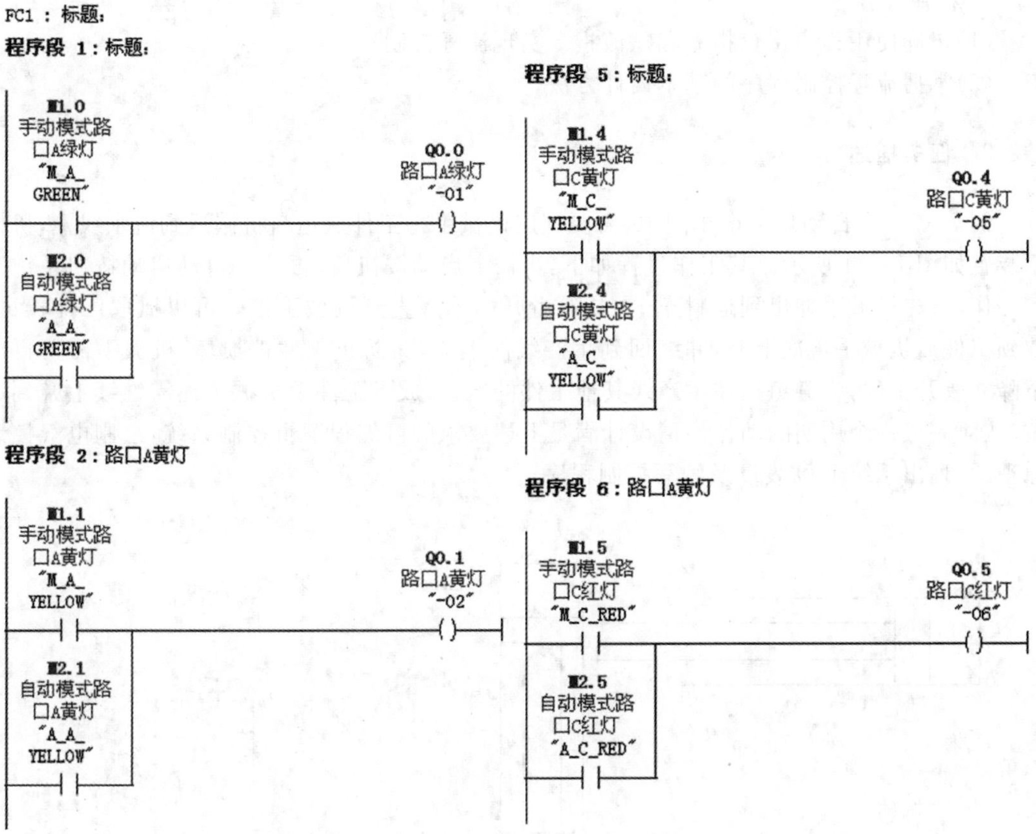

图 7－10　交通灯控制系统公用程序模块梯形图程序

7.1.5　任务总结

本节通过定时器和计数器的应用，介绍了两种基于时间的控制系统设计方法，并利用时钟存储器来实现交通信号灯的闪烁，简化了程序的设计。结构化的程序设计的基本原则是：自顶向下，逐步精化，模块化以及减少跳变。即在设计控制系统时首先考虑整体和全局目标，将控制系统分为多个功能模块后，再对每个模块进行编辑以实现具体功能，提高了系统的灵活性。

7.2　机械手控制系统

7.2.1　任务目标

1. 知识目标

(1)理解机械手的工作方式；

(2)理解可编程控制器控制气缸的工作方式。

2. 技能目标

(1)正确使用程序比较指令和赋值指令实现流程控制；

(2)掌握流程控制程序的基本设计方法。

7.2.2 任务描述

例 7-2 在自动化生产车间中，需要利用机械手将工件从运料机搬运到流水线上，机械手装置如图 7-11 所示。其工作过程如下：当按下启动按钮后，再按下自动启动按钮系统开始工作，首先机械手伸出到运料车上方，然后开始下降直到机械手正好可以抓取工件，当抓取到工件后机械手再次上升，并缩回到生产线的上方，为防止工件被损坏，机械手需要再次下降并放开工件，为避免挡住生产线其他工件的运输，放下工件后机械手还需继续上升到原位，从而完成一个周期的动作。请设计满足上述要求的可编程逻辑控制系统，绘制电气控制原理图，列出系统 I/O 表以及编写控制程序。

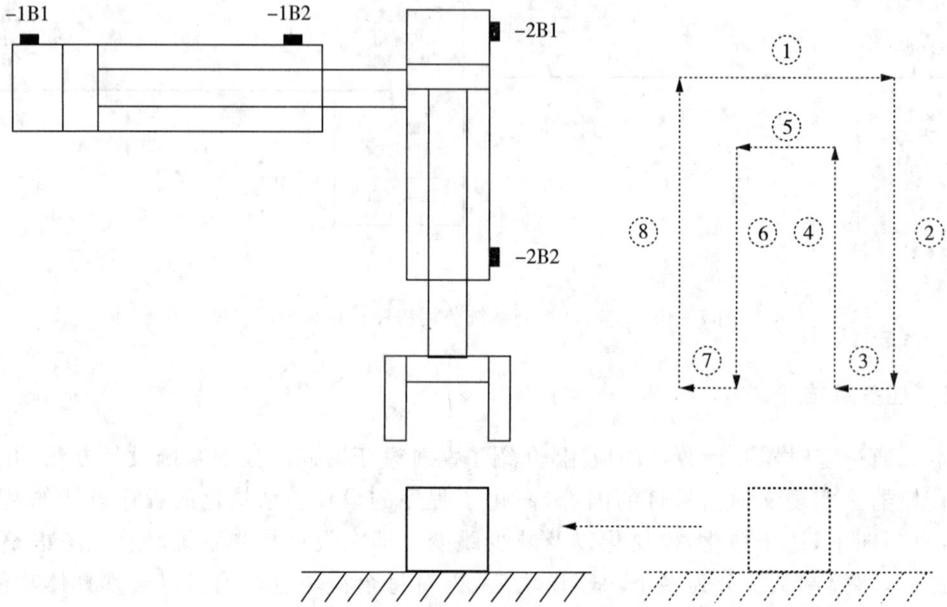

图 7-11 机械手控制系统示意图

7.2.3 相关知识

本任务主要利用到传送指令和比较指令，S7-200 和 S7-300 系列 PLC 的相关命令如表 7-8 所示。

S7-300 和 S7-200 系列 PLC 均支持 BYTE、WORD 和 DWORD 三种数据类型的数据复制，而对于 REAL 数据类型仅 S7-200 系列 PLC 支持。传送指令和比较指令一样，只支持对相同类型的数据进行复制或者比较。

表 7-8　传送指令比较

指令名称	S7-300 PLC	S7-200 PLC
MOVE 传送指令	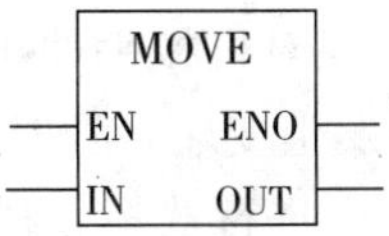	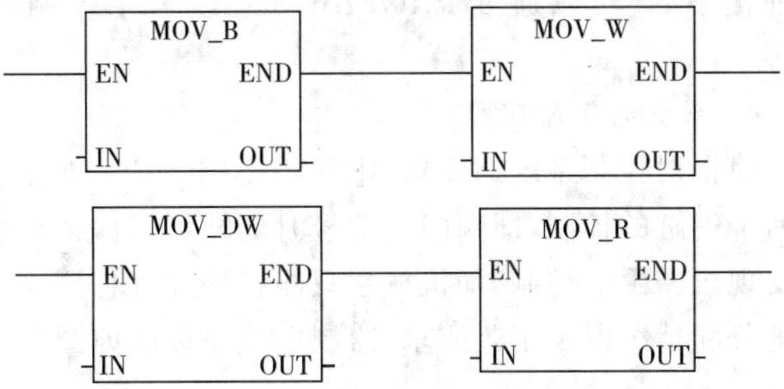

7.2.4　任务实施

1. 任务分析

机械手的工作流程如图 7-11 右边所示，需要根据工艺要求依次序完成步骤 1 至步骤 8 的动作，在自动模式下每一步的转换都是通过传感器的状态来确定的。当按下启动/停止按钮后系统开始进入工作模式，等待自动开始信号进入自动运行，开始运行后除非再次按下启动/停止按钮，否则机械手一直处于自动循环运行状态。

2. PLC 的 I/O 地址分配

经分析，本案例中 3 个自由度的机械手需要使用到 3 个气缸，每个气缸有伸出和缩回两种状态，因此需要至少 6 个输出信号以控制气缸的工作状态。同时需要完成对气缸运动位置的检测，以实现自动运行步骤的切换，机械手的运动范围不仅受限于气缸的行程，还受限于位置传感器安装的位置，因此每个气缸需要两个位置传感器来检测机械手运行的位置，再以自锁按钮实现机械手的开启和关闭操作，加上自动运行信号共需要 8 个输入端口，如表7-9 所示。

表 7-9　机械手控制系统 I/O 地址分配表

输入			输出		
地址	符号	说明	地址	符号	说明
I0.0	-SB1	启动/停止	Q0.0	-1A1	机械手缩回
I0.1	-SB2	自动启动	Q0.1	-1A2	机械手伸出
I0.2	-1B1	机械手缩回到位传感器	Q0.2	-2A1	机械手上升
I0.3	-1B2	机械手伸出到位传感器	Q0.3	-2A2	机械手下降
I0.4	-2B1	机械手上升到位传感器	Q0.4	-3A1	机械手抓紧
I0.5	-2B2	机械手下降到位传感器	Q0.5	-3A2	机械手放松
I0.6	-3B1	机械手抓紧到位传感器			
I0.7	-3B2	机械手放松到位传感器			

3. PLC 的选型

根据任务要求及 I/O 资源的分配，本案例处理器选用 CPU 312C，在满足控制要求的前提下，还可以通过 PROFIBUS 总线与主控制器进行通信，以实现远程控制和信息处理。

4. 系统电气原理图

根据对控制系统的要求，本案例使用 2 个三位五通阀实现对机械手伸出缩回和上升下降两个气缸的控制，即阀门无信号时气缸可以保证位置不会发生变化，而利用 1 个二位五通阀实现机械手的控制，即机械手只能在松开和抓紧两种状态中进行选择。根据 PLC 的 I/O 地址分配情况以及工艺要求，绘制电气原理图如图 7－12 所示。

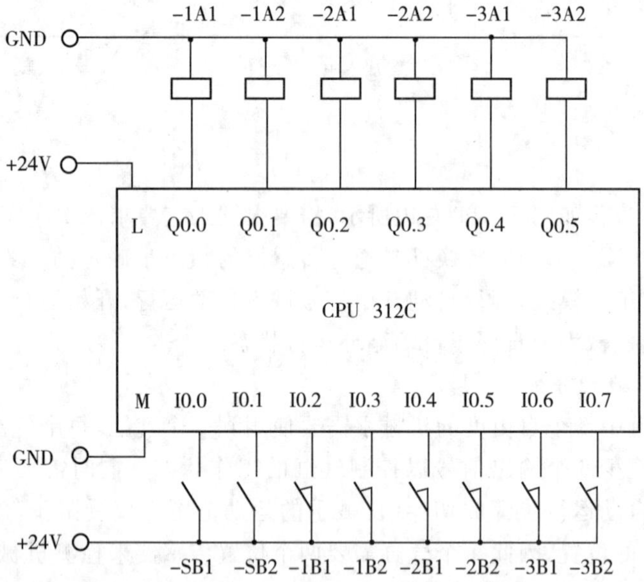

图 7－12　机械手控制系统电气原理图

PLC 的输出端口 Q 分别连接 3 个阀门的控制信号线，安装在气缸上的磁性位置传感器接在输入端口 I 上，其他两个按钮也连接在输入端口 I 上，整个系统实现高电平有效。

5. 程序设计

模块化设计是一种逐步求精的设计方法，本章中所有的主程序基本一致，只是在每个具体模块的实现上有所区别，通过模块化设计可以降低程序的复杂度，使得程序的设计、调试和维护等操作简单化。PLC 是通过软件控制硬件的系统，因此在进行模块化时也需要考虑今后 I/O 端口功能硬件上的变更，以及硬件升级时所带来的变化，在进行模块化设计时需将控制算法进行封装，将与外界有关联的控制部分设计成接口的形式，以提高软件的适用性。

(1)自动控制模块接口设计

不同于全局符号表是在整个系统中有效，每个功能(FC)和功能块(FB)都可以定义一个局部变量表，该表所有的定义只在这个 FC 或者 FB 之内有效，相互之间不能共享。该局部变量表可以编辑变量和参数，不同类型的参数可使用不同的区域，见表 7－10。

表7-10　局部变量表

区域	说明
IN	输入参数，可理解为仅属于该模块的输入I点
OUT	输出参数，可理解为仅属于该模块的输出Q点
IN_OUT	输入/输出参数，同时具备输入和输出功能的I/O点
STAT	静态数据（仅对于功能块FB）
TEMP	临时数据，只在该FC或FB下有效的局部变量
RETURN	包含返回值(RET_VAL)功能(FC)

根据不同区域功能，可将自动控制模块的输入设计成如图7-13所示的模式。

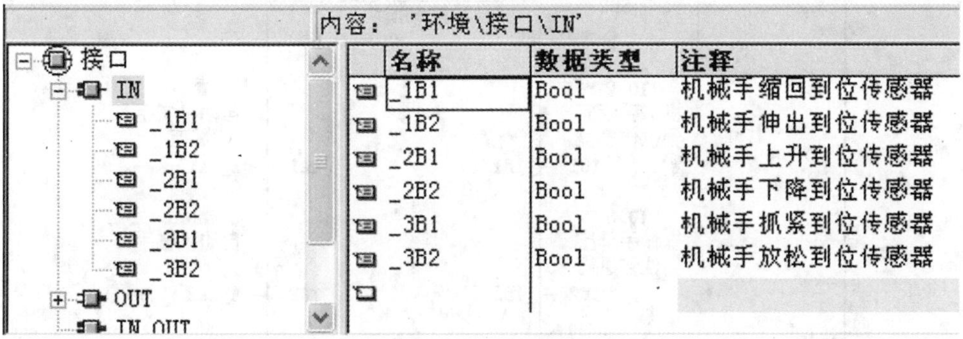

图7-13　自动控制模块输入接口

将自动控制模块所要使用到的6个位置传感器均定义为输入接口，并标注为与全局变量表相同的名字以方便程序调试。可以看出，对于相同名称的变量，局部变量的优先级大于全局变量，即优先使用相同名称的局部变量。在定义输入变量时，可以选择数据类型，此处选择BOOL型数据，并对每个变量进行注释，如图7-14所示。

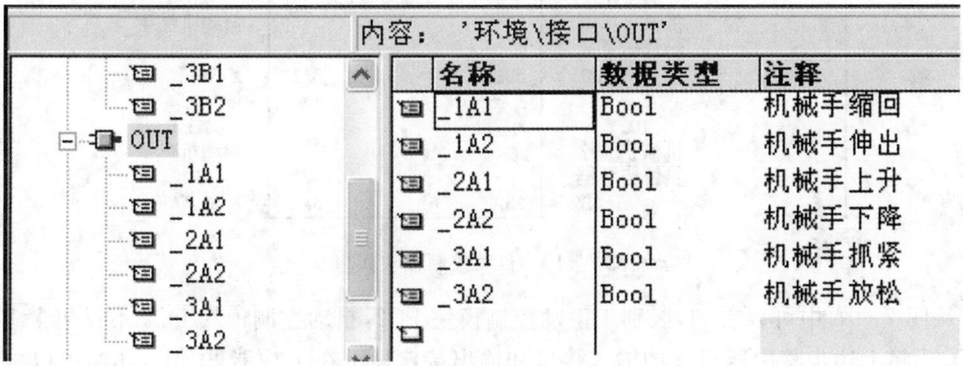

图7-14　自动控制模块输出接口

输出接口要能完成气缸的伸缩、上下和机械手的抓紧放松六种类型的控制，如图7-14所示。本模块中不涉及双向接口的设计，因此IN_OUT栏为空。当设计完所有的输入输出接口后进行保存，并在组织块中进行调用，如图 7－15 所示。

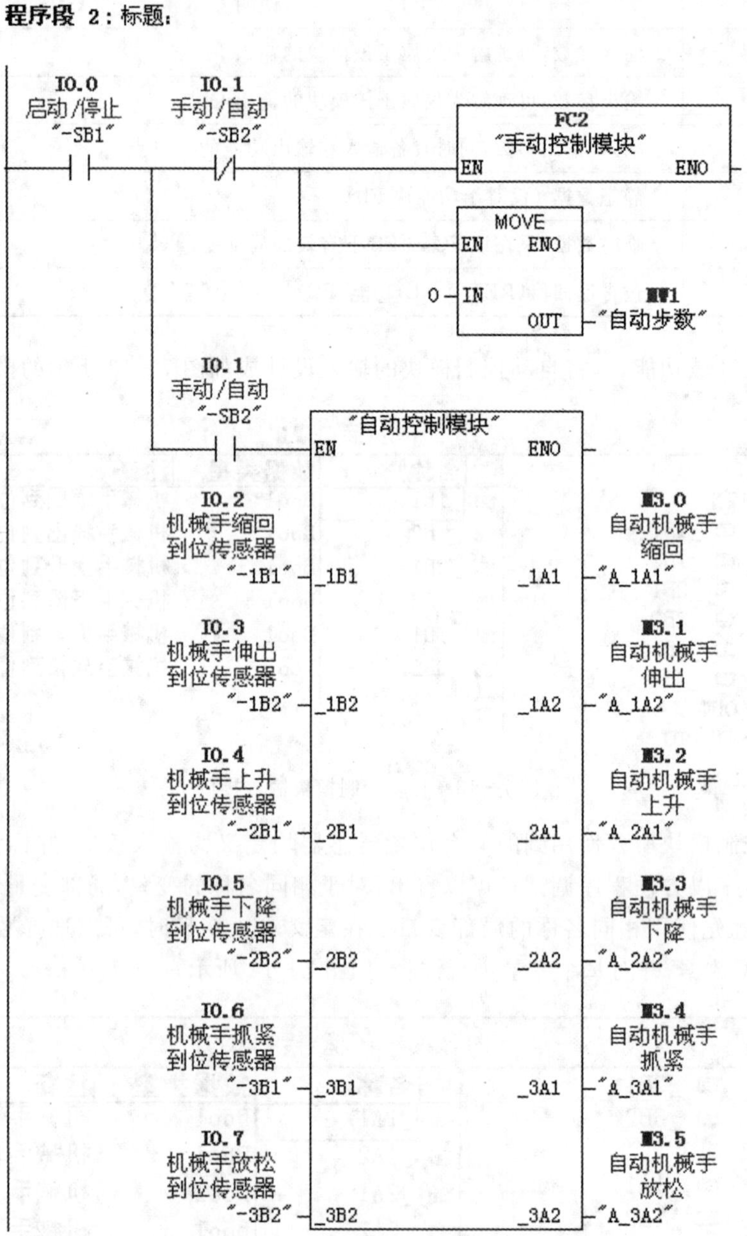

图 7－15　自动控制模块接口

从图 7－15 中可以看到，区别于手动控制模块 FC2，自动控制模块 FC3 不仅包含 EN 和 ENO，还将上述步骤中所定义的输入接口和输出接口显示在了功能 FC 上，此时可以根据实际情况设置接口对象，该接口所设定 I/O 可根据需要进行调整而不会影响到该模块内部的程序执行。同时在切换到手动模式时还需要将 MW1 重新设定为 0，这样当再次进入自动模式时可以从第一步开始。当然也可以选择不重新设定，当系统再次进入自动模式时则紧接着上一次运行步骤进行，但此刻需要注意对周边状态的保存，因为本任务定义在自动控制模块的局部变量表中的变量当未激活时是无效的。

(2)初始化程序模块

机械手控制系统初始化模块，如图 7－16 所示。对于系统所使用到的变量都需要进行初始化，未初始化的变量其值不一定为 0，因此需要在 OB100 下将自动控制模块中的 WORD 类型变量 MW1(自动步数)赋值为 0。

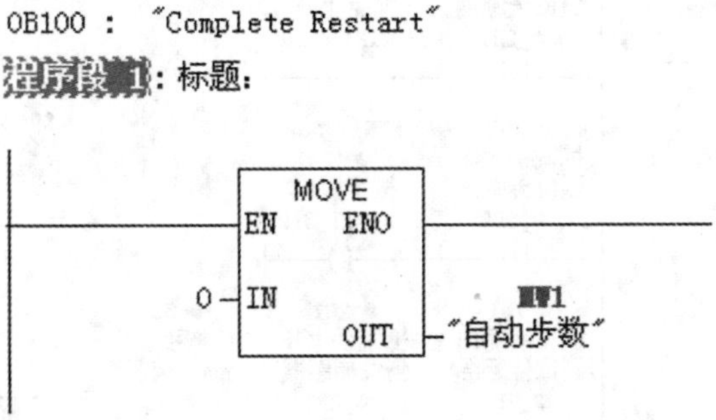

图 7－16　机械手控制系统初始化模块

(3)自动控制模块程序设计

在本任务中，自动运行的主要方法是利用改变自动步数 MW1 的值来执行不同的步骤，通过与 MW1 的值进行比较来限制梯形图的执行顺序。通过分析发现，对于同一个动作在自动运行时可能会调用两次，因此在设计程序时需首先在局部变量表(TEMP)中对每个步骤所用到的控制线圈符号进行定义，并以"步骤数_控制编号"的方式进行命名，方便设计调试。所定义的变量表如图 7－17 所示。

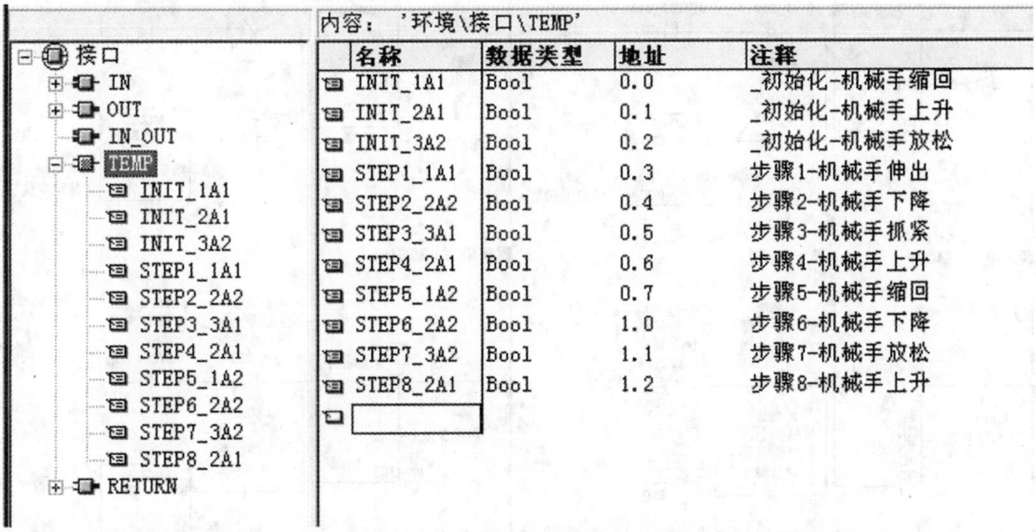

名称	数据类型	地址	注释
INIT_1A1	Bool	0.0	_初始化-机械手缩回
INIT_2A1	Bool	0.1	_初始化-机械手上升
INIT_3A2	Bool	0.2	_初始化-机械手放松
STEP1_1A1	Bool	0.3	步骤1-机械手伸出
STEP2_2A2	Bool	0.4	步骤2-机械手下降
STEP3_3A1	Bool	0.5	步骤3-机械手抓紧
STEP4_2A1	Bool	0.6	步骤4-机械手上升
STEP5_1A2	Bool	0.7	步骤5-机械手缩回
STEP6_2A2	Bool	1.0	步骤6-机械手下降
STEP7_3A2	Bool	1.1	步骤7-机械手放松
STEP8_2A1	Bool	1.2	步骤8-机械手上升

图 7－17　自动控制模块局部变量定义

根据如上定义，设计自动控制模块程序，如图 7－18～图 7－20 所示。

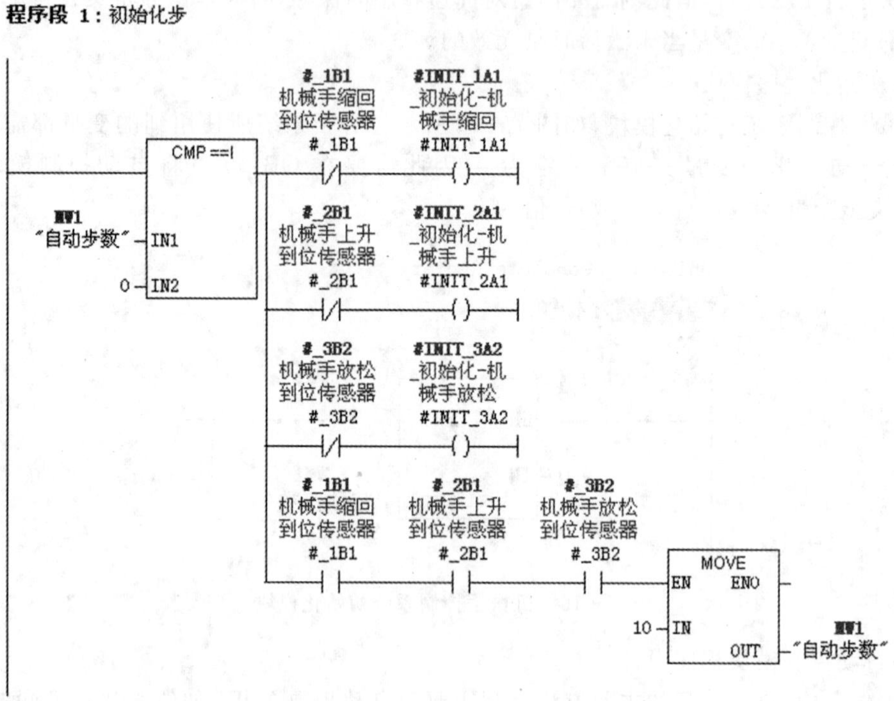

图 7-18　自动控制模块梯形图程序(一)

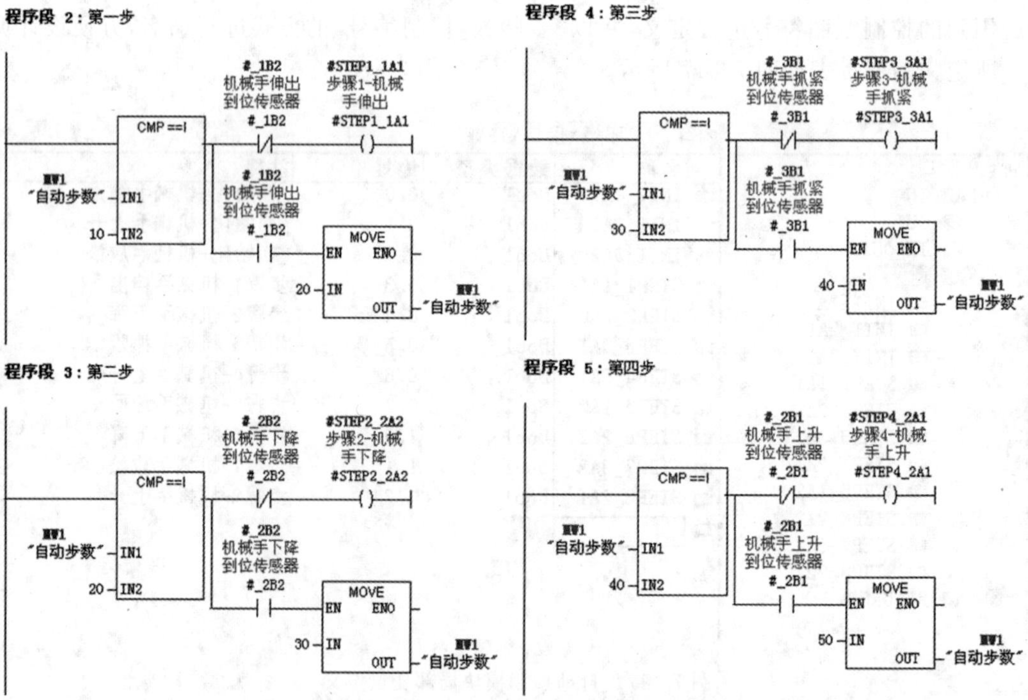

图 7-19　自动控制模块梯形图程序(二)

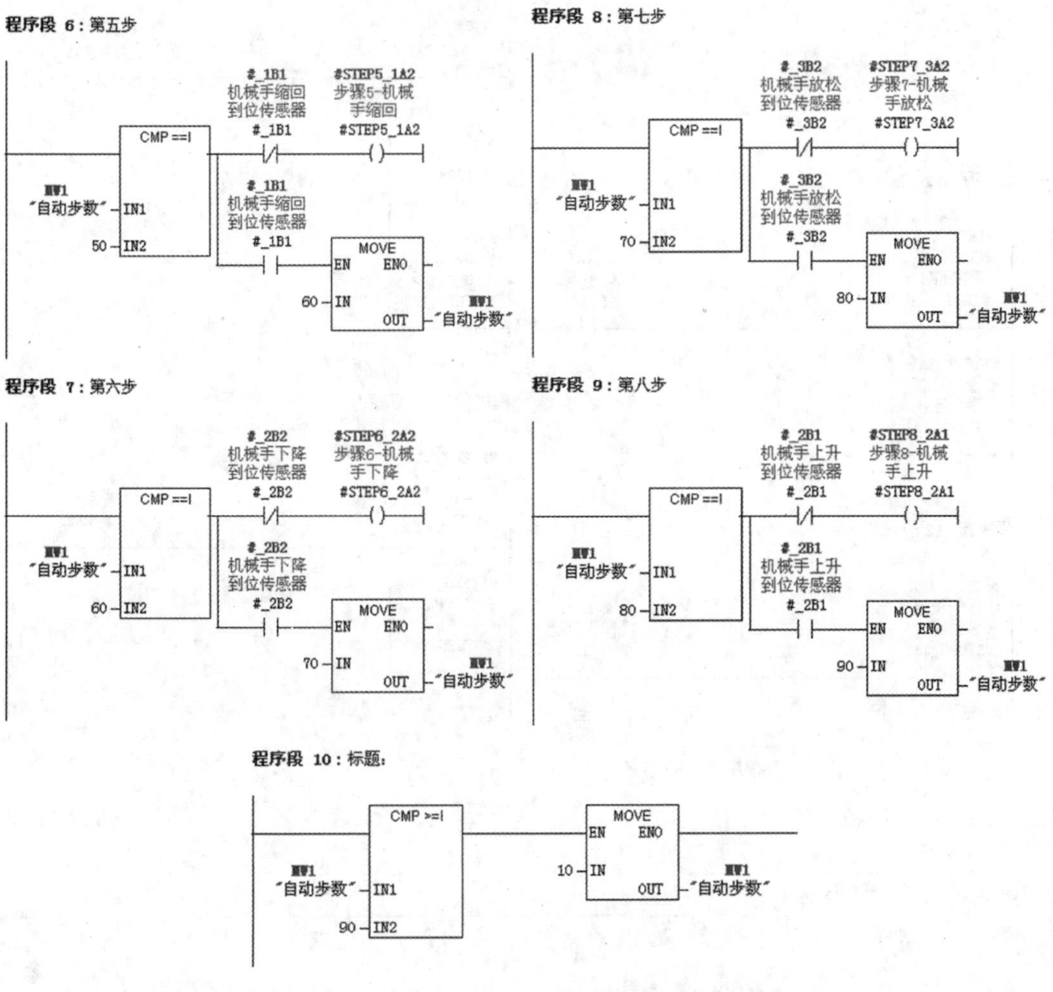

图 7－19　自动控制模块梯形图程序(二)(续)

在程序段 1 中实现机械手的位置复位，同时每次进行步骤跳转时都是以 10 的倍数变化。这样设计是为了今后进行程序调试或修改时有更大的余地，执行程序段步骤插入动作时不需要修改所有的步骤序号。

程序段 2 至程序段 10 将自动完成如图 7－11 所示的步骤 1～步骤 8，步骤之间的切换均是基于位置传感器。当前步处于激活状态时，通过常闭触点只要气缸未运动到指定位置则对应的线圈得电，驱动气缸运动到达指定位置，再通过赋值改变步数，从而执行下一步。当所有的运动都完毕后通过程序段 10 返回到程序段 2，如此周期性运动直到停止。

将每个步骤中所使用到的线圈，依照控制的对象进行分类并联后控制输出线圈，如图 7－20所示，从而避免了使用双线圈，整体架构适应性强，有利于今后程序的修改或功能的添加。

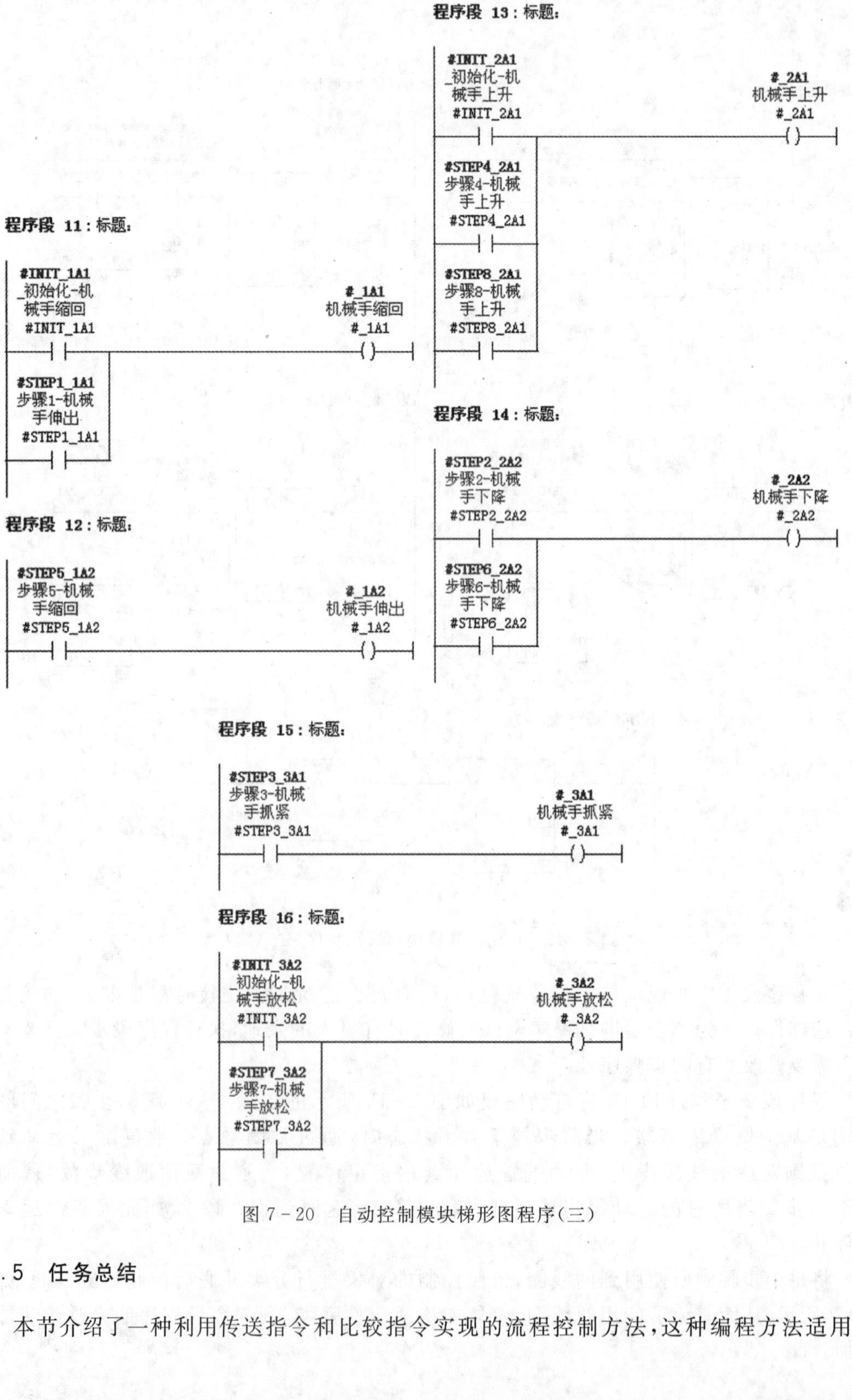

图 7-20　自动控制模块梯形图程序(三)

7.2.5　任务总结

本节介绍了一种利用传送指令和比较指令实现的流程控制方法，这种编程方法适用于

S7-300和 S7-200 系列 PLC,通用性较高。本节对结构化程序设计中的接口设计做了说明,进行接口设计的关键是抽象化,将一个功能的通用部分和实现细节清晰地分离出来,使模块本身更注重程序算法的实现,而无须关注外围设备的连接方式,实现开放式的软件扩展及封闭式的更改。使用该方式设计的接口及模块,通过简单更换所设定的I/O端口即可实现对控制对象的更换,而无须修改模块内部的程序。但同时也需注意,模块内所定义的局部变量当模块处于非激活状态时不可调用,若需要保存状态需要使用数据块(Data Block)。

7.3　自动洗车控制系统

7.3.1　任务目标

1. 知识目标

(1)理解自动洗车的控制原理和工作过程;

(2)理解功能块 FB 的工作特点;

(3)理解 GRAPH 编程语言的特点。

2. 技能目标

(1)正确使用 GRAPH 编程语言设计控制程序;

(2)掌握用 PLC 直接控制电机等外围设备的硬件连线方式。

7.3.2　任务描述

例 7-3　随着人工成本的上升,某厂家设计了一套自动洗车装置,如图 7-21 所示。该装置可以完成汽车外部的自动清洗,并在清洗完毕后可通过自清洁功能使得清洗装置保持干净。其过程如下:按下启动按钮后,当汽车停止在传感器-3B 所指定位置后开始自动清洗汽车,清洗开始或结束皆由安装在地面上的位置传感器来确定,其中传感器-1B1 为清洗装置启动信号,传感器-1B2 为清洗停止信号,当清洗结束 3 s 后清洗装置开始返回。传感器在-2B2 处开始清洗,直到传感器-2B1 所安装位置停止。请根据上述要求,合理设计满足上述要求的可编程逻辑控制系统,绘制电气控制原理图,列出系统 I/O 表以及编写控制程序。

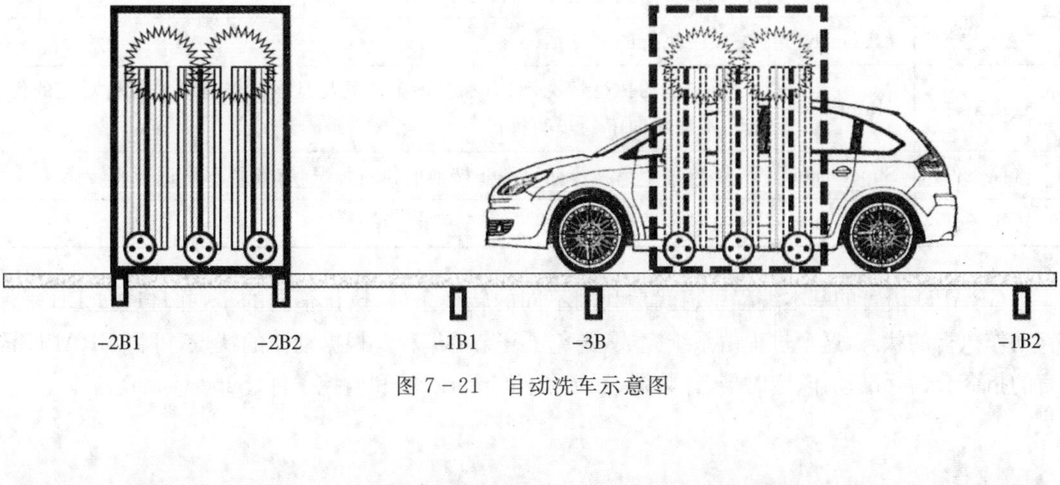

图 7-21　自动洗车示意图

7.3.3 相关知识

S7 - GRAPH 编程语言是一种针对顺序控制做了相应优化的编程语言，它不仅包含PLC 的典型元素，例如输入/输出、定时器和计数器，还包含一些新的概念，其代码量相对于STL 编程语言有所增加，但开发人员可以将更多的精力集中到控制任务上，提高了工程效率。其典型结构如图 7 - 22 所示。

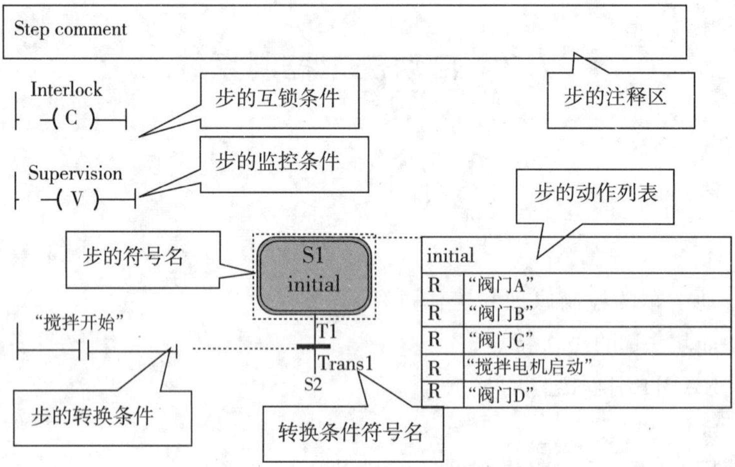

图 7 - 22 GRAPH 编程语言组成

GRAPH 编程语言的基本概念如表 7 - 11 所示。

表 7 - 11 GRAPH 编程语言的基本概念

中文名词	英文名词	说明
顺序控制器	Sequencer	控制系统的执行顺序，可以单步执行，也可以多步同时执行，当前执行的步称为激活步，后执行的步称为失步
步	Step	步是控制任务中的独立阶段，步在下述情况下可被激活： 当某步前面的转换条件满足时； 当某步被定义为初始步，并且顺序控制器被初始化时； 当某步被其他基于事件的动作调用时
分支	Branch	顺序执行的分支结构
互锁条件	Interlock	影响步的执行情况，只有在互锁条件满足且当前步有效时执行对应的代码，不影响向下一步的执行
监控条件	Supervision	影响每个单独步向下一步转换的执行情况，有效则不再进行步转换
转换条件	Transition	决定步转换的条件

GRAPH 语言的基本编程思想就是利用不同的转换条件，执行不同的步，并且通过 DB 来保存动作执行的状态，这个过程由系统完成，避免了复杂的编程。根据动作的特点，可将 GRAPH 语言的指令分为标准动作、定时器、计数器、互锁条件(Interlock)和监控条件(Supervision)五种。

1. 标准动作

标准动作写于动作列表当中，它只在当前激活步中运行，如表 7－12 所示。

表 7－12　GRAPH 编程语言的标准动作命令

命令	地址标识	地址位置	说明
N［C］	Q,I,M,D	m. n	当且仅当激活步(互锁条件满足)时对应地址置位
S［C］	Q,I,M,D	m. n	步有效(互锁条件满足)时则对应地址置位并保持
R［C］	Q,I,M,D	m. n	步有效(互锁条件满足)时则对应地址清零并保持
D［C］	Q,I,M,D	m. n	当且仅当步有效(互锁条件满足)时延时 *n* s 后对应的地址置位
	T＃＜const＞		时间常数，格式 T＃nDnHnMnSnMS
L［C］	Q,I,M,D	m. n	当且仅当步有效(互锁条件满足)时对应地址置位 *n* s
	T＃＜const＞		时间常数，格式 T＃nDnHnMnSnMS
CALL［C］	FB,FC, SFB,SFC	Block number	当前仅当步有效(互锁条件满足)时调用指定功能块

说明：

(1)括号中的互锁条件为可选项，使用时无需括号且与命令之间有空格；

(2)m 为字节地址，n 为位地址，两者的组合地址范围为 0.0～35535.7；D 的地址为 DBi. DBXm. n ＝ DBi 或 DBXm. n ＝ DB 中的位。

2. 定时器

定时器分为 U 和 T 两种定时，具有单独的控制命令，见表 7－13。

表 7－13　GRAPH 编程语言的定时器命令

命令	地址标识	地址位置	说明
TL[C]	T	X	扩展脉冲，当事件发生(互锁条件满足)时定时器启动，定时器启动后与步和互锁的状态无关 当且仅当定时器工作时间内，定时器位保持 1 定时器位为 1 时可重新启动定时器
	＜Time＞		定时值
TD[C]	T	X	当事件发生(互锁条件满足)时定时器启动，定时器启动后与步和互锁的状态无关 当且仅当定时器工作时间内，定时器位保持 0
	＜Time＞	X	定时值
TR[C]	T	X	当事件发生(互锁条件满足)时定时器位和定时器值清零

说明：

(1)括号中的互锁条件为可选项，使用时无需括号且与命令之间有空格；

(2)X 为定时器序号，定时值＜time＞ ＝IWy，QWy，MWy，LWy，DBWy，DIWy； Y ＝ 0，…，65534；

(3)定时值格式为 S5T＃time_cnstant。

3. 计数器

GRAPH 编程语言的计数器命令，如表 7－14 所示。

表 7－14　GRAPH 编程语言的计数器命令

命令	地址标识	地址位置	说明
CS[C]	C	X	当事件发生(互锁条件满足)时装载初始值
	＜初始计数值＞		初始值
CU[C]	C	X	当事件发生(互锁条件满足)时计数器值加 1
CD[C]	C	X	当事件发生(互锁条件满足)时计数器值减 1
CR[C]	C	X	当事件发生(互锁条件满足)时计数器值清零

说明：

(1)括号中的互锁条件为可选项，使用时无需括号且与命令之间有空格。

(2)X 为计数器序号，＜计数器初始值＞＝IWy，QWy，MWy，LWy，DBWy，DIWy；Y＝0，…，65534。

(3)计数器序号为 C＃0，…，C＃999。

4. 互锁条件与监控条件

互锁条件与监控条件如图 7－23 所示。

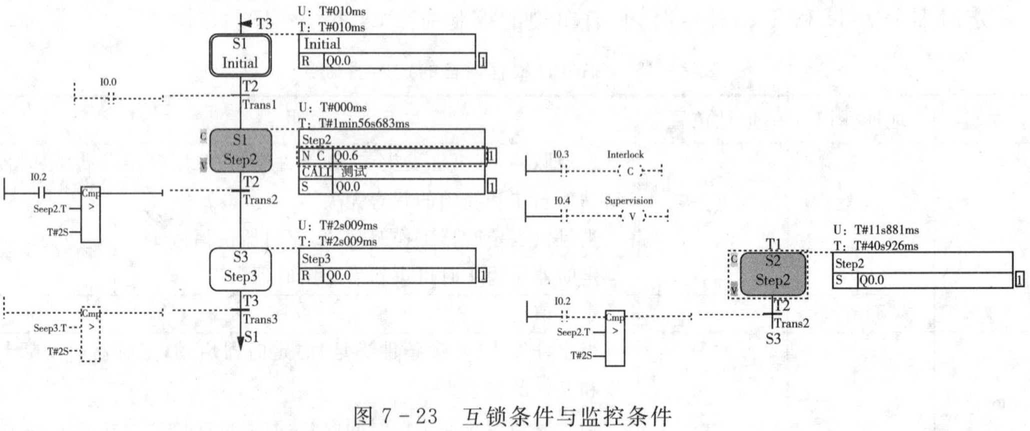

图 7－23　互锁条件与监控条件

在 Step2 中用 I0.3 和 I0.4 分别控制互锁条件和监控条件，分别用 C 和 V 表示，0 代表条件不成立，1 代表条件成立，通过比较表 7－15，其现象说明：

(1)当互锁条件满足时则执行相对应的事件，如图 7－23 所示，当 C 满足时则执行 Step2 中的 N C Q0.6，将 Q0.6 置位高电平；

(2)当监控条件满足时则程序停止往下运行，而停留在当前步；

(3)监控条件的优先级比互锁条件高，在相同条件下会优先执行前者，建议将二者成立的条件设置为不同。

表 7－15　监控条件和互锁条件功能比较

C 状态	V 状态	现象
0	0	U 不计时，T 计时
1	0	U、T 均计时
0	1	U 计时，T 不计时；停留在当前步
1	1	U 计时，T 不计时；停留在当前步

7.3.4　任务实施

1. 任务分析

自动洗车控制系统需要完成对汽车的自动清洗工作，当启动系统后等待汽车进入指定位置，当位置传感器－3B 接收到了信号，则开启自动清洗程序，在自动清洗过程中绿色显示灯常亮。清洗过程开始后，清洗装置开始向右移动，当位置传感器－1B1 接收到信号后开始喷水，延时 2 s 后启动电刷开始清洗汽车，直到位置传感器－1B2 接收到信号停止清洗，延时 3 s 钟后，清洗装置向左移动，并根据位置信号关闭电刷，启动喷水装置实现自我清洁。当所有操作完毕后需重新按下自动启动开关方可开始新的自动清洗流程。

2. PLC 的 I/O 地址分配

通过分析可知，控制系统需要控制清洗装置的左右移动以及喷水头、毛刷的工作状态，加上作业指示灯共需要 5 个输出端口进行控制。而在输入方面除规定的 5 个位置传感器外，还需两个按钮控制系统的启动和停止，以及自动启动，考虑到清洗过程中出现问题时需要将清洗装置进行复位，因此共需要 8 个输入端口进行检测控制。见表 7－16。

表 7－16　自动洗车控制系统 I/O 分配表

输入			输出		
地址	符号	说明	地址	符号	说明
I0.0	－SB1	启动/停止	Q0.0	－O1	洗车作业指示灯
I0.1	－SB2	自动启动	Q0.1	－M1	洗车移动装置电机正转
I0.2	－1B1	洗车开始作业位置传感器	Q0.2	－M2	洗车移动装置电机反转
I0.3	－1B2	洗车结束作业位置传感器	Q0.3	－O2	喷水头
I0.4	－2B1	洗车移动装置位置检测传感器	Q0.4	－M3	毛刷旋转工作电机
I0.5	－2B2	洗车移动装置位置检测传感器			
I0.6	－3B	汽车停车位置检测传感器			
I0.7	－SB3	自动复位			

3. PLC 的选型

根据控制任务要求及 I/O 需求，考虑到洗车装置常处于户外，本案例选择 CPU 312 IFM 户外型作为主控制器，该型号的 PLC 具有 10 个数字量输入和 6 个数字量输出，其中 4 个输入通道可使用过程中断，不仅满足了控制的基本要求，还支持通信扩展以实现互联网控制等要求。

4. 系统电气原理图

控制系统采用高电平有效方式，因此 L 点接 24V 正极，M 点接 24V 电源负极，除 Q0.0

直接控制状态显示灯外，其余 Q0.1 至 Q0.4 通过控制继电器来实现对电机、电刷和喷水装置的控制。启动/停止开关采用带自锁功能的按钮开关，自动启动和自动复位均采用触点开关，I0.2 至 I0.6 分别连接两线制的位置传感器。整体设计如图 7-24 所示。

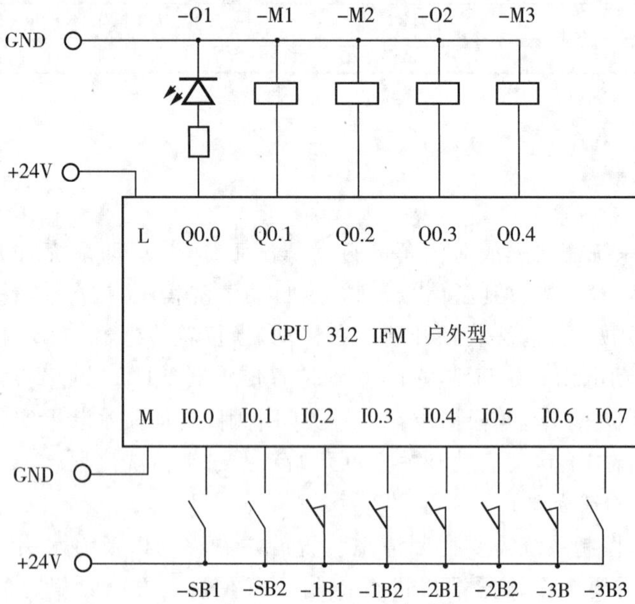

图 7-24 自动洗车控制系统

5. 程序设计

(1)程序框架设计

GRAPH 模块与 FC 不同之处在于其属于功能块 FB，在调用时需要有一个与之相匹配的数据块 DB 用于保存数据。创建方式如图 7-25 所示。

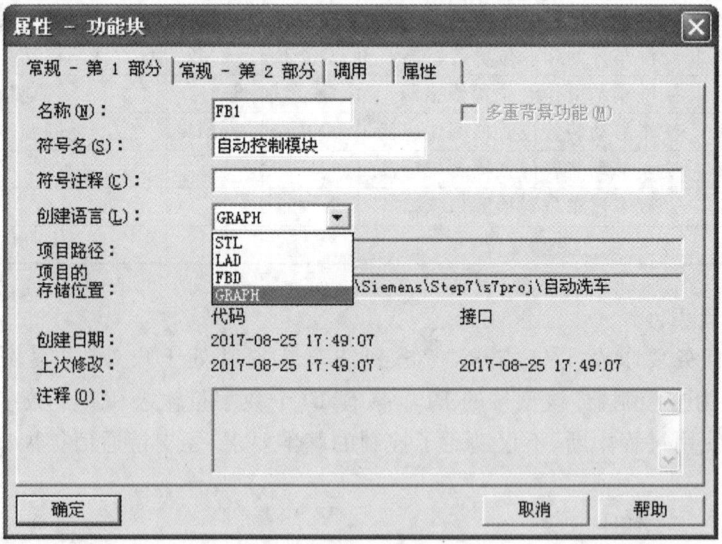

图 7-25 功能块创建

创建语言要选择为 GRAPH，另外还支持梯形图（LAD）和 FBD 两种转换条件编程，通常选择梯形图，方法是选择工具栏 VIEW 下的 LAD。需要注意的是，在创建该功能块后需要先保存，否则在组织块中调用时还是显示为普通的功能 FB，而不会显示 GRAPH 模块所特有的输入输出接口。

GRAPH 模块自动生成的功能块如图 7－26 所示，几个主要的输入输出端口的定义如表 7－16 所示。

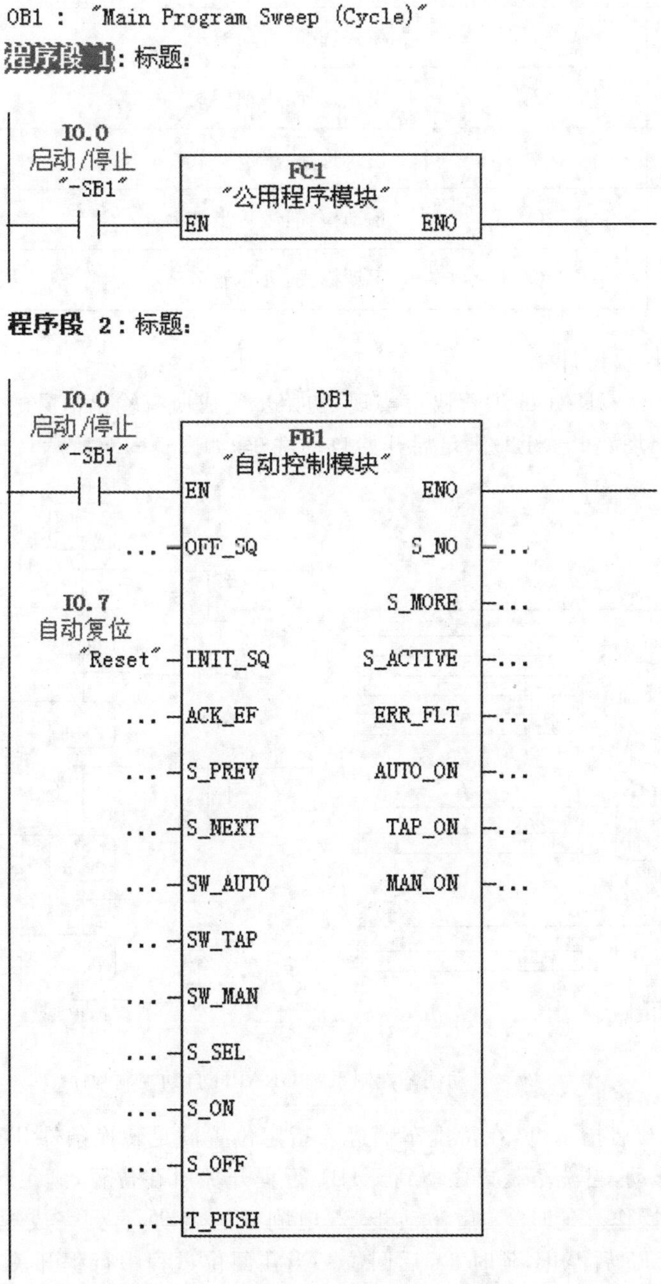

图 7－26　自动洗车控制系统组织架构图

表 7－16　GRAPH 模块输入输出端口的定义

接口名称	接口类型	说明
OFF_SQ	I	上升沿信号有效，使所有步失步
INIT_SQ	I	上升沿信号有效，当该模块有效时激活初始步
SW_AUTO	I	模式选择：自动模式
SW_MAN	I	模式选择：手动模式
SW_TAP	I	模式选择：单步调节
S_ON	O	手动模式：激活步显示
S_OFF	O	手动模式：去使能步显示

(2)自动控制模块设计

自动控制程序由 GRAPH 编程语言实现，初始步完成所有输出信号的复位，当转换条件 T1(即按下自动启动按钮－SB2)满足后开始自动洗车，如图 7－27 所示。

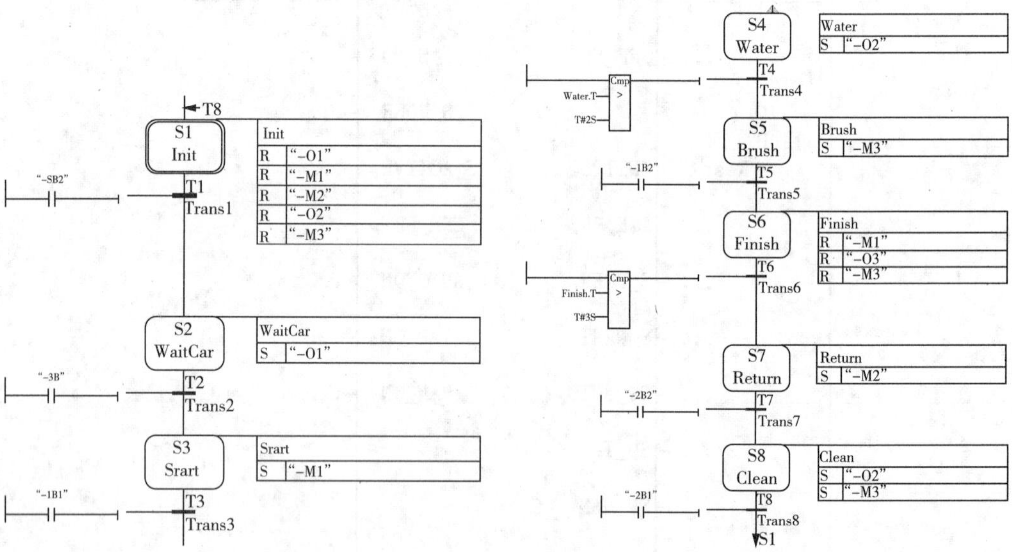

图 7－27　自动洗车控制系统 GRAPH 自动控制程序

进入步 S2 后开启指示灯，在待洗车辆进入指定位置满足转换条件 T2 后激活步 S3，开启右转电机开始移动，当洗车装置移动到－1B1 行程开关所在位置，满足转换条件 T3 则激活步 S4 开启喷水操作。延时 2 s 后激活步 S5 电刷开始启动，直到完成规定行程的清洗动作，满足转换条件 T5 后停止，延时 3 s 后回位。当在回位过程中行程开关－2B2 有信号时，激活步 S7 开始自我清洁过程，直到清洗装置复位到行程开关－2B1 所在位置，完成整个清洗过程并跳转到步 S1,等待开始下一个自动清洗过程。每当满足转换条件激活下一步时,则当前步失步不再工作,并且整个流程不会发生逆序操作,即使执行过程中前一步的转换条件 T 满足。

7.3.5 任务总结

S7 - GRAPH 编程语言是 S7 - 300 及更高系列的 PLC 才支持的编程语言,其设计目的在于简化流程设计,将执行过程之间的顺序控制及状态保护交由系统完成,适用于大型的流程控制系统。在使用 GRAPH 模块时需要配置一个唯一的数据块用于保存数据,该数据块不能自行修改或者与其他功能块共享使用,即当调用同一个 GRAPH 模块时,需要对每一个 GRAPH 模块配置一个数据块 DB。

7.4 搅拌机控制系统

7.4.1 任务目标

1. 知识目标

(1)理解搅拌机的工作方式;

(2)理解 S7 - 200 系列 PLC 流程设计的特点。

2. 技能目标

(1)正确使用 SCR 指令实现顺序控制程序;

(2)正确编写搅拌机的 PLC 控制程序。

7.4.2 任务描述

例 7 - 4 某搅拌控制系统以实现对液体 A 和液体 B 两种液体的混合为目标,当按下启动按钮后,系统进入自动运行模式,除非人为控制进入手动模式。在自动模式下,首先关闭阀 C、打开阀 A 开始存储液体 A,当存储的液体 A 液位抵达 L3 时则开启电动机 M 开始进行搅拌,当蓄水罐的水位达到 L2 时,则打开阀 B 注入液体 B 进行混合。当液体水位达到 L1,则关闭阀 A 和阀 B,系统继续搅拌 10 s 之后打开阀 C 进行卸料,当液面低于 L3 后再延时 15 s 以保证所有的液体排空,如此反复运行直到停止,在卸料的过程中搅拌电动机停止运行。请设计满足上述要求的可编程逻辑控制系统,绘制电气原理图,列明 I/O 表并设计控制程序。

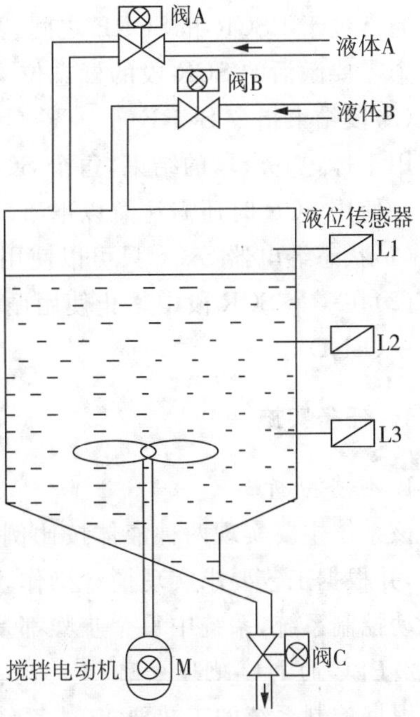

图 7 - 28　搅拌机控制系统示意图

7.4.3 相关知识

顺序控制继电器 SCR(Sequence Control Relay)是 S7－200 及同等系列的 PLC 所特有的顺序控制方式，也称为步进控制指令。它与 GRAPH 编程语言类似，都是将程序分成若干个部分，当满足转换条件时，则实现程序部分的转移。其对应概念如表 7－18 所示。

表 7－18 顺序控制的相关概念

概念名称	S7－300 PLC	S7－200 PLC	说明
步	STEPx	LSCR，SCRE	与步 STEP 概念相类似，LSCR 和 SCRE 之间的段只有当前段处于有效状态时才工作
转换条件	Tx	SCRT	当满足转换条件时，系统开始进行步或者段的转移，且二者都需要当前步或段处于有效状态

SCR 指令分为三部分，分别是段开始指令 LSCR(Load Sequence Control Relay)、段转移指令 SCRT(Sequence Control Relay Transition)以及段结束指令 SCRE(Sequence Control Relay End)，具体说明如下。

(1)段开始指令 LSCR

用于标记一个段的开始，其操作数是状态继电器 Sx.y，只有当 Sx.y 为 1 时当前 SCR 段才能工作。

(2)段转移指令 SCRT

通常位于 LSCR 和 SCRE 之间，其功能是将当前段停止并进入所指定的段，其操作数是下一个需要激活的 SCR 段的标志位。

(3)段结束指令 SCRE

用于标记一个段的结束，每个 SCR 段必须使用该命令来表示结束。

在使用 SCR 时还需注意以下事项：

(1)状态继电器 Sx.y 只可以使用一次，不能重复使用；

(2)在一个 SCR 段中禁止使用循环指令(FOR，NEXT)、跳转指令(JMP，LBL)和条件结束指令(END)。

7.4.4 任务实施

1. 任务分析

该系统主要实现两种液体按比例进行混合搅拌，需要根据不同的液面水平实现比例的调配，并根据工艺要求实现搅拌操作，主要涉及状态的转换以及时间的控制。本系统是典型的自动控制系统，系统中每个步骤都是由输入信号与程序共同作用才能实现状态的切换。

2. PLC 的 I/O 地址分配

根据控制系统的工艺要求，本系统主要需要控制三个阀门和一个搅拌电机，同时为显示当前工作状态需要增加一个指示灯控制，共需 5 个输出端口进行控制。而对于输入信号部分，除液面检测的三个水位传感器外，还需要增加系统的启停开关和自动控制的启动开关，共需 5 个输入信号控制端口。具体的 I/O 分配如表 7 - 19 所示。

表 7 - 19　搅拌机控制系统 I/O 分配表

输入			输出		
地址	符号	说明	地址	符号	说明
I0.0	－SB1	启动/停止	Q0.0	－O1	系统自动作业指示灯
I0.1	－SB2	自动启动	Q0.1	－O2	搅拌电动机
I0.2	－L1	液位传感器 L1	Q0.2	－A1	阀门 A
I0.3	－L2	液位传感器 L2	Q0.3	－A2	阀门 B
I0.4	－L3	液位传感器 L3	Q0.4	－A3	阀门 C

3. PLC 的选型

根据控制系统的 I/O 地址分配，本案例需要至少 5 个开关量输入信号、5 个开关量输出信号，考虑 I/O 资源的利用率及 PLC 的性价比等要求，本案例选择 CPU 222CN，该 PLC 含有 8 个数字量输入端口和 6 个数字量输出端口，能满足系统控制的需要。

4. 系统电气原理图

根据控制系统的要求及 I/O 地址分配，设计如图 7 - 29 所示的电气原理图。

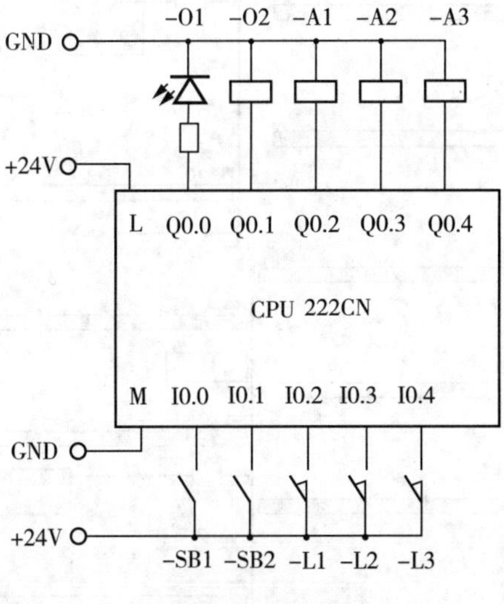

图 7 - 29　搅拌机控制系统电气原理图

5. 程序设计

程序采用自顶向下的模块化设计方法，搅拌机控制系统的梯形图程序如图 7 - 30 所示。

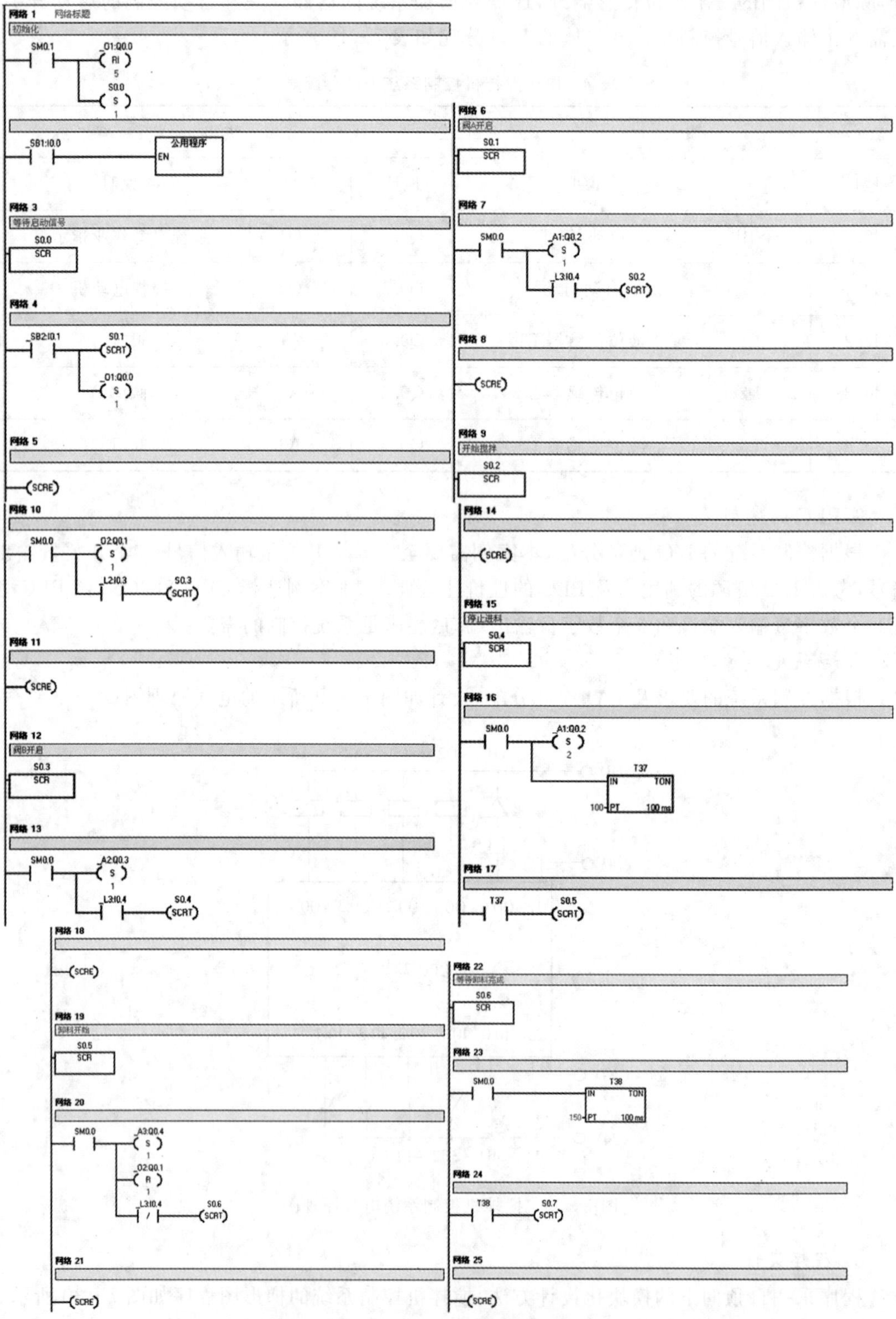

图 7-30　搅拌机控制系统梯形图程序

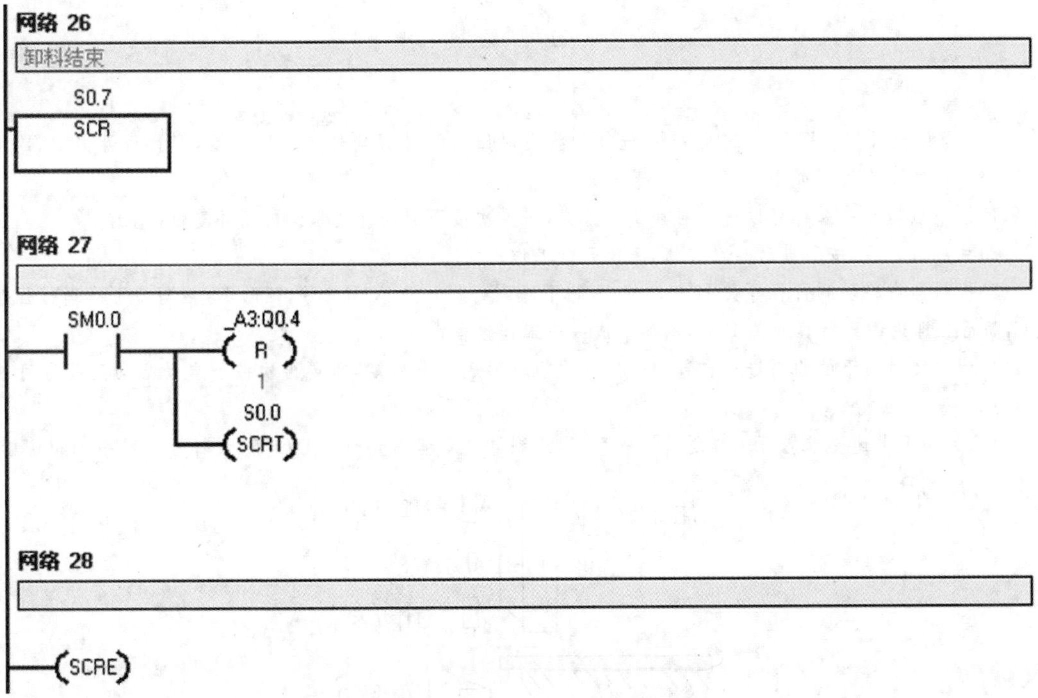

图 7-30　搅拌机控制系统梯形图程序(续)

将整个自动控制过程分为 8 段,在网络 1 中完成对所有输出端口的复位,并将当前段设置为 S0.0 从而执行 S0.0 段,即网络 3。在 S0.0 段中,当按下启动开关,则状态显示灯常亮,并转移到 S0.1 段开启进水阀 A,当液面上升到液位传感器 L3 所在位置时常开触点 L3 闭合,进入 S0.2 段,控制搅拌机启动。当液位传感器 L2 闭合时,进入 S0.3 段开启阀 B 直到液位上升到传感器 L1,停止进料进入 S0.4 段。定时时间结束后,进入 S0.5 段时打开阀 C 开始卸料,并同时关闭搅拌装置。在 S0.6 段当卸料低于液面 L1 后延时 15 s 进入 S0.7 段,将所有的输出全部复位后,进入 S0.0 段等待信号以重新开始新一轮的自动控制。

7.4.5　任务总结

SCR 指令是 S7-200 系列 PLC 中的顺序控制编程方式,从编程方式可以看出其本质上就是本章中机械手控制系统所用的编程方法的改进,而在 S7-300 及更高系列的 PLC 中又优化为 GRAPH 编程语言。SCR 指令的灵活性及易用性不如 GRAPH 编程语言。顺序控制的编程方法很多,不仅需要根据所选择的 PLC 对象来进行选择,同时也要考虑程序的复杂程度,如果只需几个互锁指令即可完成的程序则不推荐这种方式。虽然顺序控制的扩展性和模块化程度较高,但其所产生的代码量比 STL 指令要多。由此可见,没有一种最好的编程语言,只有不断优化的方法。在使用 SCR 指令时需要注意每个段的完整性(如在双线圈中要避免状态继电器的重复使用)及程序的扩展性。

习　题

1. 某剪板机机构如图 7-31 所示，系统初始状态时压钳和剪刀均处于上限位置，即行程开关 A、B 闭合，整个系统的工作过程如下：

(1)按下启动开关系统可以进入自动工作模式，当再次按下启动开关系统关闭并复位；

(2)系统启动后，按下自动启动按钮，系统开始工作；

(3)板料向右移动到行程开关 D 有信号，压钳下降到行程开关 A 无信号，延时 1 s 后剪刀下降到行程开关 C，随后立即返回到行程开关 B 处，从而形成一次工作过程；

(4)为方便对切下的物料进行打包，每切 10 次物料形成一个周期，需要再次按下自动启动开关方可继续运行。

请设计满足上述要求的可编程逻辑控制系统，绘制电气原理图并列明 I/O 表，设计控制程序。

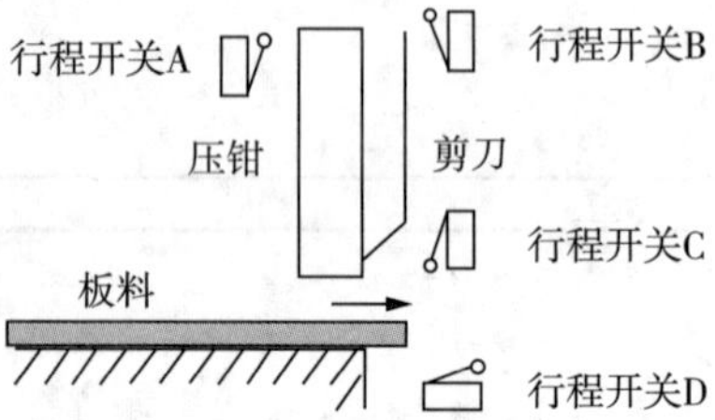

图 7-31　剪板机示意图

2. 某自动生产线上有一辆 AGV(Automate Guided Vehicle)小车用来运转工序之间的物件，小车的行驶示意图如图 7-32 所示。其控制过程如下所示：

(1)A 站为初始化状态，当按下启动按钮后，小车从 A 站开往 B 站，在 B 站停留 5 s 后自动返回 A 站；

(2)紧接着从 A 站位开往 C 站位，停留 5 s 后继续向前到 D 站位，再次停留 6 s 后返回 B 站；

(3)在 B 站停留 5 s 后返回 A 站位；

(4)重复上述过程 3 次为一个周期运动，每开启一次新的周期必须再次按下启动按钮；

(5)在运行过程中若按下复位按钮，无论小车在何位置均自动返回 A 站。

请设计满足上述要求的可编程逻辑控制系统，绘制电气原理图并列明 I/O 表，设计控制程序。

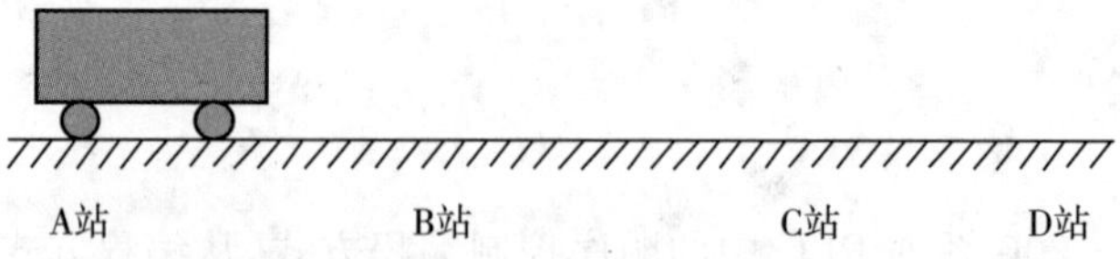

图 7-32　AGV 小车运动示意图

3. 某液体混合装置，如图 7-33 所示。在初始状态时所有的容器均为空的，所有的阀门也处于关闭状态，该阀门得电导通，失电关闭。当按下启动按钮后，阀门 A 和阀门 B 同时打开，当各自所对应的液位传感器有信号时，则关闭各自对应的阀门；当两个液位传感器 L1 和 L2 都有信号后同时打开阀 C 和阀 D 各 20 s 将液体混合在下方的容器中，随后关闭；当定时时间到，启动搅拌电机 30 s 完成对液体的混合，并将阀门打开 45 s 以排出所有的液体，如此反复执行上述过程，直到按下停止按钮。

请设计满足如上要求的可编程逻辑控制系统，绘制出对应的电气原理图，列出 I/O 表以及设计控制程序。

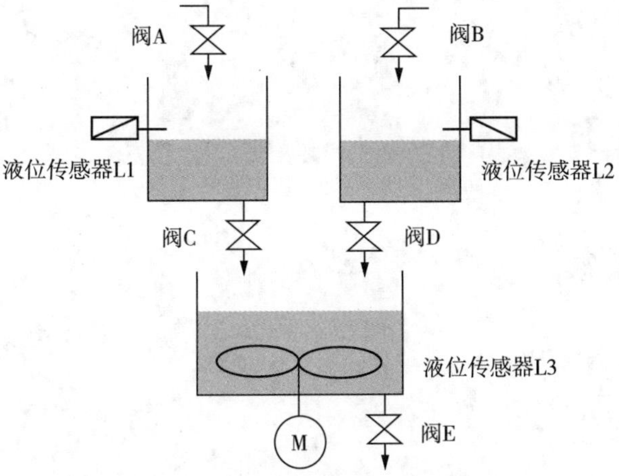

图 7-33　液体混合装置示意图

4. 某自动生产线结构如图 7-34 所示，其由两条传送带和一个机械手组成，工作过程如下：

(1)系统有启动开关和停止开关各一个，系统启动后才能开始自动运行，无论何时按下停止开关，系统立刻停止；

(2)自动控制模式下有自动启动按钮、暂停按钮和复位按钮，按下自动启动按钮系统开始自动运行，按下暂停按钮系统停止工作，直到按下复位按钮，系统从上次结束时的状态开始运行；

(3)电机 M1 和电机 M2 只能单向运行，电机 M3 可以正反转运行；

(4)进入自动模式时，当工件放在传感器－1B2 处，电机 M1 开始运行，将工件运输到传感器－1B1 后停止运行，机械手移动到行程开关－3B1 所在位置抓取工件；

(5)将抓取到的工件搬运到行程开关－3B2 所在位置，放下工件，传感器－2B1 接收到信号后电机 M2 开始运行，直到工件运输到传感器－2B2 所在位置；

(6)当工件从传感器－2B2 所在位置拿走后继续重复上述过程。

请根据上述要求设计可编程逻辑控制系统，绘制出对应的电气原理图，列出 I/O 表以及设计控制程序。

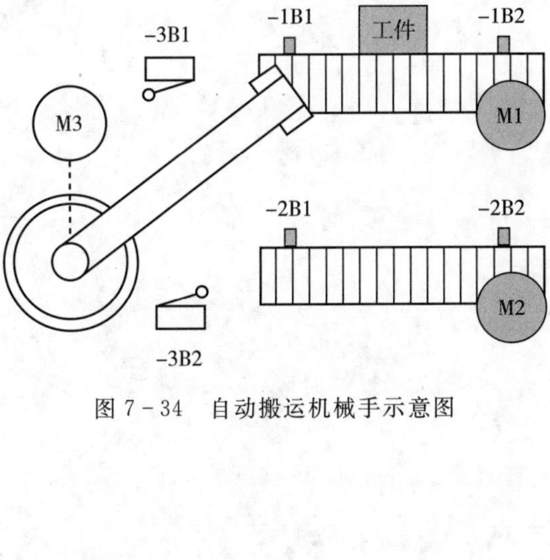

图 7-34　自动搬运机械手示意图

参 考 文 献

[1] 徐建俊．电机与电气控制项目教程[M]．北京：机械工业出版社，2008.

[2] 曲昀卿．电机与电气控制技术[M]．北京：北京邮电大学出版社，2016.

[3] 牛云陞．电气控制技术[M]．北京：北京邮电大学出版社，2013.

[4] 何亚平．工厂电气控制技术[M]．北京：清华大学出版社，2012.

[5] 田淑珍．电机与电气控制技术[M]．北京：机械工业出版社，2010.

[6] 屈虹．可编程控制器原理与应用[M]．北京：中国电力出版社，2008.

[7] 廖世海．PLC 控制系统项目式教程(西门子系列)[M]．武汉：华中科技大学出版社，2016.

[8] 廖常初．S7－200 PLC 基础教程[M]. 3 版．北京：机械工业出版社，2014.